高等职业教育系列教材

网络操作系统教程
——Windows Server 2016 管理与配置

主编 刘本军 杨 君
副主编 程敏丹 吴全蓉 王 敏
参编 万 波 白 海 林 乐

机械工业出版社

网络操作系统是构建计算机网络的核心与基础,本书以微软公司的 Windows Server 2016 网络操作系统为例,基于虚拟机的环境,讲解各种网络环境下常见系统服务的配置与管理。

本书由浅入深,从内容组织上分为四个部分:第一部分介绍网络操作系统安装与基本设置,除介绍各种常用网络操作系统之外,深入讲解 Windows Server 2016 以及服务器虚拟化软件的安装与配置;第二部分介绍 Windows Server 2016 的基础管理,讲解域与活动目录的管理、用户与组的管理、组策略的管理;第三部分介绍 Windows Server 2016 的进阶管理,拓展讲解 Windows Server 2016 文件系统的管理、打印机的管理、磁盘系统的管理;第四部分介绍 Windows Server 2016 常用应用服务器架设,包括 DNS、DHCP、Web、FTP 服务等。

本书可作为高职高专计算机应用技术、计算机网络技术等专业的教材,也可以作为计算机网络工程设计或管理等工程技术人员的参考书。

本书配有授课电子课件、习题答案,需要的教师可登录 www.cmpedu.com 免费注册、审核通过后下载,或联系编辑索取(微信:15910938545,电话:010-88379739)。

图书在版编目(CIP)数据

网络操作系统教程:Windows Server 2016 管理与配置 / 刘本军,杨君主编. —北京:机械工业出版社,2021.8(2024.3 重印)
高等职业教育系列教材
ISBN 978-7-111-68186-1

Ⅰ. ①网⋯ Ⅱ. ①刘⋯ ②杨⋯ Ⅲ. ①Windows 操作系统-网络服务器-高等职业教育-教材 Ⅳ. ①TP316.86

中国版本图书馆 CIP 数据核字(2021)第 087844 号

机械工业出版社(北京市百万庄大街 22 号　邮政编码 100037)
策划编辑:王海霞　　责任编辑:王海霞　秦　菲
责任校对:张艳霞　　责任印制:张　博

北京雁林吉兆印刷有限公司印刷

2024 年 3 月・第 1 版・第 4 次印刷
184mm×260mm・18.5 印张・457 千字
标准书号:ISBN 978-7-111-68186-1
定价:69.90 元

电话服务　　　　　　　　　　　　　网络服务
客服电话:010-88361066　　　　　　机　工　官　网:www.cmpbook.com
　　　　　010-88379833　　　　　　机　工　官　博:weibo.com/cmp1952
　　　　　010-68326294　　　　　　金　书　网:www.golden-book.com
封底无防伪标均为盗版　　　　　　机工教育服务网:www.cmpedu.com

前　言

　　Windows Server 2016 是微软公司推出的服务器操作系统，与早期版本相比，除了继承以前版本的功能强大、界面友好、使用便捷的优点之外，新版本的界面发生了很大变化，新增了很多独特的功能。随着 Windows Server 2016 的用户越来越多，开设相关课程的高职高专院校也越来越多，为满足各院校的教学改革与课程开发的需要，我们编写了此项目化教程。

　　党的二十大报告指出，培养造就大批德才兼备的高素质人才，是国家和民族长远发展大计。为了更好地满足社会及教学需要，本书将具体的章节转化为项目，采用任务驱动的方式将各种实际操作"任务化"，把企业环境引入课程，围绕企业工作的实际需要，按照基本工作过程设计了一系列的应用案例与工作任务，让读者在学习过程中有如亲临职场。

　　本书从网络管理实际项目出发，采用项目导向、任务驱动的教学方式，将全部内容分为四个部分：第一部分介绍网络操作系统安装与基本设置，除介绍各种常用网络操作系统之外，深入讲解 Windows Server 2016 以及服务器虚拟化软件的安装与配置；第二部分介绍 Windows Server 2016 的基础管理，讲解域与活动目录的管理、用户与组的管理、组策略的管理；第三部分介绍 Windows Server 2016 的进阶管理，拓展讲解 Windows Server 2016 文件系统的管理、打印机的管理、磁盘系统的管理；第四部分介绍 Windows Server 2016 常用应用服务器架设，包括 DNS、DHCP、Web、FTP 服务等。

　　为了方便读者的学习，本书提供了内容翔实、界面美观的电子课件，读者可到机械工业出版社教育服务网（http://www.cmpedu.com）免费下载。同时建设了在线开放课程，课程网址为 https://mooc1-1.chaoxing.com/course/200540726.html。

　　本书由刘本军、杨君担任主编，程敏丹、吴全蓉、王敏担任副主编，参与编写的人员还有万波、白海、林乐。在本书的编写过程中，湖北三峡职业技术学院电子信息学院的张江城院长以及机械工业出版社的编辑给予了大力支持，在此表示衷心的感谢！

　　由于编者水平有限，书中纰漏在所难免，恳请广大读者批评指正。

编　者

目 录

前言
项目 1　网络操作系统的安装与基本设置 ······ 1
 1.1　知识导航——网络操作系统概述······· 1
  1.1.1　UNIX ··· 2
  1.1.2　Linux ··· 3
  1.1.3　NetWare ······································ 4
  1.1.4　Windows Server ·························· 5
  1.1.5　Windows Server 2016 安装前的准备 ··· 7
  1.1.6　Windows Server 2016 安装注意事项 ··· 7
 1.2　新手任务——Windows Server 2016 的安装··· 9
  1.2.1　全新安装 Windows Server 2016 ········· 9
  1.2.2　升级安装 Windows Server 2016 ······· 13
  1.2.3　Windows Server 2016 核心安装 ······· 14
 1.3　拓展任务——Windows Server 2016 基本环境设置································ 15
  1.3.1　设置计算机名与 Windows 更新 ······· 15
  1.3.2　防火墙与网络连接设置················ 17
  1.3.3　防病毒设置与系统激活················ 20
 1.4　项目实训——Windows Server 2016 的安装与基本环境设置··············· 23
 1.5　项目习题·· 24
项目 2　服务器虚拟化技术及应用··············· 26
 2.1　知识导航——服务器虚拟化概述······ 26
  2.1.1　虚拟机基础知识··························· 26
  2.1.2　VMWare 虚拟机简介 ···················· 28
  2.1.3　Hyper-V 虚拟化技术简介 ·············· 29
  2.1.4　VirtualBox 虚拟化技术简介 ··········· 31
 2.2　新手任务——VMWare 虚拟机的安装与使用·· 31
  2.2.1　VMWare 虚拟机的安装 ················· 32
  2.2.2　VMWare 建立、管理虚拟机 ·········· 34
  2.2.3　VMWare 虚拟机使用技巧 ·············· 41
 2.3　拓展任务——Hyper-V 虚拟机的安装与使用·· 45
  2.3.1　Windows Server 2016 安装 Hyper-V 服务··· 46
  2.3.2　Hyper-V 设置、建立与管理虚拟机 ··· 48
  2.3.3　Windows 10 安装 Hyper-V 功能······· 52
 2.4　项目实训——服务器虚拟化技术及应用··· 53
 2.5　项目习题·· 55
项目 3　域与活动目录的管理······················· 56
 3.1　知识导航——域、域树和域林········· 56
  3.1.1　Windows Server 网络类型 ·············· 56
  3.1.2　活动目录概述······························ 60
  3.1.3　域中的计算机类型······················· 63
 3.2　新手任务——安装 Windows Server 2016 域控制器······························· 64
  3.2.1　建立第一台域控制器···················· 64
  3.2.2　客户机登录到域··························· 70
 3.3　拓展任务——Windows Server 2016 域控制器的管理···························· 72
  3.3.1　创建附加域控制器······················· 72
  3.3.2　创建子域···································· 74
  3.3.3　创建林中的第二个域树················ 76
  3.3.4　域的管理工具······························ 78
 3.4　项目实训——Windows Server 2016 域与活动目录的管理······················ 80
 3.5　项目习题·· 81
项目 4　用户与组的管理······························· 83
 4.1　知识导航——用户与组的概念········· 83
  4.1.1　用户账户概念······························ 83
  4.1.2　用户账户类型······························ 84
  4.1.3　组的概念···································· 85
  4.1.4　组的类型和作用域······················· 86
 4.2　新手任务——本地用户与组账户的创建与管理··································· 87
  4.2.1　创建与管理本地用户账户············· 87
  4.2.2　创建与管理本地组账户················ 91

4.3 拓展任务——域用户与域组账户的
　　创建与管理 94
　4.3.1 域用户账户的创建与管理 95
　4.3.2 域组账户的创建与管理 99
　4.3.3 组织单位的创建与管理 103
4.4 项目实训——用户与组的管理 104
4.5 项目习题 105

项目 5 组策略的管理 106
5.1 知识导航——组策略概述 106
　5.1.1 组策略概念及分类 106
　5.1.2 组策略对象 108
　5.1.3 组策略设置 109
5.2 新手任务——使用组策略管理
　　用户工作环境 110
　5.2.1 本地计算机策略设置 110
　5.2.2 域组策略设置 112
　5.2.3 本地安全策略设置 115
　5.2.4 域和域控制器安全策略设置 119
5.3 拓展任务——利用组策略部署软件
　　与限制软件运行 120
　5.3.1 软件部署概述 120
　5.3.2 软件发布与分配 121
　5.3.3 软件限制策略概述 123
　5.3.4 启用软件限制策略 124
5.4 项目实训——Windows Server 2016
　　组策略的管理 126
5.5 项目习题 127

项目 6 文件系统的管理 128
6.1 知识导航——文件系统的概念 128
　6.1.1 FAT 文件系统 129
　6.1.2 NTFS 129
　6.1.3 ReFS 130
　6.1.4 NTFS 权限 130
6.2 新手任务——利用 NTFS 管理
　　文件数据 134
　6.2.1 加密文件系统 134
　6.2.2 NTFS 压缩 136
　6.2.3 磁盘配额 137
　6.2.4 卷影副本 139

6.3 拓展任务——共享文件夹的
　　管理与使用 141
　6.3.1 共享文件夹 141
　6.3.2 共享文件夹的访问 143
　6.3.3 共享文件夹的管理 144
6.4 拓展任务——创建与访问分布式
　　文件系统 148
　6.4.1 创建分布式文件系统 149
　6.4.2 访问分布式文件系统 154
6.5 项目实训——Windows Server 2016
　　文件系统的管理 154
6.6 项目习题 155

项目 7 打印机的管理 157
7.1 知识导航——打印机基本概述 157
　7.1.1 Windows Server 2016 打印概述 157
　7.1.2 共享打印机的类型 158
7.2 新手任务——打印服务器的安装
　　与共享 158
　7.2.1 安装打印服务角色 159
　7.2.2 服务器添加打印机 160
　7.2.3 共享打印机 162
　7.2.4 客户端添加打印机 163
7.3 拓展任务——打印服务器的管理 164
　7.3.1 设置打印权限 165
　7.3.2 设置打印优先级 165
　7.3.3 设置打印机池 167
　7.3.4 与 UNIX 系统对接打印 168
　7.3.5 管理打印作业 169
　7.3.6 配置 Internet 打印 170
7.4 项目实训——Windows Server 2016
　　打印机管理 172
7.5 项目习题 173

项目 8 磁盘系统的管理 174
8.1 知识导航——磁盘概述 174
　8.1.1 磁盘分区表 174
　8.1.2 磁盘的分类 175
8.2 新手任务——基本磁盘的管理 176
　8.2.1 安装新磁盘 177
　8.2.2 创建主磁盘分区 177
　8.2.3 创建扩展磁盘分区 179

V

8.2.4 磁盘分区的常用操作 ·········· 180
8.3 拓展任务——动态磁盘的创建与
 管理 ······························ 182
  8.3.1 升级为动态磁盘 ············ 183
  8.3.2 创建简单卷 ················ 185
  8.3.3 创建跨区卷 ················ 186
  8.3.4 创建带区卷 ················ 188
  8.3.5 创建镜像卷 ················ 189
  8.3.6 创建 RAID-5 卷 ············ 191
  8.3.7 使用数据恢复功能 ·········· 192
8.4 项目实训——Windows Server 2016
 磁盘系统管理 ······················ 195
8.5 项目习题 ·························· 196

项目 9 创建与管理 DNS 服务 ········ 197
9.1 知识导航——DNS 基本概念和
 原理 ······························ 197
  9.1.1 域名空间与区域 ············ 198
  9.1.2 名称解析与地址解析 ········ 200
  9.1.3 查询模式 ·················· 201
  9.1.4 Active Directory 与 DNS 服务的
   关联 ······················ 202
9.2 新手任务——DNS 服务器的安装
 与配置管理 ························ 203
  9.2.1 安装 DNS 服务器 ············ 203
  9.2.2 配置 DNS 服务器 ············ 204
  9.2.3 添加 DNS 记录 ·············· 207
  9.2.4 添加反向查找区域 ·········· 211
  9.2.5 缓存文件与转发器 ·········· 213
9.3 拓展任务——检测 DNS 服务器 ···· 215
  9.3.1 监测 DNS 服务是否正常 ······ 215
  9.3.2 清除过期记录 ·············· 215
  9.3.3 配置 DNS 客户端 ············ 217
  9.3.4 ping ······················ 218
  9.3.5 nslookup ·················· 218
  9.3.6 ipconfig /displaydns 与/flushdns ········· 221
9.4 项目实训——Windows Server
 2016 创建与管理 DNS ·············· 221
9.5 项目习题 ·························· 222

项目 10 创建与管理 DHCP 服务 ····· 223
10.1 知识导航——DHCP 简介 ········ 223
  10.1.1 DHCP 的意义 ·············· 223
  10.1.2 BOOTP 引导程序协议 ······ 224
  10.1.3 DHCP 动态主机配置协议 ···· 225
  10.1.4 DHCP 的工作过程 ·········· 225
  10.1.5 DHCP 的优缺点 ············ 227
10.2 新手任务——DHCP 服务器的
 安装与配置管理 ···················· 228
  10.2.1 安装 DHCP 服务与授权 ····· 228
  10.2.2 IP 作用域的创建与配置 ····· 229
  10.2.3 DHCP 客户端的配置 ········ 232
10.3 拓展任务——复杂网络的 DHCP
 服务器的部署 ······················ 234
  10.3.1 DHCP 的选项设置 ·········· 234
  10.3.2 超级作用域与多播作用域 ···· 239
  10.3.3 DHCP 数据库的维护 ········ 242
10.4 项目实训——Windows Server
 2016 DHCP 配置与管理 ············ 244
10.5 项目习题 ························ 245

项目 11 创建与管理 Web 服务 ······ 247
11.1 知识导航——IIS 基本概述 ······ 247
  11.1.1 Web 服务简介 ············ 247
  11.1.2 IIS 10.0 简介 ············ 248
11.2 新手任务——IIS 的安装与网站
 的基本设置 ························ 249
  11.2.1 IIS 10.0 的安装 ·········· 249
  11.2.2 网站主目录与默认首页设置 ···· 250
  11.2.3 物理目录与虚拟目录 ······ 252
  11.2.4 虚拟主机技术 ············ 253
11.3 拓展任务——网站的安全性与
 远程管理 ·························· 258
  11.3.1 验证用户的身份 ·········· 258
  11.3.2 IP 地址和域名访问限制 ···· 262
  11.3.3 远程管理网站与功能委派 ···· 263
  11.3.4 网站的其他设置 ·········· 265
11.4 项目实训——Windows Server
 2016 Web 配置与管理 ·············· 267
11.5 项目习题 ························ 268

项目 12 创建与管理 FTP 服务 ······ 269
12.1 知识导航——FTP 基本概述 ······ 269
  12.1.1 FTP ···················· 269

12.1.2 FTP 命令 ·· 270
12.2 新手任务——FTP 的安装与基本设置 ··· 272
　12.2.1 FTP 的安装与站点的建立 ············ 272
　12.2.2 客户端访问 FTP 站点 ················ 275
　12.2.3 物理目录与虚拟目录 ················ 276
　12.2.4 FTP 站点的基本设置 ················ 277
12.3 拓展任务——FTP 站点的用户隔离设置 ··· 280
　12.3.1 FTP 用户不隔离模式 ················ 280
　12.3.2 FTP 用户隔离模式 ··················· 281
　12.3.3 通过 Active Directory 隔离用户 ······ 283
12.4 项目实训——Windows Server 2016 FTP 配置与管理 ······················· 286
12.5 项目习题 ·· 287

参考文献 ·· 288

VII

项目 1　网络操作系统的安装与基本设置

项目情境：

如何安装服务器使用的网络操作系统？

瑞思达智是一家主营计算机系统集成、软件开发与测试、信息化设计与咨询等业务的网络科技公司。2010 年，公司为三峡坝区中心人民医院改造升级了内部局域网络，架设了三台服务器并代客户维护，使用 Windows Server 2008 网络操作系统。昨天晚上在一次突然停电中，医院机房不间断电源（Uninterruptible Power Supply，UPS）未正常工作，导致其中一台服务器出了故障，之后服务器不能正常启动。作为公司的技术人员，你上门检查之后，发现硬盘 0 磁道损坏，需要更换新的硬盘。同时医院网络管理员抱怨微软公司已停止对 Windows Server 2008 的技术支持，希望在更换硬盘的时候升级服务器的网络操作系统。你该如何去做？

项目描述：在组建各种网络之前，首先应当对网络进行规划，包括选定服务器所使用的网络操作系统的版本、安装方式、文件系统格式等工作，准备好之后才能开始操作系统的安装。本项目使读者在了解各种典型的网络操作系统之后，学习如何安装网络操作系统 Windows Server 2016 以及设置基本工作环境。

项目目标：
- 了解常用的网络操作系统及 Windows Server 2016 新特性。
- 熟悉 Windows Server 2016 安装准备以及注意事项。
- 熟悉 Windows Server 2016 的安装过程。
- 掌握 Windows Server 2016 基本工作环境的配置。

1.1　知识导航——网络操作系统概述

操作系统（Operating System，OS）是计算机系统中负责支撑应用程序的运行环境以及用户操作环境的系统软件，同时也是计算机系统的核心与基石。它的职责包括对硬件的直接监管、对各种计算资源（如内存、处理器时间等）的管理，以及提供诸如作业管理之类的面向应用程序的服务等。

操作系统是用户与计算机之间的接口，不同的使用者对操作系统的理解是不一样的。对于一个普通用户，可能只关心运行在操作系统上的应用软件，如字处理软件、绘图工具等，很少涉及计算机管理等方面的内容，从普通用户的角度来看，操作系统就是能够运行自己应用软件的平台。对于一个软件开发人员来说，操作系统是提供一系列的功能、接口等工具来编写和调试程序的裸机。对于系统管理员而言，操作系统则是一个资源管理者，包括对使用者的管理、对 CPU 和存储器等计算机资源的管理，以及对打印机、绘图仪等外部设备的管理，操作系统能够按照管理员的意图控制用户对计算机资源的访问。

网络操作系统（Network Operating System，NOS）除了实现单机操作系统的全部功能外，还具备管理网络中的共享资源，实现用户通信以及方便用户使用网络等功能，是网络的心脏和灵魂，所以，网络操作系统可以理解为网络用户与计算机网络之间的接口，是计算机网络中管理一台或多台主机的软硬件资源、支持网络通信、提供网络服务的程序集合。

网络操作系统是用于网络管理的核心软件，在市场上得到广泛应用的网络操作系统有 UNIX、Linux、NetWare、Windows 等。

1.1.1 UNIX

UNIX 操作系统是一个通用的、交互式的分时系统，最早版本是美国电报电话公司（AT&T）Bell 实验室的 K. Thompson 和 M. Ritchie 共同研制的，目的是在贝尔实验室内创造一种进行程序设计研究和开发的良好环境。它从一个非常简单的操作系统，发展成为性能先进、功能强大、使用广泛的操作系统，并成为事实上的多用户、多任务操作系统的标准。

1969-1970 年，K. Thompson 首先在 PDP-7 机器上实现了 UNIX 系统。最初的 UNIX 版本是用汇编语言写的，不久，Thompson 用一种较高级的 B 语言重写了该系统。1973 年，Ritchie 又用 C 语言对 UNIX 进行了重写。1975 年，正式公开发布了 UNIX V.6 版本，并开始向美国各大学及研究机构颁发 UNIX 的许可证并提供源代码。1978 年发布了 UNIX V.7 版本，它是在 PDP11/70 上运行的，1984 年、1987 年、1989 年先后发布了 UNIX SVR2、UNIX SVR3 和 UNIX SVR4。

目前使用较多的是 1992 年发布的 UNIX SVR 4.2 版本，值得说明的是，UNIX 进入各大学及研究机构后，他们在第 6 版本和第 7 版本的基础上进行了改进，因而形成了许多 UNIX 的变型版本。其中最有影响的工作是加州大学 Berkeley 分校做的，他们在原来的 UNIX 中加入了具有请求调页和页面置换功能的虚拟存储器，从而在 1978 年形成了 BSD UNIX 版本；1982 年推出了 4BSD UNIX 版本，后来是 4.1 BSD 及 4.2 BSD；1986 年发表了 4.3 BSD；1993 年 6 月推出了 4.4 BSD 版本。UNIX 自正式问世以来，影响日益扩大，并广泛用于操作系统的教学中。

UNIX 是为多用户环境设计的，即所谓的多用户、多任务操作系统，其内建 TCP/IP 支持，该协议已经成为互联网中通信的事实标准，由于 UNIX 发展历史悠久、技术成熟，具有分时操作、良好的稳定性、健壮性、安全性等优秀的特性，是能达到大型主机可靠性要求的少数操作系统之一。在全球，有不少大型企业或政府部门，将其整个信息系统建立并运行在以 UNIX 为主服务器的客户机/服务器架构上，其主要特性如下。

1）模块化的系统设计：系统设计分为内核模块和外部模块，内核程序尽量简化、缩小，外部模块提供操作系统所应具备的各种功能。

2）逻辑化文件系统：UNIX 文件系统完全摆脱了实体设备的局限，它允许有几个硬盘合成单一的文件系统，也可以将一个硬盘分为多个文件系统。

3）开放式系统：遵循国际标准，UNIX 以正规且完整的界面标准为基础提供计算机及通信综合应用环境，在这个环境下开发的软件具有高度的兼容性、系统与系统间的互通性以及在系统需要升级时有多重的选择性。系统界面涵盖用户界面、通信程序界面、通信界面、总线界面和外部界面。

4）优秀的网络功能：其定义的 TCP/IP 已成为 Internet 的网络协议标准。

5）优秀的安全性：其设计有多级别、完整的安全性能，UNIX 很少被病毒侵扰。

6）良好的移植性：UNIX 操作系统和核外程序基本上是用 C 语言编写的，这使得系统易于理解、修改和扩充，并使系统具有良好的可移植性。

7）可以在任何档次的计算机上使用，UNIX 可以运行在笔记本电脑以及超级计算机上。

由于长期以来，UNIX 都是由一些大型的公司在维护，因此 UNIX 通常与这些公司所生产的硬件相配套，例如 Oracle Solaris 在很长的一段时间都只有 SPARC 平台的版本，HP-UX 可以在 HP 的 PA-RISC 处理器、Intel 的 Itanium 处理器的上运行，IBM AIX 则运行在 IBM 的 Power PC 架构之上。正因为如此，一定程度上限制了 UNIX 的广泛应用。

1.1.2 Linux

1991 年，芬兰赫尔辛基大学的一位年轻学生 Linus B. Torvalds 发布了第一个 Linux，它是一个完全免费的操作系统，在遵守自由软件联盟协议下，用户可以自由地获取程序及其源代码，并能自由地使用它们，包括修改和复制等。Linux 是一种在 PC 上执行的类似 UNIX 的操作系统，提供了一个稳定、完整、多用户、多任务和多进程的运行环境。Linux 是网络时代的产物，在互联网上经过了众多技术人员的测试和除错，并不断被扩充。其主要特性如下。

1）完全遵循 POSIX 标准，并扩展支持所有 AT&T 和 BSD UNIX 特性的网络操作系统：由于继承了 UNIX 优秀的设计思想，且拥有干净、健壮、高效且稳定的内核，没有 AT&T 或伯克利的任何 UNIX 代码，所以 Linux 不是 UNIX，但与 UNIX 完全兼容。

2）真正的多任务、多用户系统，内置网络支持，能与 NetWare、Windows Server、OS/2、UNIX 等无缝连接，网络效能在各种 UNIX 测试评比中速度最快，同时支持 FAT16、FAT32、NTFS、Ext2FS、ISO9600 等多种文件系统。

3）可运行于多种硬件平台，包括 Alpha、SPARC、Power PC、MIPS 等处理器，对各种新型外围硬件，可以从分布于全球的众多程序员那里迅速得到支持。

4）对硬件要求较低，可在较低档的机器上获得很好的性能，特别值得一提的是 Linux 出色的稳定性，其运行时间往往能以"年"计。

5）有广泛的应用程序支持：已经有越来越多的应用程序移植到 Linux 上，包括一些大型厂商的关键应用。

6）设备独立性：设备独立性是指操作系统把所有外部设备统一当作文件来看待，只要安装它们的驱动程序，任何用户都可以像使用文件一样，操纵、使用这些设备，而不必知道它们的具体存在形式。Linux 是具有设备独立性的操作系统，由于用户可以免费得到 Linux 的内核源代码，因此，可以修改内核源代码，适应新增加的外部设备。

7）安全性：Linux 采取了许多安全技术措施，包括对读、写进行权限控制、带保护的子系统、审计跟踪、核心授权等，这为网络多用户环境中的用户提供了必要的安全保障。

8）良好的可移植性：Linux 是一种可移植的操作系统，能够在从微型计算机到大型计算机的任何环境和任何平台上运行。

9）具有庞大且素质较高的用户群，其中不乏优秀的编程人员和发烧级的"hacker"（黑客），他们提供商业支持之外的技术支持。

正是因为以上这些特点，Linux 在个人和商业应用领域中的应用都获得了飞速的发展，已经渗透到了电信、金融、政府、教育、银行、石油等各个行业，应用越来越广泛。

Linux 发行版本可以大体分为两类：一类是商业公司维护的发行版本，以著名的 Redhat（RHEL）为代表；另一类是社区组织维护的发行版本，以 Debian 为代表。Redhat 系列主要包括 RHEL、Fedora、CentOS 等，Debian 系列主要包括 Debian 和 Ubuntu 等，用户可以根据自己的网络环境、需求以及实际应用，来选择不同的发行版本，除了架构的严谨度与选择的套件内容外，其实内容差异并不大。

1.1.3 NetWare

20 世纪 80 年代初，随着 IBM PC 的问世，迎来了 PC（Personal Computer）时代。但当时的 PC，由于外部存储设备极其昂贵，配置普遍不高，人们普遍需要一种能够提供"共享文件存取"和"打印"功能的服务器，使多台 PC 可以通过局域网同文件服务器连接起来，共享大硬盘和打印机。1983 年，伴随着 Novell 公司的面世，NetWare 网络操作系统出现了，上述问题在 NetWare 面前迎刃而解。

NetWare 最初是为 Novell S-Net 网络开发的服务器操作系统。从 1983-1989 年，Novell 不断推出功能增强的 NetWare 版本，虽然同期出现的局域网操作系统还有 3Com 的 3[+]、IBM 的 PC LAN 以及 Banyan 公司的 Vines 等，但 NetWare 以其独特的设计思想、优秀的性能和良好的用户界面在竞争中胜出。在 20 世纪 90 年代初的中国，NetWare 几乎是局域网操作系统的代名词，NetWare 3.12、4.11 两个版本得到了广泛使用。1998 年，Novell 公司发布了 NetWare 5 版本。2001 年，Novell 公司发布 NetWare 6，其主要特性如下。

1）NetWare 6 提供简化的资源访问和管理：用户可以在任意位置，利用各种设备，实现对全部信息和打印机的访问和连接；可以跨越各种网络、存储平台和操作环境，综合使用文件、打印机和其他资源（电子目录、电子邮件、数据库等）。

2）NetWare 6 确保企业数据资源的完整性和可用性：以安全策略为基础，通过高精确度方式，采用单步登录和访问控制手段进行用户身份验证，防止恶意攻击行为。

3）NetWare 6 以实时方式支持在中心位置进行关键性商业信息的备份与恢复。

4）NetWare 6 支持企业网络的高可扩展性：可以配置使用 2～32 台规模的集群服务器和负载均衡服务器，每台服务器最多可支持 32 个处理器，利用多处理器硬件的工作能力，提高可扩展性和数据吞吐率。可以方便地添加卷以满足日益增加的需求，能够跨越多个服务器配置，最高可支持 8TB 的存储空间，在企业网络环境中支持上百万数量的用户。

5）NetWare 6 包括 iFolder 功能，用户可以在多台计算机上建立文件夹；该文件夹可以使用任何种类的网络浏览器进行访问，并可以在一个 iFolder 服务器上完成同步，从而保证用户的信息内容永远处于最新状态，并可从任何位置（办公室、家庭或移动之中）进行访问。

6）NetWare 6 包含开放标准及文件协议，无需复杂的客户端软件就可以在混合型客户端环境中访问存储资源。

7）NetWare 6 使用了名为 IPP 的开放标准协议，具有通过互联网安全完成文件打印工作的能力。用户在某个网站中寻找到一台打印机，下载所需的驱动程序，即可向世界上几乎任何一台打印机发出打印工作。

随着技术的不断发展，NetWare 操作系统由于缺少第三方厂商的支持，没有可靠的开发工具，已成为明日黄花，逐步退出市场。

1.1.4 Windows Server

对于这类操作系统，相信用过计算机的人都不会陌生。这是微软公司开发的，微软公司的 Windows 系统不仅在个人操作系统中占有绝对优势，在网络操作系统中也具有非常强劲的力量。Windows 网络操作系统在中小型局域网配置中是最常见的，但由于它对服务器的硬件要求较高，一般只是用在中低档服务器中。微软的网络操作系统主要有：Windows NT 4.0 Server、Windows 2000 Server、Windows Server 2003/2008/2012/2016。

1．Windows NT Server

在整个 Windows 网络操作系统中，Windows NT 几乎是中小型企业局域网的标准操作系统。一是它继承了 Windows 家族统一的界面，使用户学习、使用起来更加容易；二是它的功能也确实比较强大，基本上能满足中小型企业的各项网络需求。Windows NT 对服务器的硬件配置要求要低许多，可以更大程度上适合中小企业的 PC 服务器配置需求。

Windows NT 可以说是发展最快的一种操作系统，它采用多任务、多流程操作及多处理器系统（SMP）。在 SMP 系统中，工作量比较均匀地分布在各个 CPU 上，提供了极佳的系统性能。Windows NT 系列从 3.1 版、3.50 版、3.51 版，发展到 4.0 版。

2．Windows 2000 Server

通常见到的网络操作系统 Windows 2000 Server 有 3 个版本。

- Windows 2000 Server：用于工作组和部门服务器等中小型网络。
- Windows 2000 Advanced Server：用于应用程序服务器和功能更强的部门服务器。
- Windows 2000 Datacenter Server：用于运行数据中心服务器等大型网络系统。

Windows 2000 Server 为重要的商务解决方案提高了整个系统的可靠性和可扩展性。通过操作系统中内置的增强的容错能力，提高了信息和服务对用户的可用性。

Windows 2000 Server 包含了对远程管理所做的大量改进，其中包括新的管理员委托授权支持、终端服务、Microsoft 管理控制台等。Windows 2000 Server 通过 IIS 5.0 为磁盘分配、动态卷管理、Internet 打印以及 Web 服务等提供了新的支持。对文件、打印服务和卷管理的改进使得 Windows 2000 成为一个理想的文件服务器，并且在 Windows 2000 Server 上可以更容易地查询或访问信息。

Windows 2000 Server 集成了对虚拟专用网络、电话服务、高性能的网络工作、流式传输的音频/视频服务、首选的网络带宽等的支持，允许客户在单一的、具有有效价值的操作平台上集成所有的通信基础结构。

3．Windows Server 2003

Windows Server 2003 家族包括以下产品。

- Windows Server 2003 标准版：是一个可靠的网络操作系统，可支持文件和打印机共享，提供安全的 Internet 连接，允许集中化的桌面应用程序部署。
- Windows Server 2003 企业版：是为满足各种规模的企业的一般用途而设计的，是一种全功能的服务器操作系统，最多可支持 8 个处理器。提供的企业级功能有：8 节点集群、支持高达 32GB 内存等；可用于基于 Intel Itanium 系列的计算机；支持 8 个处理器和 64GB RAM 的 64 位计算平台。

- Windows Server 2003 数据中心版：是为运行企业和任务所倚重的应用程序而设计的，这些应用程序需要最高的可伸缩性和可用性，是微软公司开发的功能非常经典的服务器操作系统。提供支持高达 32 路的 SMP 和 64GB 的 RAM，提供 8 节点集群和负载平衡服务是它的标准功能，可用于能够支持 64 位处理器和 512GB RAM 的 64 位计算平台。
- Windows Server 2003 Web 版：用于 Web 服务和托管。Windows Server 2003 Web 版用于生成和承载 Web 应用程序、Web 页面及 XML Web 服务。

Windows Server 2003 通过提供集成结构，用于确保商务信息的安全性；提供可靠性、可用性和可伸缩性，提供用户需要的网络结构；通过提供灵活易用的工具，有助于使用户的设计和部署与单位和网络的要求相匹配；通过加强策略、使任务自动化以及简化升级来帮助用户主动管理网络；通过让用户自行处理更多的任务来降低支持开销。

4. Windows Server 2008/2012/2016

与 Windows Server 2003 操作系统相比，Windows Server 2008 代表了下一代操作系统，为了满足客户的需要，对 Windows Server 操作系统的全部功能进行了改进，如 Web 服务的改进，虚拟化技术的集成和高安全性等。很显然，微软公司想借助 Windows Server 2008 在网络操作系统这条道路上通过增加新的特性来继续前进。就核心服务器产品而言，很多特性都是最新亮相，建立在网络和虚拟化技术之上，提高了基础服务器设备的可靠性和灵活性。

Windows Server 2012 是 Windows Server 2008 的继任者，它可向企业和服务提供商提供可伸缩、动态、支持多租户以及通过云计算得到优化的基础结构，包含了大量的更新以及新功能，通过虚拟化技术、Hyper-V、云计算、构建私有云等，让 Windows Server 2012 变成一个无比强大且灵活的网络服务器平台。

Windows Server 2016 是第 6 个 Windows Server 版本，围绕着软件定义存储、网络和虚拟化引入了新的功能：引入新的安全层，强化平台应对威胁的能力，控制访问权限和保护虚拟机；简化虚拟化升级，新的安装选项，增加弹性，确保基础设备的稳定性而又不失灵活性；软件定义存储的扩展能力，强调适应性、降低成本、增强控制；新的网络栈带来核心网络功能集、SDN 软件架构，直接从 Azure 到数据中心；提供新的方式进行打包、配置、部署、运行、测试和保护应用程序，连续运行在本地或云端，使用新的 Windows 容器和 Nano Server 轻量级系统部署选项。Windows Server 2016 是对这个平台之前版本的一次全面的升级，帮助企业打造更强大、更灵活的 IT 基础架构，本书将重点介绍该版本的网络操作系统。

网络操作系统对于网络的应用、性能有着至关重要的影响，选择一个合适的网络操作系统，既能实现建设网络的目标，又能省钱、省力，提高系统的效率，而盲目地上一个网络操作系统，往往会事倍功半。网络操作系统的选择要从网络管理和应用出发，除了考虑标准化、可靠性、安全性、易用性以及网络应用服务的支持之外，还应考虑成本、可集成性以及可扩展性，分析所设计的网络到底需要提供什么服务，然后分析各种操作系统提供这些服务的性能与特点，最后确定使用何种网络操作系统。当然在网络规划设计中，还是要和具体的网络环境结合起来，例如可以根据网站的开发语言、数据库类型以及用户的使用习惯来进行选择：如果开发语言为 ASP、.NET、HTML，数据库为 Access、SQL Server，请选择 Windows Server；如果开发语言为 PHP、HTML，数据库为 MySQL，请选择 Linux；针对安全性要求很高的场景，如金融、银行、军事及大型企业网络，则推荐选用 UNIX；在一些特定场景（工业控制、证券系统），仍有人在使用 Novell Netware。

1.1.5 Windows Server 2016 安装前的准备

安装 Windows Server 2016 之前,应该了解一下计算机系统应具备的软硬件基本条件。按照微软公司官方的建议配置,Windows Server 2016 系统的硬件配置需求见表 1-1。

表 1-1 Windows Server 2016 系统的硬件配置需求

硬 件	配 置 需 求
处理器	最低要求:1)1.4GHz 64 位处理器;2)与 x64 指令集兼容;3)支持 NX 和 DEP;4)支持 CMPXCHG16b、LAHF/SAHF 和 PrefetchW;5)支持二级地址转换(EPT 或 NPT)。在系统安装前可以下载使用工具软件 Coreinfo,确认 CPU 是否具有以上功能
内 存	最低要求:512MB。对于带桌面体验的服务器安装选项为 2GB
可用磁盘空间	最低要求:32GB。满足此最低值是指能够以"服务器核心"模式安装包含 Web 服务(IIS)服务器角色的 Windows Server 2016,服务器核心模式比 GUI 模式的相同角色服务器占用的磁盘空间大约减少 4GB。还应注意系统分区有时还需要额外空间:1)如果通过网络安装系统;2)RAM 超过 16GB 的服务器还需为页面文件、休眠文件和转储文件分配额外磁盘空间
网络适配器	最低要求:1)至少有千兆位吞吐量的以太网适配器;2)符合 PCI Express 体系结构规范;3)支持预启动执行环境(PXE)。支持网络调试(KDNet)的网络适配器很有用,但不是最低要求
其 他	运行的计算机还必须具有:DVD 驱动器(如果要从 DVD 媒体安装操作系统)。以下并不是严格需要的,但某些特定功能需要:1)基于 UEFI 2.3.1c 的系统和支持安全启动的固件;2)受信任的平台模块;3)支持超级 VGA(1024×768)或更高分辨率的图形设备和监视器;4)键盘和鼠标(或其他兼容的指针设备);5)Internet 访问

为了确保顺利安装 Windows Server 2016,开始安装之前应该做好如下准备工作。

1)切断非必要的硬件连接:如果计算机与打印机、扫描仪、UPS 等非必要外设连接,则在运行安装程序之前请将其断开,安装程序会自动监测连接到计算机串口的所有设备,特别是 UPS 有可能会接收到自动关闭的错误指令,因而造成计算机断电。

2)查看硬件和软件兼容性:升级启动安装程序时,执行的第一个过程是检查计算机硬件和软件的兼容性。安装程序在继续执行前将显示报告,使用该报告以及 Relnotes.htm(位于安装光盘的\Docs 文件夹)中的信息来确定在升级前是否需要更新硬件、驱动程序或软件。可以通过访问网址"http://www.microsoft.com/windows/catalog/",检查 Windows Catalog 中的硬件和软件兼容性信息,判断是否兼容。

3)运行 Windows 内存诊断工具:它可以经常对计算机内存(RAM)进行检测或者修正错误,如果计算机不稳定,经常出现蓝屏等现象,那么很有可能是 RAM(内存)出现了问题。

4)检查系统日志错误:如果计算机中以前安装有 Windows 的操作系统,建议使用"事件查看器"查看系统日志,寻找可能在升级期间引发问题的最新错误或重复发生的错误。

5)备份文件:如果从其他操作系统升级到 Windows Server 2016,建议在升级前备份当前的文件,包括含有配置信息(如系统状态、系统分区和启动分区)的所有内容,以及所有的用户和相关数据。建议将文件备份到不同的媒体,例如备份到磁带驱动器或网络上其他计算机的硬盘,而尽量不要保存在本地计算机的其他非系统分区。

6)重新格式化硬盘:虽然 Windows Server 2016 在安装过程中可以进行分区和格式化,但是,如果在安装之前就完成这项工作,那么在执行新的安装时,磁盘的效率有可能得到提高(与不执行重新格式化相比)。另外,重新分区和格式化时,还可以根据自己的需要调整磁盘分区的大小或数量,以便更好地满足需求。

1.1.6 Windows Server 2016 安装注意事项

了解 Windows Server 2016 的安装注意事项是非常有必要的,网络操作系统毕竟不同于个人计算机系统，无论是安全性还是稳定性都是要仔细考虑的。

1. 选择安装方式

Windows Server 2016 有多种安装方式，主要有以下三种方式。

1）利用安装光盘启动进行全新安装：这种安装方式是最常见的，可以让用户利用图形用户界面（GUI）来使用和管理 Windows Server 2016。如果计算机上没有安装 Windows Server 2016 以前版本的 Windows 操作系统（如 Windows Server 2003 等），或者需要把原有的操作系统删除时，这种方式很合适。为了保证计算机能够通过光盘进行启动，除了要保证光盘是可用的，还要在安装前将计算机的 BIOS 设定为从 DVD-ROM 启动系统。

2）升级安装：如果原来的计算机已经安装了 Windows Server 2012，可以在不破坏以前的各种设置和已经安装的各种应用程序的前提下对系统进行升级，这样可以大大减少重新配置系统的工作量，同时可保证系统过渡的连续性。

3）其他安装方式：还可以采用其他一些更高级的安装方式，如无人参与安装，使用 Window Automated Installation Kit 中的 Imagex 进行克隆安装，微软提供的部署解决方案（如 Windows Deployment Service 使用 Windows Server 2016 包含的功能进行网络安装），以及第三方解决方案（如 Ghost 与微软系统准备工具 Sysprep 结合起来进行快速安装）。

2. 选择文件系统

硬盘中的任何一个分区，都必须被格式化成合适的文件系统后才能正常使用，安装程序提供两种格式化方式——执行快速格式化与执行完全格式化。

- 执行快速格式化：安装程序不会检查扇区的完整性，而只是删除分区中的文件；如果用户确保硬盘中没有坏扇区，且以前没有任何文件损坏的记录，就可以选择"快速格式化"。
- 执行完全格式化：程序就会检查是否有坏扇区，避免系统将数据存储到坏扇区中；如果硬盘中有坏扇区，或者以前有文件损坏的记录，最好选择"完全格式化"。如果用户无法判断是否有坏扇区，最好也选择"完全格式化"。

除 exFAT、FAT32、FAT 与目前 Windows 主流文件系统 NTFS（New Technology File System，新技术文件系统）之外，Windows Server 2016 还支持最新的 ReFS，它提供更高的安全性、更大的磁盘容量与更好的磁盘性能。不过，只能将 Windows Server 2016 安装到 NTFS 磁盘分区内，而 ReFS、exFAT、FAT32 与 FAT 磁盘仅能用来存储数据，否则安装过程中会出现错误提示而无法正常安装。

3. 硬盘分区的规划

若执行全新安装，需要在运行安装程序之前规划磁盘分区。磁盘分区是一种划分物理磁盘的方式，以便每个部分都能够作为一个单独的单元使用。当在磁盘上创建分区时，可以将磁盘划分为一个或多个区域，并可以用 NTFS 格式化分区。主分区（或称为系统分区）是安装加载操作系统所需文件的分区。

运行安装程序，执行全新安装之前，需要决定安装 Windows Server 2016 的主分区大小。没有固定的公式计算分区大小，基本规则就是为一同安装在该分区上的操作系统、应用程序及其他文件预留足够的磁盘空间。例如安装 Windows Server 2016 的文件需要至少 32GB 的可用磁盘空间，建议要预留比最小需求多得多的磁盘空间，如 60GB 的磁盘空间。这样为各种项目预留了空间，如安装可选组件、用户账户、Active Directory 信息、日志、未来的 Service Pack、操作系统使用的分页文件以及其他项目。

在安装过程中，只需创建和规划要安装 Windows Server 2016 的分区，安装完系统之后，可以使用磁盘管理来新建和管理已有的磁盘和卷，包括利用未分区的空间创建新的分区，删除、重命名和重新格式化现有的分区，添加和卸掉硬盘以及在基本和动态磁盘格式之间升级和还原硬盘。

4．是否使用多重引导操作系统

计算机可以被设置多重引导，即在一台计算机上安装多个操作系统。例如，可以将服务器设置为大部分时间运行 Windows Server 2016，但有时也运行 Windows Server 2008。在系统重新启动的过程中，会列出系统选择选项，如果没有做出选择，将运行默认的操作系统。在安装多重引导的操作系统时，还要注意版本的类型，一般应先安装版本低的，再安装版本高的，否则不能正常安装。例如，在一台计算机上同时安装 Windows Server 2008 和 Windows Server 2016 网络操作系统时，应当先安装 Windows Server 2008 再安装 Windows Server 2016。

设置多重引导操作系统的缺点是：每个操作系统都将占用大量的磁盘空间，并使兼容性问题变得复杂，尤其是文件系统的兼容性。此外，动态磁盘格式并不在多个操作系统上起作用。所以一般情况下不推荐使用多重引导操作系统，如果在比较特殊的环境中确实需要在一台计算机上使用多版本的操作系统，建议使用虚拟机软件来实现多个版本的操作系统，项目 2 将具体介绍相关的内容。

1.2 新手任务——Windows Server 2016 的安装

【任务描述】

在服务器操作系统 Windows Server 2016 安装之前，根据不同的网络与硬件平台确定要安装的操作系统版本后，还应做好安装前的各项准备工作，正确地选择一种安装方式，同时能够应用不同的方法来启动安装程序，在安装过程中根据组建网络的需要输入必要的信息，独立地完成各种版本的安装过程。

【任务目标】

通过任务应当熟练掌握 Windows Server 2016 的不同版本和各种方式下的安装，并且能够正确设置安装过程中的各项信息。

1.2.1 全新安装 Windows Server 2016

在条件许可的情况下，建议用户尽可能采用全新安装的方法来安装 Windows Server 2016。在进行全新安装的时候，在完成安装前的准备工作之后，将 Windows Server 2016 系统光盘放入 DVD 光驱中，并且重新启动计算机，由光驱引导系统，可以参照以下步骤完成 Windows Server 2016 的安装操作。

1）如果硬盘内没有其他操作系统，则将自动直接从 DVD 启动；如果硬盘内已经有其他操作系统，则计算机会显示"Press any key to boot from CD or DVD"，此时按键盘上任何一个键，以便从 DVD 启动，否则可能会自动启动硬盘内的现有操作系统。当系统通过 Windows Server 2016 光盘引导之后，将看见如图 1-1 所示的加载界面。

2）稍等片刻，会弹出如图 1-2 所示的对话框。在其中需要选择安装的语言、时间格式和键盘类型等，一般情况下都使用系统默认的中文设置即可。单击"下一步"按钮继续操作。

图1-1 Windows预加载阶段

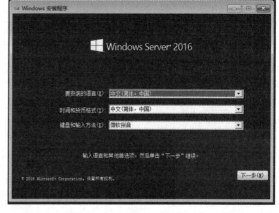
图1-2 设置语言格式等

3）在如图1-3所示的窗口中单击"现在安装"按钮开始系统的安装操作。

4）出现如图1-4所示的窗口，选择需要安装的Windows Server 2016的版本，例如在此选择"Windows Server 2016 Standard（桌面体验）"一项，单击"下一步"按钮，开始安装Windows Server 2016标准版。

图1-3 "现在安装"按钮　　　　　　　　图1-4 选择安装版本

① Standard是标准版，最多在两颗处理器上运行两个虚拟机，而Datacenter是数据中心版，最多在两颗处理器上运行不限数量个虚拟机，最大的区别就在于对虚拟化的支持程度，一般情况下选择标准版就足够满足需求。

② Windows Server 2016提供两种安装模式：①Windows Server 2016：服务器核心模式，安装完成的操作系统仅提供最小化的环境，它可以降低维护与管理需求，减少使用硬盘容量、减少被攻击次数。由于没有图形化界面，因此只能使用命令提示符、Windows PowerShell或通过远程计算机来管理此台服务器；②Windows Server 2016（桌面体验）：GUI服务器模式，安装完成后的操作系统包含用户界面元素和图形管理工具，可以通过服务器管理器或其他方法安装服务器角色和功能，相当于Windows Server 2008版本中的完全安装。与之前Windows Server 2012的版本不同，它安装后无法在服务器核心模式和GUI服务器模式之间转换，如果安装具有桌面体验的服务器，但后来决定使用服务器核心，则应重新安装。

5）在如图 1-5 所示的许可协议对话框中提供了 Windows Server 2016 的许可条款，勾选下方"我接受许可条款"复选框之后，单击"下一步"按钮继续安装。

6）由于是全新安装 Windows Server 2016，因此在如图 1-6 所示的窗口中单击"自定义：仅安装 Windows（高级）"选项，就可以继续安装操作。此时"升级"选项是不可选的，因为计算机内必须有以前 Windows Server 版本的系统才可以升级安装。

 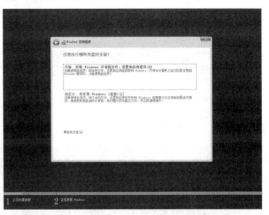

图 1-5　接受许可条款　　　　　　　　　图 1-6　全新安装 Windows Server 2016

7）如图 1-7 所示，如果需要对磁盘分区和格式化，可以选择"新建"按钮，激活磁盘管理工具，对磁盘进行分区、格式化等操作，建议对要安装的操作系统设置 2 个以上的主分区，特别是系统安装的主分区容量不少于 40GB。完成操作后出现如图 1-8 所示的界面。

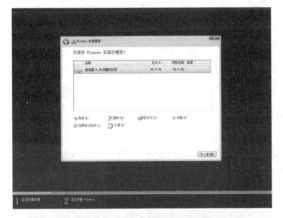 

图 1-7　选取磁盘进行分区　　　　　　　图 1-8　选取系统安装分区

① 如果服务器使用的磁盘比较特殊，需要安装驱动程序才可使用的话，可单击"加载驱动程序"按钮进行驱动程序的安装。

② 在进行分区时，系统自动划分出"分区 1、2、3"，它们是 Windows 的特有分区，其中 433MB 为恢复区，用于备份引导文件，94MB 为系统分区，用于保存系统引导文件，16MB 为 MSR 分区，是微软保留分区，是每个在 GUID 分区表（GUID Partition Table，GPT）上的 Windows 操作系统（Windows7 以上）都要求的分区。

③ 建议无特殊情况这三个分区使用默认设置，不要删除，特别是 MSR 分区，当一个 GPT 磁盘要转换到动态磁盘时（如执行镜像、带区、跨区、RAID5 操作时），若没有 MSR 分区，转

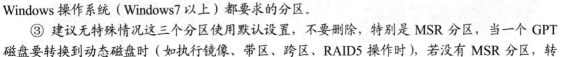

11

换操作将失败。

8)选择分区 4 进行 Windows Server 2016 系统的安装,单击"下一步"按钮继续安装,此时经历复制 Windows 文件和展开文件两个步骤,如图 1-9 所示。

9)在复制和展开系统安装必需的文件之后,计算机会重新启动。在重新启动计算机之后,Windows Server 2016 系统会自动以系统管理员用户 Administrator 登录系统,如图 1-10 所示,要求用户自定义设置登录密码。分别在密码输入框中输入两次完全一样的密码,完成之后单击"确定"按钮确认输入的密码。

图 1-9 复制和展开文件　　　　　　　　　图 1-10 设置用户密码

在这里输入的管理员密码必须牢记,否则后面将无法登录系统。对于管理员密码,Windows Server 2016 的要求非常严格,管理员口令要求必须符合以下条件:①至少 6 个字符;②不包含用户账户名称中超过两个以上连续字符;③包含大写字母(A~Z)、小写字母(a~z)、数字(0~9)、特殊字符(如#、&、~等)4 组字符中的 3 组。例如使用类似于这样的密码:Ycserver@2016,这个密码中有字符、数字和特殊符号,长度必须在 6 位以上,这样的密码才能满足策略要求,如果仅是单纯的字符或数字,无论密码设置多长都不会满足密码策略要求。

10)如果看到如图 1-11 所示的窗口,则表示用户密码已经设置成功,此时按照要求按〈Ctrl+Alt+Delete〉键,然后在如图 1-12 所示的界面中输入刚才设置的系统管理员(Administrator)的密码后,按〈Enter〉键登录 Windows Server 2016 系统。

 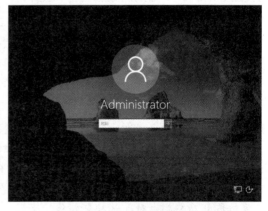

图 1-11 登录系统界面　　　　　　　　　图 1-12 输入系统管理员密码

11）在第一次进入系统之前，系统还会进行诸如准备桌面之类的最后配置，稍等片刻即可进入系统桌面，Windows Server 2016 的系统设计功能及界面和 Windows 10 的基本类似，如图 1-13 所示。

12）Windows Server 2016 系统启动成功显示桌面之后，稍等片刻会自动启动服务器管理器，在此可以对本地服务器进行配置，如图 1-14 所示。此窗口关闭后将显示 Windows Server 2016 的桌面。

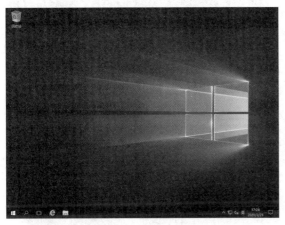

图 1-13　操作系统界面　　　　　　　　　图 1-14　"服务器管理器"窗口

① 在 Windows Server 2016 系统中是无法使用 Store（应用商店）、Cortana 和 Edge 浏览器的，后两项都被传统功能替代，分别为"搜索"和 IE11 浏览器，这是网络操作系统和个人操作系统 Windows 10 最大的区别。

② 通过安装操作，可以发现 Windows Server 2016 和以前版本的 Windows 操作系统安装区别并不是很大，安装的速度取决于服务器的配置，一般 30min 之内就可以完成安装，安装速度较快最主要的原因还是安装光盘的 Sources 目录中包含一个名为 install.wim 的文件，这个文件是通过微软公司的 Windows Imaging 技术进行打包压缩的镜像文件，安装过程中系统首先将 wim 文件复制到硬盘，然后对这个文件进行解压缩操作，其实和安装 Ghost 封包的预安装系统具有相同原理。

1.2.2　升级安装 Windows Server 2016

Windows Server 2016 支持通过旧版本进行升级安装，可以利用光盘直接启动来进行升级。例如在 Windows Server 2012 系统中运行 Windows Server 2016 安装光盘来进行升级安装，升级安装和全新安装的过程基本差不多，只有个别选项不同，具体的操作步骤如下。

1）启动并登录到现有系统，将安装光盘放入光驱，如果当前系统的"自动运行"功能启动的话，系统将会自动启动光盘的安装程序，运行"setup.exe"程序，将会启动安装程序，为了保证安装过程中能获得 Windows Server 2016 最新的更新程序，以确保顺利安装成功，应选择"下载并安装更新（推荐）"选项，此时应确定服务器能接入互联网，如图 1-15 所示。

2）单击"下一步"按钮，系统进入选择安装的版本，和全新安装方式一样，要同意 Windows Server 2016 的许可条款以及选择安装的版本，选择好相应选项后，单击"下一步"按钮，进入"选择要保留的内容"窗口，如图 1-16 所示。

图 1-15 获取重要更新

图 1-16 选择要保留的内容

3）在"选择要保留的内容"窗口中选择"保留个人文件和应用"选项，单击"下一步"按钮，系统会通过 Internet 获得安装更新文件，并检查要安装的系统，针对系统当前服务器的版本给出建议，有时安装程序并不建议用户进行升级安装，根据具体的情况，可以单击"确定"按钮，继续进行系统升级安装，如图 1-17 所示。

① 选择"保留个人文件和应用"选项是因为这样升级安装以后，服务器操作系统下的所有服务器角色、用户个人数据、文档、软件程序等，都会保留下来，可以在新的系统中使用，这种方式的缺点是第三方应用程序有可能个别会出现兼容性的问题，导致使用不正常，同时如果软件程序被病毒感染，那么升级安装后被感染的软件程序和病毒依然有可能留存下来。

② 系统不支持从 Windows Server 2012 "服务器核心安装"模式切换到 Windows Server 2016 "带桌面安装的服务器"模式的升级安装（反之亦然）。如果正在升级或转换的较低版本操作系统是服务器核心安装模式，则结果仍将是较高版本操作系统的服务器核心安装。

4）进入"准备就绪，开始安装"窗口，如图 1-18 所示，单击"安装"按钮，安装程序开始升级安装，后继的安装过程和全新安装方式是一样的，在此不再重复。

图 1-17 需要关注的事项

图 1-18 准备就绪可以安装

1.2.3 Windows Server 2016 核心安装

Windows Server 2016 核心安装后系统类似于没有安装 X Window System 的 Linux，不推荐

普通用户使用。它的安装过程和前面介绍的全新安装基本相似，只是在选择版本时选项不同。安装完毕登录后，可以看到一个命令行界面，如图1-19所示。

要显示 Windows Server 2016 核心安装可用的命令，具体的操作步骤如下：在命令行界面输入"cd\"，然后在 C:盘根目录下，输入"cd\windows\system32"，进入"c:\windows\system32"目录下，然后输入"cscript scregedit.wsf /cli"，此时将会列出 Windows Server Core 中提供的常用命令行汇总，如图1-20所示。

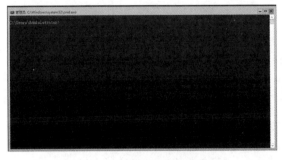

图 1-19 核心安装之后登录界面　　　　　　图 1-20 显示常用的命令

常用的命令如下。

1）Network configuring：在 CMD 窗口输入 Powershell 调用 Powershell 会话。

2）Get-NetAdapter：查看系统网络接口索引。

3）New-NetIPAddress：配置网络接口的 IP 地址。

4）Set-DnsClientServerAddress：配置 DNS 地址。

5）Add and Remote Computer for the domain：使用 Add-Computer 对计算机重命名，并加入域。

6）Rename Computer：查看计算机名。

7）Using remote PowerShell：使用命令创建一个远程 Powershell 会话。

8）sconfig：打开 Server Configuration 窗口进行常规配置，在这里配置好计算机名称、网络地址还有域名，加入域后就可以用远程管理来配置这台服务器。

1.3 拓展任务——Windows Server 2016 基本环境设置

【任务描述】

与 Windows Server 2008 等以前版本的服务器操作系统相比，Windows Server 2016 有了比较大的变化。安装 Windows Server 2016 之后，用户要进行初始配置，针对网络环境、计算机名称和所属工作组、虚拟内存以及工作界面等方面进行设置，以便 Windows Server 2016 系统能够更好、更稳定地运行。

【任务目标】

通过任务应当熟练掌握 Windows Server 2016 的初始配置任务，理解各项参数配置的含义，并且能够正确设置初始配置的各项信息。

1.3.1 设置计算机名与 Windows 更新

1．设置计算机名

在安装 Windows Server 2016 的时候，系统没有提示用户设置计算机名和所属工作组，使用了系统的默认设置，虽然不会影响系统的使用，但是安装之后就会出现因为计算机名和工作组名不匹配而给网络的使用带来不便。每台服务器的计算机名必须是唯一的，不应该与网络上其他计算机重复，建议将计算机名改为比较有意义的名称，同时建议将同一部门或工作性质类似的计算机划分在同一个工作组，在这些计算机之间进行网络通信时将更为方便。更改计算机名或工作组名的步骤如下。

1）在"服务器管理器"仪表板上，单击"配置此本地服务器"选项来设置计算机名，如图 1-21 所示，单击仪表板左上侧计算机名称文字，弹出"计算机名"选项卡，如图 1-22 所示。

图 1-21　配置此本地服务器　　　　　　　　图 1-22　"计算机名"选项卡

2）要想修改服务器的计算机名，应单击右侧"更改"按钮，弹出如图 1-23 所示的"计算机名/域更改"对话框，在"计算机名"下重新输入想要修改的服务器计算机名，系统默认计算机隶属工作组名为"WORKGROUP"，为了网络中管理方便与统一，建议此处不做修改。

3）确认修改后单击"确定"按钮，系统会提示重新启动计算机，再次单击"确认"按钮，系统重新启动之后，这些更改才会生效，如图 1-24 所示，服务器的计算机名已修改成功。

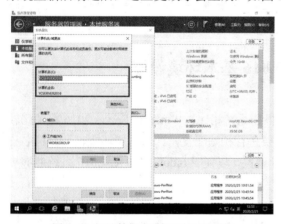 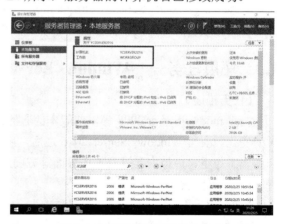

图 1-23　"计算机名/域更改"对话框　　　　　图 1-24　服务器计算机名修改成功

2. Windows 更新

如果要确保服务器安全并拥有良好性能，可以手动或自动让系统进行更新，从而让系统获得最新的修复和安全改进，帮助服务器等设备高效运行并继续受保护。要进行 Windows 的更新操作，在图 1-22 中所示的右上侧，单击右上侧蓝色的文字，可以查看 Windows 更新状态，如图 1-25 所示。单击"立即更新"按钮，可以下载最新的服务器操作系统、软件和硬件的最新更新程序。

大多数情况下，更新完成后，重启服务器设备即可完成更新操作，在"更新历史记录"中可以查看具体的更新信息，如图 1-26 所示。还可以在图 1-25 中的"更新设置"区域，对"更改使用时段""重新启动选项""高级选项"等选项进行设置，方便网络管理员更加个性化地使用。

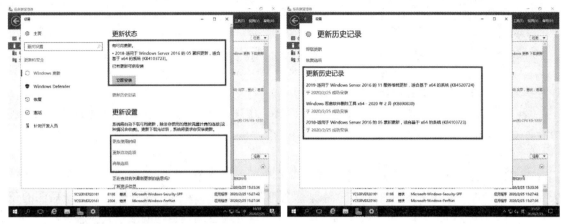

图 1-25　查看 Windows 更新状态　　　　　　图 1-26　更新历史记录

1.3.2　防火墙与网络连接设置

1. 防火墙设置

Windows Server 2016 内的 Windows 防火墙可以保护服务器避免遭受外部恶意程序的攻击。系统将网络位置分为专用网络、公用网络与域网络（只有加入了域组的服务器才会有域网络连接），而且会自动判断并设置服务器所在的网络位置，如图 1-27 所示。此服务器所在的网络位置为专用网络。

为了增加服务器在网络内的安全性，位于不同网络位置的服务器有着不同的 Windows 防火墙设置，一般位于公用网络的计算机，其设置比较严格，而位于专用网络或域网络的服务器则相对比较宽松。

系统默认已经启用 Windows 防火墙，它会阻挡其他计算机与此台服务器通信，如图 1-28 所示，分别针对专用网络与公用网络位置来设置，并且这两个网络默认已启用防火墙，会封锁所有的传入连接（不包括列于允许列表中的程序）。

图 1-27　Windows 防火墙设置　　　　　　图 1-28　启用或关闭 Windows 防火墙

① Windows 防火墙会阻挡所有的传入连接，不过可以通过图 1-27 中左上方的"允许应用程序或功能通过 Windows 防火墙"选项来解除对某些程序的封锁。

② Windows 防火墙默认是启用的，因此网络上其他用户无法利用 Ping 命令来与服务器通信，可以通过图 1-27 中左侧的"高级设置"选项，设置"入站规则"来开放 ICMP Echo Request 数据包（启用"文件和打印机共享 – 回显请求 – ICMPv4-In"复选框）。

③ 后续的配置管理实训中，为方便学习调试，建议先将 Windows 防火墙都关闭，调试成功后再启用 Windows 防火墙，并检查确认允许的程序和功能列表。

2. 远程设置

Windows Server 2016 可以使用服务器管理器在远程服务器上执行相应的管理任务，系统默认的"远程管理"功能是启用的，在"本地服务器"界面中，单击"远程管理"区域后面的蓝色文字"已启用"（如图 1-29 所示），是为了方便网络管理者远程管理网络中其他服务器，为了安全也可以禁用此功能。在设置中要特别注意，要和防火墙的设置区分开来，否则可能无法从不同的本地子网中远程管理此服务器。

Windows Server 2016 的远程桌面功能默认是被禁用的，在"本地服务器"界面中单击"远程管理"区域后面的蓝色文字"已禁用"，弹出"远程"选项卡，如图 1-30 所示。"远程协助"区域是灰色的，只有添加了"远程协助"功能才能使用，在"远程桌面"区域可以进行设置是否允许远程连接到此计算机。注意只有赋予用户远程桌面连接的权限，才可以利用远程桌面进行连接。

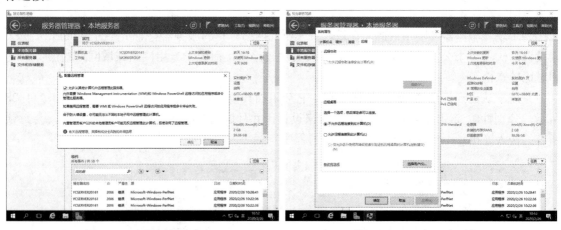

图 1-29　配置远程管理　　　　　　　　　　图 1-30　"远程"选项卡

3. NIC 组合设置

NIC 组合就是把同一台服务器上的多个物理网卡通过操作系统绑定成一个虚拟的网卡，对于外部网络而言，这台服务器只有一个可见的网卡。而对于任何应用程序以及本服务器所在的网络，这台服务器只有一个网络链接或者说只有一个可以访问的 IP 地址。之所以要进行 NIC 组合设置，除了利用多网卡同时工作来提高网络速度以外，还可以通过 NIC 组合实现不同网卡之间的负载均衡和网卡冗余。在"本地服务器"界面中单击"NIC 组合"区域后面的蓝色文字"已禁用"，弹出"NIC 组合"对话框，如图 1-31 所示。

单击图 1-31 左下"组"区域右侧的"任务"菜单,单击"新建组",弹出"新建组"对话框,如图 1-32 所示。输入"组名称",并勾选要绑定的网口(适配器),在"其他属性"区域可以选择网卡绑定模式,一般保持默认成组模式为"交换机独立"及负载平衡模式为"动态"即可,单击"确定"按钮,然后即可在"Windows 网络和共享中心"的适配器设置中,查看及配置绑定后的"NIC 组合"网络接口。

图 1-31 "NIC 组合"对话框

图 1-32 "新建组"对话框

4. 网络连接设置

如果一台服务器要与网络上其他计算机通信,还必须有适当的 TCP/IP 设置值,例如正确的 IP 地址。在"本地服务器"界面中单击"Ethernet 0"区域后面的蓝色文字,打开"网络连接"设置界面,如图 1-33 所示,这是一个双网卡的服务器,选择其中一个网络连接"Ethernet0",双击打开"Ethernet0 状态"对话框,如图 1-34 所示。

图 1-33 网络连接

图 1-34 "Ethernet0 状态"对话框

设置服务器的 IP 地址,在"Ethernet0 状态"对话框中单击"属性"按钮,弹出"Ethernet0 属性"对话框,如图 1-35 所示。选择"Internet 协议版本 4(TCP/IPv4)"项目,单击"确定"按钮,弹出"Internet 协议版本 4(TCP/IPv4)属性"对话框。可以根据具体的网络环境进行配置，此处 IP 地址设置为"**192.168.1.101**"，其他参数如图 1-36 所示。切记，IP 地址设置特别重要！

图 1-35 "Ethernet0 属性"对话框

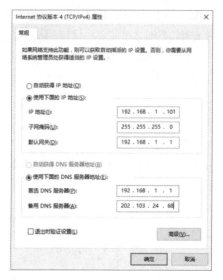

图 1-36 设置 IP 地址

计算机获取 IP 地址的方式有两种。

① 自动获得 IP 地址：这是系统的默认值，此时计算机会自动向 DHCP 服务器租用 IP 地址，这台 DHCP 服务器可能是一台计算机，也可以是一台具备 DHCP 功能的路由器、交换机等。如果找不到 DHCP 服务器，计算机会自动为自己设置一个 169.254.X.X/255.255.0.0 格式的 IP 地址，不过此时它仅能够与在同一个网络中也使用 169.254.X.X/255.255.0.0 格式的计算机通信。自动获取方式适用于企业内部一般用户的计算机，它可以减轻系统管理员手动设置的负担，并可以避免手动设置可能发生的错误。

② 手动设置 IP 地址：这种方式会增加系统管理员的负担，而且手动设置容易出错，但是比较适合网络系统中的服务器使用，特别是承担核心管理任务的服务器。

1.3.3 防病毒设置与系统激活

1. Windows Defender

Windows Defender 是微软公司出品的一款杀毒软件，基于云技术，可以防御和查杀最新的威胁，系统资源占用兼容性好，不会误杀善意软件。在"本地服务器"界面中单击"Windows Defender"区域后面的蓝色文字，在弹出的界面中选择"打开 Windows Defender"即可运行软件，如图 1-37 所示。如果想使用第三方杀毒软件，可以选择关闭此项设置。

2. 反馈与诊断

"反馈与诊断"选项是微软公司用来收集用户使用情况数据的，如图 1-38 所示。可以设置反馈频率（可以自动发送反馈，也可以设置每天一次），也可以选择向微软公司发送设备数据类型是"基本""增加"还是"完整"型的，这属于用户隐私数据的设置。

图1-37 Windows Defender

图1-38 反馈与诊断

3．IE 增强的安全设置

Windows Server 2016 通常扮演非常重要的服务器角色，一般不应用来做上网等工作，避免通过浏览网页中病毒或者木马。如果想要浏览网页，或者下载文件，就会发现，打开 IE 浏览器的时候会提示，Internet Explorer 增强的安全配置已启用。

如果想要关闭 IE 增强的安全设置，在"本地服务器"界面中单击"IE 增强的安全设置"区域后面的蓝色文字"启用"，弹出的对话框如图 1-39 所示，针对用户的类别（管理员或用户），分别选择"关闭"选项，单击"确定"按钮即可。

之后开启 IE 浏览器时，会显示"警告: Internet Explorer 增强的安全配置未启用"，可以打开 IE 浏览器的"Internet 选项"，在弹出的对话框中选择"安全"选项，如图 1-40 所示，可以根据需要自行设置浏览器的安全性等级。

图1-39 IE 增强的安全设置

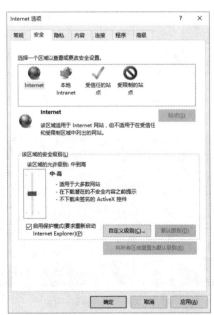
图1-40 "Internet 选项"对话框

4．时区

在"本地服务器"界面中单击"时区"链接区域后面的蓝色文字，弹出如图 1-41 所示的"日期和时间"对话框，有三个选项卡，其作用分别如下。①日期和时间：计算机的时钟用于记

21

录创建或修改计算机中文件的时间，可以更改时钟的时间和地区；②附加时钟：Windows 可以显示最多三种时钟，第一种是本地时间，另外两种是其他时区时间；③Internet 时间：可以使计算机时钟与 Internet 时间服务器同步，如图 1-42 所示。这意味着可以更新本地计算机上的时钟，使之和互联网上时间服务器上的时钟匹配，这有助于计算机上的时钟保持准确。

图 1-41 "日期和时间"选项卡

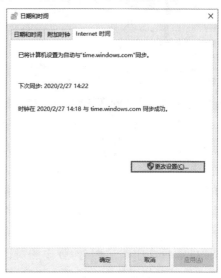
图 1-42 "Internet 时间"对话框

5. 系统激活

安装完成后也像其他的微软操作系统一样，需要进行操作系统的激活。如果没有激活操作系统，Windows Server 2016 中的很多设置（例如设置桌面背景）是没有办法进行操作的。在"本地服务器"界面中单击"产品 ID"区域后面的蓝色文字"未激活"，弹出"输入产品密钥"对话框，如图 1-43 所示，在此处输入密钥是无效的。还可以在系统"更新和安全"的"激活"选项中查看具体的激活信息，如图 1-44 所示。可以使用一个无需激活工具的方法来激活 Windows Server 2016，具体的操作步骤如下。

图 1-43 "输入产品密码"对话框

图 1-44 Windows 激活信息

1）单击"开始"菜单，如图 1-45 所示，右击"Windows Powershell"，在弹出菜单中选择"以管理员身份运行"选项，开启 Windows Powershell 命令行窗口。

2）在命令窗口中输入命令"slmgr /skms kms.03k.org"，出现如图 1-46 所示的界面则表示密钥管理服务器设置成功。

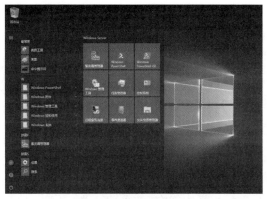
图 1-45 开始菜单

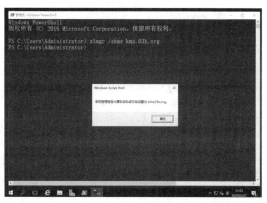
图 1-46 命令行命令激活

3）重启服务器操作系统，打开服务器的 Windows 资源管理器，右击"此电脑"，选择"属性"选项，打开查看有关计算机的基本信息页面，发现计算机已激活，如图 1-47 所示。

4）在命令窗口中输入命令"slmgr.vbs -xpr"，查看当前许可证状态的截止日期，如图 1-48 所示。这样的激活方式只能激活 180 天，180 天后需要重新激活。

图 1-47 查看计算机的基本信息

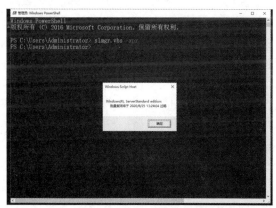
图 1-48 命令行命令查看激活日期

1.4 项目实训——Windows Server 2016 的安装与基本环境设置

1．实训目标

1）了解 Windows Server 2016 各种模式的安装，能根据不同的需求选择不同的方式来安装 Windows Server 2016 操作系统。

2）熟悉 Windows Server 2016 安装过程以及系统的启动与登录。

3）掌握 Windows Server 2016 的各项基本配置操作。

2．实训设备

1）网络环境：已建好的千兆以太网络，包含交换机、五类（或超五类）UTP（Unshielded Twisted Paired，非屏蔽双绞线）直通线若干、三台或以上数量的计算机（计算机配置要求 CPU 最低 1.6GHz 以上 64 位，内存不小于 4096MB，硬盘空间不低于 120GB，有光驱和网卡）。注意：如果不做特殊说明，本书以后出现的"网络环境"都应包括以上条件。

2）软件：Windows Server 2016 安装光盘，或硬盘中有全部的安装程序。

3．实训内容

在三台计算机裸机（即全新硬盘中）上完成下述操作。

1）进入三台计算机的 BIOS，全部设置为从 CD-ROM 上启动系统。

2）在第一台计算机上，将 Windows Server 2016 安装光盘插入光驱，从 CD-ROM 引导，并开始全新的 Windows Server 2016 安装，要求如下：①安装 Windows Server 2016 标准版，要求硬盘格式化 2 个主分区，一个主分区安装系统，大小为 80GB，另外一个主分区存放数据，大小为 40GB，管理员密码为 Nosadmin2016；②对系统进行如下初始配置：计算机名称 RSDZServer2016，工作组为"office"；③设置计算机 TCP/IP，要求禁用 TCP/IPv6，设置计算机 TCP/IPv4 的 IP 地址为 10.0.1.1，子网掩码为 255.255.255.0，网关设置为 10.0.1.254，DNS 地址为 202.103.6.46、114.114.114.114；④对服务器操作系统立即进行更新；⑤激活 Windows Server 2016；⑥禁用远程桌面功能，启用防火墙及杀毒软件；⑦启用 IE 浏览器增强的安全配置，并设置"Internet 选项"安全级别为"高"，然后尝试访问网站 http://www.baidu.com。

3）在第二台计算机上，将 Windows Server 2016 安装光盘插入光驱，从 CD-ROM 引导，并开始全新的 Windows Server 2016 安装，要求如下：①安装 Windows Server 2016 标准版，要求硬盘格式化 2 个主分区，一个主分区安装系统，大小为 80GB，另外一个主分区存放数据，大小为 40GB，管理员密码为 Nosadmin2016；②对系统进行如下初始配置：计算机名称 RSDZAdmin2016，工作组为"office"；③设置计算机 TCP/IP，要求禁用 TCP/IPv6，设置计算机 TCP/IPv4 的 IP 地址为 10.0.1.101，子网掩码为 255.255.255.0，网关设置为 10.0.1.254，DNS 地址为 202.103.6.46、114.114.114.114；④对服务器操作系统立即进行更新，并查看更新的历史记录；⑤激活 Windows Server 2016；⑥启用远程桌面功能，禁用防火墙及杀毒软件；⑦关闭 IE 浏览器增强的安全配置，并设置"Internet 选项"安全级别为中，然后尝试访问网站 http://www.baidu.com。

4）在第三台计算机上，安装 Windows Server 2016，系统分区的大小为 80GB，管理员密码为 RSDZCore2016，并利用"cscript scregedit.wsf /cli"命令，列出 Windows Server 2016 中提供的常用命令行。

1.5 项目习题

一、填空题

（1）操作系统是_____与计算机之间的接口，网络操作系统可以理解为_____与计算机网络之间的接口。

（2）Windows Server 2016 只能安装在_____文件系统格式的分区中，否则安装过程中会出现错误提示而无法正常安装。

（3）Windows Server 2016 要求管理员口令必须符合以下条件：①至少 6 个字符；②不包含用户账户名称中超过两个以上连续字符；③包含_____、小写字母（a~z）、数字（0~9）、_____4 组字符中的 3 组。

（4）Windows Server 2016 系统默认计算机隶属的工作组名为"_____"。

（5）Windows Server 2016 安装完成后，为了保证能够长期正常使用，必须和其他版本的 Windows 操作系统一样进行_____，否则只能够使用部分功能。

二、选择题

（1）在 Windows Server 2016 系统中，如果要输入 Windows 命令行命令，则在"运行"对话框中输入（　　）。

  A．CMD   B．MMC   C．AUTOEXE   D．TTY

（2）Windows Server 2016 系统安装时生成的 Documents and Settings、Windows 以及 Windows\System32 文件夹是不能随意更改的，因为它们是（　　）。

  A．Windows 的桌面

  B．Windows 正常运行时所必需的应用软件文件夹

  C．Windows 正常运行时所必需的用户文件夹

  D．Windows 正常运行时所必需的系统文件夹

（3）有一台服务器的操作系统是 Windows Server 2012，文件系统是 NTFS，现要求对该服务器进行 Windows Server 2016 的安装，保留原数据，但不保留操作系统，应使用下列（　　）种方法进行安装才能满足需求。

  A．进行全新安装并格式化磁盘   B．对原操作系统进行升级安装，不格式化磁盘

  C．做成双引导，不格式化磁盘   D．重新分区并进行全新安装

（4）Windows Server 2016 防火墙中可以设置的网络位置不包括（　　）。

  A．内部网络   B．专用网络   C．公用网络   D．域网络

（5）设置 Windows Server 2016（　　），除了提高网络速度以外，还可以实现不同网卡之间的负载均衡和网卡冗余。

  A．Windows Defender   B．网络连接

  C．防火墙   D．NIC 组合

三、问答题

（1）常用的网络操作系统有哪几种？各自的特点是什么？

（2）选择网络操作系统构建计算机网络时应考虑哪些问题？

（3）Windows Server 2016 有哪几个版本？各个版本安装前应注意哪些事项？

（4）Windows Server 2016 和 Windows 10 界面相似，但为什么没有安装 Edge 浏览器？为什么系统默认 IE 增强的安全配置已启用？

项目 2　服务器虚拟化技术及应用

项目情境：

如何使用虚拟机构建和模拟网络实验环境？

瑞思达智是一家主营计算机系统集成、软件开发与测试、信息化设计与咨询等业务的网络科技公司，2016 年为湖北三峡职业技术学院电子信息学院建设了计算机专业的网络实训室，主要向教师和学生提供计算机网络等课程的实训环境。由于网络实训室建设资金有限，仅能配置 60 台联想台式机和部分网络设备，很多网络实验环境无法提供，同时有的实验具有一定的破坏性，这使网络实训室的管理非常麻烦。作为公司的技术人员，你如何设计方案，利用现有设备和虚拟机来构建和模拟网络实验环境，来满足计算机网络及其他专业的教师和学生进行网络操作系统实训的需求？

项目描述：网络实验做起来相对比较麻烦，因为很多实验具有"破坏性"，也有一些需要多台计算机设备或者一些实验室根本不具备条件的实验。如果使用虚拟机软件，就可以模拟一些实验环境。本项目分别介绍了如何使用 VMWare 和 Hyper-V 虚拟机软件。

项目目标：
- 掌握服务器虚拟化相关的基础知识。
- 熟悉 VMWare 虚拟机安装与使用技巧。
- 掌握 Windows 10/Server 2016 环境下 Hyper-V 的安装与配置。

2.1　知识导航——服务器虚拟化概述

2.1.1　虚拟机基础知识

虽然现在各种虚拟化技术还没能泾渭分明，但随着时间的推移，五种主流的虚拟化技术逐步展露，分别为：CPU 虚拟化、网络虚拟化、服务器虚拟化、存储虚拟化和应用虚拟化。其中服务器虚拟化是最早细分出来的子领域，用户可以动态启用虚拟机（虚拟服务器），每个服务器实际上可以让操作系统误以为虚拟机就是实际硬件，以充分发挥物理服务器的计算潜能，迅速应对数据中心不断变化的软硬件需求。

所谓虚拟机，是指以软件模块的方式，在某种类型的计算机（或其他硬件平台）及操作系统（或相应的软件操作平台）的基础上，模拟出另外一种计算机（或其他硬件平台）及其操作系统（或相应的软件操作平台）的虚拟技术。换言之，虚拟机技术的核心在于"虚拟"二字，虚拟机提供的"计算机"和真正的计算机一样，也包括 CPU、内存、硬盘、光驱、软驱、显卡、声卡、SCSI 卡、通用串行总线（Universal Serial Bus，USB）接口、外部控制器接口（Peripheral Component Interconnect，PCI）接口、基本输入/输出系统（Basic Input/Output System，BIOS）等。在虚拟机中可以和真正的计算机一样安装操作系统、应用程序和软件，也可以对外提供服务。

Microsoft、Oracle、DELL 等国际知名 IT 公司都有虚拟机软件产品：DELL 收购的虚拟机软件 VMWare，包括 Workstation、GSX Server、ESX Server；Oracle 收购了 VirtualBox，演变成完全开源的 Oracle VM VirtualBox；Microsoft 公司的虚拟机软件收购自 Connectix 公司，经过不断的升级，目前提供"Hyper-V"服务，能够让用户在不使用第三方虚拟化软件的情况下，直接在系统中创建虚拟主机操作系统，成为其最具有吸引力的特点之一。

虚拟机既可以用于生产，也可以用于实验。所谓用于生产，主要包括以下两方面。

1）用虚拟机可以组成产品测试中心。通常的产品测试中心都需要大量的、具有不同环境和配置的计算机及网络环境，如有的测试需要 Windows 98、Windows 2000 Server、Windows XP、Vista/7/10 甚至 Windows Server 2003/2008/2012/2016 等环境，而每个环境例如 Windows XP，又需要 Windows XP（无补丁）、Windows XP 安装 SP1 补丁、Windows XP 安装 SP2 补丁这样的多种环境。如果使用"真正"的计算机进行测试，则需要大量的计算机，而使用虚拟机可以降低和减少企业在这方面的投资而不影响测试的进行。

2）用虚拟机可以"合并"服务器。许多企业会有多台服务器，但有可能每台服务器的负载比较轻或者服务器总的负载比较轻。这时候就可以使用虚拟机的企业版，在一台服务器上安装多个虚拟机，其中的每台虚拟机都用于代替一台物理的服务器，从而为企业减少投资。

所谓用于实验，就是指用虚拟机可以完成多项单机、网络和不具备真实实验条件、环境的实验。虚拟机可以做多种实验，主要包括以下三类。

1）一些"破坏性"的实验，比如需要对硬盘进行重新分区、格式化，重新安装操作系统等操作。如果在真实的计算机上进行这些实验，可能会产生的问题是，实验后系统不容易恢复，因为在实验过程中计算机上的数据被全部删除了。因此这样的实验需要专门占用一台计算机。

2）一些需要"联网"的实验，例如做 Window Server 2016 联网实验时，需要至少三台计算机、一台交换机、三条网线。如果是个人做实验，则不容易找到三台计算机；如果是学生上课做实验，以中国高校现有的条件（计算机和场地），很难实现。而使用虚拟机，可以让学生在"人手一机"的情况下很"轻松"地组建出实验环境。

3）一些不具备条件的实验，例如 Windows 集群类实验，需要"共享"的磁盘阵列柜，而一个最便宜的磁盘阵列柜也需要几万元，如果再加上集群主机，则一个实验环境大约需要十万元以上的投资。如果使用虚拟机，只需要一台配置比较高的计算机就可以了。另外，使用 VMware 虚拟机，还可以实现一些对网络速度、网络状况有要求的实验，例如需要在速度为 64Kbit/s 的网络环境中做实验，这在以前是很难实现的，而使用 VMware Workstation 的 Team 功能，则很容易实现从 28.8K～100Mbit/s 之间各种网络速度的实验环境。

在学习虚拟机软件之前，需要了解一些基本的名词和概念。

- 主机和主机操作系统：安装 VMWare Workstation（或其他虚拟机软件如 VirtualBox、Hyper-V，下同）软件的物理计算机称作"主机"，它的操作系统称作"主机操作系统"。
- 虚拟机：使用 VMWare Workstation（或其他虚拟机软件）软件，由软件"虚拟"出来的一台计算机，这台虚拟的计算机符合 x86 PC 标准，也有自己的 CPU、硬盘、光驱、软驱、内存、网卡、声卡等一系列设备，这些设备是由软件"虚拟"出来的，但是在操作系统与应用程序看来，这些"虚拟"出来的设备也是标准的计算机硬件设备，它也会把这些虚拟出来的硬件设备当成真正的硬件来使用。虚拟机在 VMWare Workstation 的窗口中运行，也可以在虚拟机中安装操作系统及软件，如 Linux、Windows、NetWare 及 Office、VB、VC 等。
- 客户机系统：在一台虚拟机内部运行的操作系统称为"客户机操作系统"或者"客户操作系统"。
- 虚拟机硬盘：由 VMWare Workstation（或其他虚拟机）在主机硬盘上创建的一个文件，在虚拟机中"看成"一个标准硬盘来使用。VMWare 虚拟机也可以直接使用主机物理硬盘作为虚拟机使用的硬盘。
- 虚拟机内存：由 VMWare Workstation（或其他虚拟机）在主机提供的一段物理内存，这段物理内存被作为虚拟机的内存。
- 虚拟机配置：配置虚拟机的硬盘（接口、大小）、内存（大小）、是否使用声卡、网卡的连接方式等。
- 虚拟机配置文件：记录 VMWare Workstation（或其他虚拟机）创建的某一个虚拟机的硬件配置、虚拟机的运行状况等的文本文件，与虚拟机的硬盘文件等在同一个目录中保存。
- 休眠：计算机在关闭前首先将内存中的信息存入硬盘的一种状态，将计算机从休眠中唤醒时，所有打开的应用程序和文档都会恢复到桌面上。

2.1.2 VMWare 虚拟机简介

VMWare 虚拟机是 VMWare 公司（VMWare 公司被 EMC 收购，EMC 又被 DELL 收购）开发的专业虚拟机软件，分为面向客户机的 VMWare Workstation 及面向服务器的 VMWare GSX Server、VMWare ESX Server（本书主要介绍 VMWare Workstation，在后面的项目中如果没有特殊说明，所说的 VMWare 即是 VMWare Workstation)。

VMWare 虚拟机拥有 VMWare 公司自主研发的 Virtualization Layer（虚拟层）技术，它可以将真实计算机的物理硬件设备完全映射为虚拟的计算机设备，在硬件仿真度及稳定性方面做得非常出色。此外，VMWare 虚拟机提供了独特的 Snapshot（还原点）功能，可以在虚拟机运行的时候随时使用 Snapshot 功能，将虚拟机的运行状态保存为还原点，以便在任何时候迅速恢复虚拟机的运行状态，这个功能非常类似于某些游戏软件提供的即时保存游戏进度功能。而且通过软件提供的 VMWare Tools 组件，可以在 VMWare 虚拟机与真实的计算机之间实现鼠标箭头的切换、文件的拖动及复制粘贴等，操作非常方便。

在支持的操作系统类型方面，VMWare 虚拟机可以支持的操作系统的种类比微软公司的虚拟机更为丰富。VMWare 虚拟机软件本身可以安装在 Windows 7/10/Server 2008 或 Linux 中，并支持在虚拟机中安装 Microsoft Windows 全系列操作系统、MS-DOS 操作系统、Red Hat 等诸多版本的 Linux 操作系统、Novell NetWare 操作系统及 Sun Solaris 操作系统。

此外，VMWare 虚拟机相比微软公司虚拟机的另一显著特点是其强大的虚拟网络功能。VMWare 虚拟机提供了对虚拟交换机、虚拟网桥、虚拟网卡、NAT 设备及 DHCP 服务器等一系列网络组件的支持，并且提供了 Bridged Network、Host-only Network 及 NAT 三种虚拟的网络模式。通过 VMWare 虚拟机，可以在一台计算机中模拟出非常完整的虚拟计算机网络。然而，VMWare 虚拟机将为 Windows 安装两块虚拟网卡及三个系统服务，同时还会常驻三个进程，因此会为 Windows 带来一些额外的运行负担。

VMWare 可以支持配备有双 CPU 的宿主机，并且可以在虚拟机中有效地发挥出双 CPU 的性能优势，而很多虚拟机软件虽然可以在配备有双 CPU 的宿主机中安装，却只能利用双 CPU 中的一颗 CPU。此外，当在 VMWare 中建立了新的虚拟机，并为虚拟机设置了虚拟硬盘后，VMWare 将在宿主机的物理硬盘中生成一个虚拟硬盘文件，其扩展名为.VMDK，这是 VMWare 专用的虚拟硬盘镜像文件的格式。无论在 VMWare 中对虚拟硬盘做了哪些修改，实际都是以间接的方法在宿主机中对.VMDK 文件进行修改。

VMWare 本身对计算机硬件配置的要求不高，凡是能够流畅地运行 Windows 7/10/Server 2003/Vista/Server 2008 的计算机基本都可以安装运行 VMWare。然而，VMWare 对计算机硬件配置的需求并不仅限于将 VMWare 在宿主操作系统中运行起来，还要考虑计算机硬件配置能否满足每一台虚拟机及虚拟操作系统的需求。宿主机的物理硬件配置直接决定了 VMWare 的硬件配置水平，宿主机的物理硬件配置水平越高，能够分配给 VMWare 的虚拟硬件配置就越强，能够同时启动的虚拟机也就越多。建议在实验环境中使用较高档次配置的宿主机。

总的来说，VMWare 对 CPU、内存、硬盘、显示分辨率等方面要求较高。建议为宿主机配备并行处理能力较强、二级缓存容量较大的 CPU，以便使虚拟机达到最佳运行效果；建议为宿主机配备较大容量的物理内存与物理硬盘，以便可以为虚拟机分配更多的内存空间与硬盘空间；建议为宿主机配备支持高分辨率的显卡与显示器，以便尽可能完整地、更多地显示虚拟机窗口。

2.1.3 Hyper-V 虚拟化技术简介

微软在 2003 年收购了推出了 Virtual PC 软件的 Connectix 公司，并在其后推出了 Virtual Server 服务器虚拟化软件。Virtual Server 要求虚拟系统的位数和真实系统需要一致，同时仅支持在虚拟机里安装 Windows 系统，所以很多用户不再使用，转而使用 Hyper-V。

Hyper-V 是与 Windows Server 2008 同时发布的软件，已成为微软操作系统的一个重要角色，能提供可用来创建虚拟化服务器计算环境的工具和服务，它能够让用户不使用 VMWare、VirtualBox 等第三方虚拟化软件的情况下，直接在系统中创建虚拟操作系统。例如，主机操作系统是 Windows 10，而虚拟机系统运行的则是 Windows Vista 或 Windows Server 2008，这对从事网络研究和开发的用户来说无疑是非常强大的功能。

和 VMWare、VirtualBox 等第三方虚拟化软件相比，Hyper-V 虚拟化技术对计算机系统要求较高，一套完整的 Hyper-V 虚拟化技术方案需要系统在硬件和软件两方面进行支持。

1. 虚拟化技术的硬件要求

在 Windows 中使用 Hyper-V 虚拟化技术，对于硬件系统方面的要求比较高，除了硬盘有足够可用空间用于创建虚拟系统，内存足够大以便流畅运行系统之外，在 CPU 和主板等方面也有较高的要求。Hyper-V 虚拟化需要特定的 CPU，只有具备以下特征的 CPU 才可以支持 Hyper-V 虚拟化技术。

- 指令集能够支持 64 位 x86 扩展。
- 硬件辅助虚拟化，需要具有虚拟化选项的特定 CPU，也就是包含 Intel VT（Vanderpool Technology）或者 AMD Virtualization（AMD-V）功能的 CPU。
- 安全特征需要支持数据执行保护（DEP），如果 CPU 支持则系统会自动开启。

和 CPU 相比，Hyper-V 对主板要求并不太高，只要确保主板支持硬件虚拟化即可，用户可以通过查阅主板说明书或者登录厂商的官方网站进行查询。一般来说，从 P35 芯片组开始，所有的主板都支持硬件虚拟化技术，因此只要主板型号不太陈旧就应该支持 Hyper-V 技术。

① 对于大部分用户来说，可能并不知道自己计算机的 CPU 是否满足 Hyper-V 技术的要求，可以借助 EVEREST Corporate Edition 软件来查看 CPU 是否符合要求：在网上下载 EVEREST Corporate Edition，安装运行后，依次单击展开左侧"主板""CPUID"项目，此时可以在右侧窗口具体信息中查看"指令集"部分的"64 位 x86 扩展（AMD64，Intel64）"是否支持，如图 2-1 所示。在"安全特征"部分查看"数据执行保护（DEP）(DEP, NX, EDB)"项目是否支持，在"CPUID 特征"部分查看"Virtual Machine Extensions（Vanderpool）"项目是否支持。通过这三个步骤可得知计算机的 CPU 是否支持 Hyper-V 技术。

② 在 Windows 的"运行"对话框输入"msinfo32"命令，打开"系统信息"窗口，如图 2-2 所示。滚动窗口到底部，即可看到四项 Hyper-V 信息，只有全部为"是"才能运行 Hyper-V 虚拟机，假如其中的第三项"固件中启用的虚拟化"值为"否"，可能是因为未在 BIOS 设置中开启虚拟化，应手动开启。

图 2-1 查看 CPU 指令集

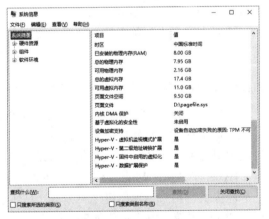

图 2-2 查看系统信息

2. 虚拟化技术的软件要求

虽然 Windows Server 2008 有多个版本，但是并不是每个版本的 Windows Server 2008 都支持 Hyper-V 技术，只有 64 位版本的 Windows Server 2008 标准版、企业版和数据中心版才能安装使用 Hyper-V 服务。如果用户需要使用 Hyper-V，那么在安装操作系统的时候一定要选择正确的版本。

Windows Server 从 2012 版本开始，包括 Windows Server 2016，只有 64 位的版本。它们都

有 Hyper-V 的功能，但要注意的是标准版仅仅提供最多两个 Hyper-V 虚拟机的许可证，而数据中心版提供了无限制基于 Hyper-V 虚拟机的许可证。

2.1.4　VirtualBox 虚拟化技术简介

VirtualBox 是一款遵从 GPL 协议的开源虚拟机软件，最早是由 Innotek 公司开发，然后由 Sun 公司出品的软件，使用 Qt 编写，在 Sun 被 Oracle 公司收购后正式更名成 Oracle VM VirtualBox。该软件目前是 Oracle 公司 xVM 虚拟化平台技术的一部分。图 2-3 是 VirtualBox 软件的运行界面。

VirtualBox 是一款功能强大、操作简单的开源虚拟机，支持 Windows、Linux 和 Mac 等系统的主机，得到不少虚拟机爱好者和技术人员的偏爱，如图 2-4 所示为在 VirtualBox 虚拟机软件中运行 Ubuntu 系统。

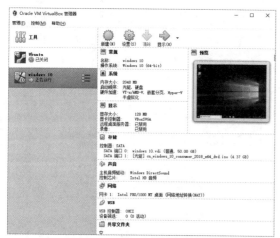
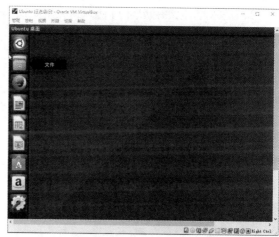

图 2-3　Oracle VM VirtualBox　　　　　　图 2-4　VirtualBox 运行 Ubuntu

VirtualBox 是目前功能最强大的免费虚拟机软件，它不仅具有丰富的特色，而且性能也很优秀，支持的操作系统包括 Windows（从 Windows 3.1 到 Windows10、Windows Server 2016，所有的 Windows 系统都支持）、Mac OS X、Linux、OpenBSD、Solaris、IBM OS2 甚至 Android 等。

2.2　新手任务——VMWare 虚拟机的安装与使用

【任务描述】

在开始使用 VMWare 之前，首先需要将 VMWare 安装在宿主操作系统中，然后用户可像使用普通机器一样对它们进行分区、格式化、安装系统和应用软件等操作，还可以将这几个操作系统连成一个网络。虚拟机软件不需要重新开机，就能在同一台计算机上同时使用几个操作系统，不但方便，而且安全。同时虚拟机崩溃之后可直接删除而不影响本机系统，本机系统崩溃后也不影响虚拟系统，可以下次重启之后再加入以前做的虚拟系统。

【任务目标】

通过任务应当掌握 VMWare 虚拟机软件的安装方法，熟悉在 VMWare 中建立、管理与配置各种操作系统，以及 VMWare 的一些高级应用技巧。

在开始使用 VMWare 之前，首先需要将 VMWare 安装在宿主操作系统中。VMWare 分为 Windows 与 Linux 两种发行版本，分别面向 Windows 与 Linux 两种不同的宿主操作系统。在本项目中如没有特别说明，介绍的 VMWare 都是指 VMWare 的 Windows 版本。在安装 VMWare Workstation 之前，请确认已经在计算机中安装好了符合要求版本的 Windows 操作系统。

2.2.1 VMWare 虚拟机的安装

面向客户机的 VMWare Workstation 工作站版是一款商业软件，需要购买 VMWare 的产品使用授权。如果不具备产品使用授权，VMWare 只能免费试用 30 天。以 Windows 10 系统中安装 VMWare Workstation 15.5 为例，其安装的具体步骤如下。

1）在宿主操作系统 Windows 10 中直接运行 VMWare 15.5 的安装程序，这时将出现如图 2-5 所示的 VMWare 15.5 安装向导的对话框，单击"下一步"按钮。

2）进入"最终用户许可协议"对话框，选中"我接受许可协议中的条款"复选框，如图 2-6 所示，然后单击"下一步"按钮。

图 2-5 "安装向导"对话框

图 2-6 "最终用户许可协议"对话框

3）进入"自定义安装"对话框，选择虚拟机软件的安装位置（不建议选择安装在 C:盘），如图 2-7 所示，选中"增强型键盘驱动程序"复选框后，单击"下一步"按钮。

4）进入"用户体验设置"对话框，根据具体情况可以选择"启动时检查产品更新"与"加入 VMware 客户体验提升计划"复选框，如图 2-8 所示，然后单击"下一步"按钮。

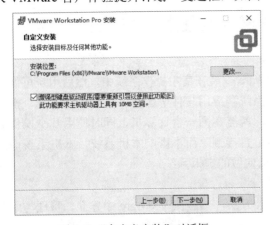

图 2-7 "自定义安装"对话框

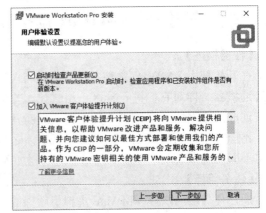

图 2-8 "用户体验设置"对话框

5)进入"快捷方式"对话框,根据具体情况可以选中"桌面"和"开始菜单程序文件夹"复选框,如图 2-9 所示,然后单击"下一步"按钮。

6)进入"安装"对话框,如图 2-10 所示,一切准备就绪后,单击"安装"按钮,进入安装过程,开始执行复制文件、更新 Windows 注册表等操作,此时要做的就是耐心等待虚拟机软件的安装过程结束,如图 2-11 所示。

7)大约 5~10min 后,虚拟机软件便会完成安装操作,进入"安装向导已完成"对话框,如图 2-12 所示。单击"完成"按钮,安装软件会提示要求重新启动操作系统,以便更新 Windows 10 操作系统下 VMWare Workstation 相关软、硬件配置信息。

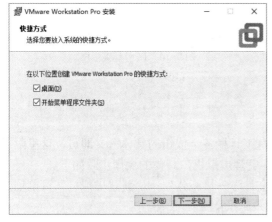

图 2-9 "快捷方式"对话框

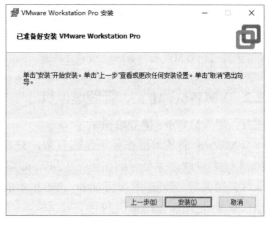

图 2-10 "安装"对话框

图 2-11 "复制文件"对话框

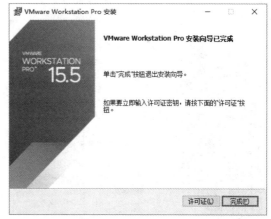

图 2-12 "安装向导已完成"对话框

8)在 Windows 10 桌面的双击"VMWare Workstation"图标,启动 VMWare Workstation,软件主界面如图 2-13 所示。

VMWare 安装程序还会在宿主操作系统 Windows 10 中安装两块虚拟网卡,分别为"VMWare Virtual Ethernet Adapter for VMnet1"和"VMWare Virtual Ethernet Adapter for VMnet8"。当完成安装重新启动计算机后,在"网络连接"里即可看到虚拟网卡,如图 2-14 所示。这两个虚拟网卡非常重要,不要禁用或删除,否则会影响虚拟机正常运行。

图 2-13　VMWare Workstation 软件界面　　　图 2-14　网卡与虚拟网卡

2.2.2　VMWare 建立、管理虚拟机

1．用 VMWare 建立虚拟机

VMWare 的基本操作并不是很复杂，只要清楚工具栏各个按钮的具体含义即可，这里限于篇幅不过多讲解，主要介绍如何在 VMWare 建立、管理虚拟机，具体的操作步骤如下。

1）用鼠标依次选择 VMWare 菜单栏中的"文件"→"新建"→"新建虚拟机"菜单项，弹出"欢迎使用新建虚拟机向导"对话框，如图 2-15 所示。

2）单击"下一步"按钮，弹出"选择虚拟机硬件兼容性"对话框，如图 2-16 所示，在这里可以设置 VMWare 的硬件兼容版本，共有"Workstation 15.x""ESXi6.5"等 2 个系列、12 个版本的选项。

 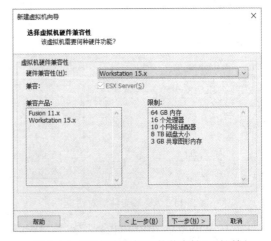

图 2-15　"欢迎使用新建虚拟机向导"对话框　　　图 2-16　"选择虚拟机硬件兼容性"对话框

　　　　　　　　　　由于 VMWare 先后经历了若干个版本的发展，不同版本的 VMWare 建立的虚拟机，其版本有所不同。VMWare 版本越高，其建立的虚拟机的虚拟硬件配置也就越高，虚拟机的功能也越强大。但由于 VMWare 只具有向下兼容性、不具备向上兼容性，因此高版本的 VMWare 建立的虚拟机只能在高版本的 VMWare 中使用，不能在低版本的 VMWare 中使用。

34

3）单击"下一步"按钮，弹出"安装客户机操作系统"对话框，如图 2-17 所示，在这里可以设置源安装文件的位置，可以是"安装程序光盘"，指定放有安装光盘驱动器的符号，也可以是"安装程序光盘映像文件（ISO）"，指定安装映像文件.ISO 的位置，还可以创建一个虚拟空白硬盘，以后再来安装操作系统。这里暂不推荐选择"安装程序光盘映像文件（ISO）"选项，因为此时检测到系统将进行简单安装，有些安装步骤可能会被省略，对于初学者来说并不是很方便，建议选择"稍后安装操作系统"选项。

4）单击"下一步"按钮，弹出"选择客户机操作系统"对话框，如图 2-18 所示，选择将要安装的客户机操作系统的版本，这里选择"Microsoft Windows"下的"Windows Server 2016"版本。

图 2-17 "安装客户机操作系统"对话框　　　　图 2-18 "选择客户机操作系统"对话框

5）单击"下一步"按钮，弹出"命名虚拟机"对话框，如图 2-19 所示，可以设置新虚拟机在 VMWare 软件列表中的显示名称，以及.VMDK 格式的虚拟机配置文件的所在位置。

6）单击"下一步"按钮，弹出"固件类型"对话框，如图 2-20 所示，可以选择虚拟机在启动引导时使用的固件类型，操作时应根据宿主机的硬件配置高低，来选择"BIOS"或"UEFI"，推荐此处选择"UEFI"，并选择"安全引导"复选框，从而保证整个系统启动过程的安全性。

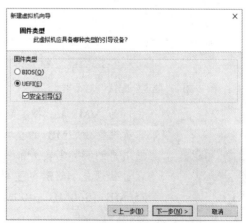

图 2-19 "命名虚拟机"对话框　　　　图 2-20 "固件类型"对话框

1)仅当选择 Windows 7 及更高版本的 64 位客户机操作系统时,"新建虚拟机向导"对话框中才会提供此选项。2)VMware 虚拟机固件类型分为两种:①BIOS(Basic Input Output System,基本输入输出系统),主要负责开机时检测硬件功能和引导操作系统启动的功能。②UEFI(Unified Extensible Firmware Interface,统一的可扩展固件接口),这是 Intel 为个人计算机固件提出的启动系统的建议标准,由于  引导时省去了 BIOS 自检过程,所以可加快开机启动速度。建议系统硬盘容量大于 2TB 时选择 UEFI 固件类型,这样硬盘分区可以选择 GPT 分区格式,以获得更高的稳定性,当硬盘容量小于 2TB 时,没必要用 UEFI,直接用 BIOS 的 MBR 分区表就行。3)安全引导是 UEFI 中定义的功能,它定义了如何进行固件验证以及固件与操作系统之间的接口(协议),从而保证整个系统启动过程的安全性。

7)单击"下一步"按钮,弹出"处理器配置"对话框,如图 2-21 所示。可以选择处理的数量以及处理器的内核数量,取决于宿主机的处理器的数量。如果宿主机配置有两个 CPU,可以选择"2",以便在虚拟机中充分发挥双 CPU 的性能,如果宿主机只配备了单 CPU,那么在虚拟机中即使选择 2 个处理器数量,也只能运用一个处理器,因为宿主机硬件本身只有 1 个处理器。

8)单击"下一步"按钮,弹出"此虚拟机的内存"对话框,如图 2-22 所示。这个对话框提示为新虚拟机指定虚拟机的内存容量。VMWare 提供了一个表示虚拟机内存容量的数轴,只需用鼠标拖动数轴上的滑块,为虚拟机指定需要的内存容量即可。根据选择的虚拟操作系统类型,为这个虚拟操作系统所需的最小内容容量、推荐的内存容量以及推荐的最大内存容量三个数值以供参考,并在数轴上分别用黄色、绿色及蓝色的箭头标识。

图 2-21 "处理器配置"对话框

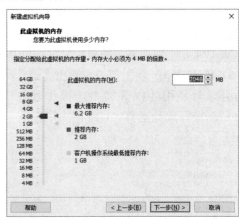

图 2-22 "此虚拟机的内存"对话框

 为 VMWare 指定新建虚拟机内存容量时,可以不用将虚拟机的内存容量设置为 2MB 的整数次方,例如常见的 256MB、512MB 等,而是根据用户的实际需要分配任意容量的内存。不过,VMWare 要求虚拟机内存容量必须是 4MB 的整数倍。因此,可以将 VMWare 的内存容量设置为 256MB、360MB、400MB 等数值,但不能设置为 255MB、357MB 等数值。

9)单击"下一步"按钮,弹出"网络类型"对话框,如图 2-23 所示,可以设置添加的网络类型,VMWare 提供了四种虚拟网络适配器类型。

- 使用桥接网络：适合位于局域网环境的宿主机使用，可以在 VMWare 中通过桥接式网络适配器与宿主机所在的局域网建立网络连接。这样，VMWare 就可以像宿主机一样，与局域网中的其他计算机相互访问了。使用此选项要求虚拟机与宿主机处于同一个网段，换言之，虚拟机必须在局域网中拥有合法的网络标识。如果宿主机所在的局域网具有动态主机配置协议（Dynamic Host Configuration Protocol，DHCP）服务器，宿主机就可以自动获取合法的 IP 地址及网关、域名服务器（Domain Name System，DNS）等网络参数，也可手动分配 IP 地址。此时虚拟机相当于网络上的一台独立计算机，与主机一样，拥有一个独立的 IP 地址。
- 使用网络地址转换（NAT）：它适合使用拨号或虚拟拨号方式连接 Internet 的宿主机使用。使用网络地址转换网络适配器无须在外部网络中获取合法的网络标识，VMWare 将在宿主操作系统中添加一个叫作"VMWare DHCP"的服务，通过这个服务建立一个私有 NAT 网络，帮助虚拟机获取 IP 地址。此时虚拟机可以通过主机单向访问网络上的其他工作站（包括 Internet 网络），其他工作站不能访问虚拟机。
- 使用仅主机模式网络：可以将多台不同的 VMWare 与宿主机组成一个与外部网络完全隔绝的 VMWare 专用网络，虚拟机与宿主机将把 VMWare 在宿主操作系统中安装的 VMWare Ethernet Adapter for VMnet1 虚拟网卡设置为仅宿主式网络的虚拟交换机，无论是虚拟机还是宿主机都将通过 VMWare 在宿主操作系统中添加"VMWare DHCP"服务获取 IP 地址。此时虚拟机只能与虚拟机、主机互连，不能访问网络上的其他工作站。
- 不使用网络连接：表示不为 VMWare 配置任何虚拟网络连接，此时虚拟机中没有网卡，相当于"单机"使用。

10）单击"下一步"按钮，弹出"选择 I/O 控制器类型"对话框，如图 2-24 所示，可以设置选择 I/O 控制器类型，VMWare 在 I/O 控制器中提供四种虚拟硬盘 SCSI 控制器的类型。

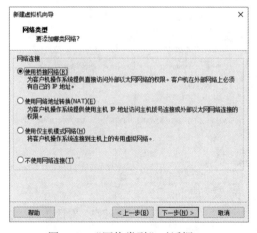

图 2-23 "网络类型"对话框

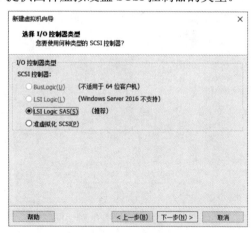

图 2-24 "选择 I/O 控制器类型"对话框

- BusLogic：并行控制器，I/O 性能比大规模集成（Large-Scale Intergrated，LSI）电路差不少，BusLogic 对一些较早的系统有效，比如 Windows 2000 Server，但不适用于 64 位客户机。
- LSI Logic：逻辑并行，硬盘性能得到了改进，对于小文件的读取速度有提高，支持非 SCSI 硬盘较好，Windows Server 2003 默认使用 LSI Logic，但 Windows Server 2016 不支持。
- LSI Logic SAS：和 LSI Logic 性能差不多，从 Windows Server 2008 开始默认使用 LSI Logic

SAS，最主要的是 LSI Logic SAS 支持 Windows Server 2008 的集群，为系统推荐值。
- 准虚拟化 SCSI：这是 VMWare 自己做的虚拟机 SCSI 控制器，它的好处在于不需要模拟第三方厂商的 SCSI 控制器，而是直接把驱动程序发送过来的 SCSI 命令发送给 VMKernel 进行 I/O 处理，中间少了一层 SCSI 控制器的模拟过程，因此可以有效地减少 CPU 的开销。理论上应该比 LSI Logic 和 LSI Logic SAS 快，可是实际测试中发现二者的 I/O 吞吐量差不多(不像 Bus，明显要小很多)。

11）单击"下一步"按钮，弹出"选择磁盘类型"对话框，如图 2-25 所示，可以设置选择磁盘类型，VMWare 在 I/O 控制器中提供四种虚拟硬盘控制器的类型。
- IDE：是采用并行传输技术的硬盘，价格低廉、兼容性强、性价比比较高，但数据传输速度慢、线缆长度过短、连接设备少，现在基本上已不使用此接口类型的硬盘。
- SCSI：小型计算机系统接口硬盘，使用 50 针接口，外观和普通硬盘接口有些相似。用在服务器上面比较多，速度快、稳定性很好，比较适合做磁盘阵列。
- SATA：采用串行传输技术的硬盘，分为第一代 SATA 和第二代 SATA2，其中 SATA2 的传输速度可以达到 3Gbit/s，速度比 IDE 速度快多了。除此之外，SATA 硬盘还具有安装方便、容易散热、支持热插拔等优点，这些都是 IDE 硬盘无法与之相比的。
- NVMe：随着固态硬盘在大众市场上的流行，SATA 已成为计算机中连接 SSD 的最典型方式，但是它的设计主要是作为机械硬盘驱动器的接口，并随着时间的推移越来越难满足速度日益提高的固态硬盘。NVMe 控制器通过多种方式提高性能，使用 PCIe 总线，将存储直接连接到系统 CPU，这种直接连接消除了 SATA 的一些必要步骤，并提高了整体性能。

12）单击"下一步"按钮，弹出"选择磁盘"对话框，如图 2-26 所示，可以设置虚拟硬盘，也就是为虚拟机设置.VMDK 虚拟硬盘镜像文件的过程，有三个选项分别如下。

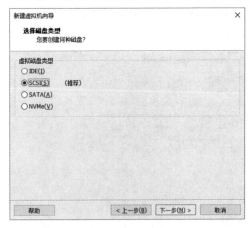
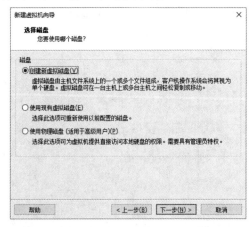

图 2-25 "选择磁盘类型"对话框　　　　图 2-26 "选择磁盘"对话框

- 创建新虚拟磁盘：建立新的.VMDK 虚拟硬盘镜像文件，一般新用户建议选择此项。
- 使用现有虚拟磁盘：如果已经有一个现成的.VMDK 虚拟硬盘文件，只需要在弹出的对话框中指定.VMDK 文件的名称及所在位置即可，可以省去大量重复安装虚拟机操作系统的时间。
- 使用物理磁盘：此选项允许将虚拟硬盘链接到宿主机的物理硬盘。由于链接到物理硬盘可以直接访问位于宿主机物理硬盘的数据，容易对宿主机物理硬盘中的数据造成破坏，所以只推荐高级用户选择这个选项。

13）单击"下一步"按钮，弹出"指定磁盘容量"对话框，如图 2-27 所示。在此窗口中输入虚拟硬盘的容量值即可。此对话框还提供了三个选项，分别如下。

- 立即分配所有硬盘空间：此复选框表示将按照指定的磁盘容量从主机硬盘分配空间作为虚拟机硬盘。该复选框只有在做"集群"系统实验用于"仲裁磁盘"或者"共享磁盘"时才用到，如果想提高虚拟机的硬盘性能，也可以选中此选项。
- 将虚拟磁盘存储为单个文件：此选项表示将根据指定虚拟硬盘容量，在主机上创建一个单独的文件。此方式可以提高虚拟机磁盘的读写性能，但是在不同计算机之间进行大文件的移动和存储时，低档次的计算机有可能会遇到一些问题。
- 将虚拟磁盘拆分成多个文件：将虚拟磁盘拆分为多个文件，可以更轻松地在计算机之间移动虚拟机，但可能会降低虚拟机大容量磁盘的读写性能。

① 在指定虚拟机硬盘容量时，最好指定"大"一点的虚拟硬盘，在虚拟机没有使用时，占用的主机硬盘空间不会太大。如果创建的虚拟硬盘太小，当以后实验过程中不够用时，则还需要使用工具进行调整，非常不方便。在没有选中"立即分配所有硬盘空间"复选框时，无论创建多大的硬盘，在主机上都只占用很少的空间，实际占用硬盘空间将随着虚拟机的使用而增加。

② 建议选择"将虚拟磁盘存储为单个文件"选项，单个文件格式便于存储。如果计算机是采用 FAT32 文件格式，那么最大单个文件大小为 4GB（FAT16 分区是 2GB），分区大小不超过 32GB 左右，也就是说虚拟机磁盘空间不可能大于这个数字，否则就会出错。现在配置的计算机一般都采用的是 NTFS，此格式的文件系统支持文件大小在 2TB 以上。

14）单击"下一步"按钮，弹出"指定磁盘文件"对话框，如图 2-28 所示，在此对话框中可以指定虚拟镜像文件的名称及所在位置，可以用鼠标单击"浏览"按钮进行设置，建议不选择本地系统盘位置存放。

图 2-27 "指定磁盘容量"对话框

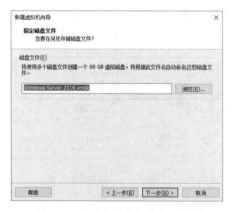

图 2-28 "指定磁盘文件"对话框

15）单击"下一步"按钮，弹出"已准备好创建虚拟机"对话框，如图 2-29 所示，在此对话框中可以查看已准备好虚拟机的配置，单击"完成"按钮，即可完成新建虚拟机的操作。建议在自定义虚拟机的硬件配置之后，再来完成新建虚拟机的操作。

2. 自定义虚拟机

在"已准备好创建虚拟机"对话框中单击"自定义硬件"按钮，弹出"硬件"对话框，如图 2-30 所示，在这里可以修改虚拟机的内存、处理器、虚拟和物理硬盘、CD-ROM 和 DVD 驱动器、软盘驱动器、虚拟网络适配器、USB 控制器、声卡、串行端口、通用 SCSI 设备、打印机和显示设置等。针对初学者在这里只重点介绍 3 个选项的设置。

1）处理器设置：如图 2-30 所示，建议选择"虚拟化引擎"区域中复选框"Intel VT-x/EPT 和 AMD-V/RVI(V)"，这是对应 CPU 硬件虚拟化技术，如果不勾选，新建虚拟机安装 Windows Server 2016 的话，将无法使用"Hyper -V"功能。

图 2-29 "已准备好创建虚拟机"对话框

图 2-30 "硬件"对话框

2）CD 和 DVD 设置：如图 2-31 所示，建议选择"使用 ISO 映像文件"选项，单击"浏览"按钮，选择 ISO 映像文件所在的位置，如果选择"使用物理驱动器"选项，将从宿主机的光驱启动，而现在的计算机一般未配置 CD 和 DVD 的物理驱动器。

3）显示器：如图 2-32 所示，可以选择"加速 3D 图形"复选框，并设置适当的图形内存可以提高虚拟机的图形性能（安装 VMware Tools 才支持此功能）。使用显示器选项主要是针对一些 Windows 系统，其他系统基本不支持。为方便使用与学习，可以选择"指定监视器设置"，使用"任意监视器的最大分辨率"为"1024×768"选项。

图 2-31 CD 和 DVD 设置

图 2-32 显示器

3．在 VMWare 虚拟机中安装系统

用 VMWare 建立虚拟机之后，接下来就可以启动虚拟机，安装各种操作系统。在此以安装 Windows Server 2016 为例，具体的操作步骤如下。

1）选择刚建立好的虚拟机"Windows Server 2016"，然后单击工具栏上的"开机"按钮，则虚拟机系统开始启动了，出现系统开机自检画面，如图 2-33 所示。

2）如果需要调整一下虚拟机启动顺序，将虚拟机设置为优先从光驱启动，可以在出现开机自检画面时按键盘上的〈F2〉键，即可进入 VMWare 的虚拟主板 UFEI 设置，切换到"BOOTManager"菜单，将"CD-ROM"设置为优先启动的设备即可，如图 2-34 所示。

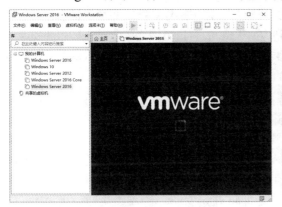

图 2-33　虚拟机开机自检画面　　　　　图 2-34　虚拟机 BIOS 启动设置

3）再次启动 VMWare 时，VMWare 即可优先从虚拟机光驱启动，之前在设置中将 ISO 光盘镜像文件设置为虚拟机的光驱，所以 VMWare 启动之后即可自动加载该镜像文件，虚拟机窗口也将出现 Windows Server 2016 安装界面，如图 2-35 所示。

4）Windows Server 2016 在虚拟机中的安装和前面项目介绍的安装没有区别，如图 2-36 所示，经过重新启动，安装程序运行完毕，就可以在虚拟机里运行 Windows Server 2016。

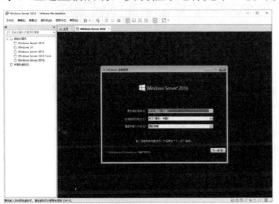

图 2-35　虚拟机启动安装操作系统界面　　　　　图 2-36　虚拟机运行操作系统界面

2.2.3　VMWare 虚拟机使用技巧

1．安装、使用 VMWare Tools

在 VMWare 虚拟机中使用操作系统和在物理计算机上使用操作系统还是有所区别的。VMWare Tools 有助于本地系统和虚拟机之间的交互，它是 VMWare 专门为虚拟操作系统准备的

附加功能模块组件,将使虚拟操作系统"了解"到自己的"身份"是虚拟操作系统,而且只有安装了 VMWare Tools 组件后,方可在 VMWare 中实现一些特殊的功能。

- 虚拟硬件设备驱动程序支持:VMWare Tools 组件为虚拟操作系统提供了完整的虚拟硬件设备驱动程序支持,可以为那些无法被虚拟操作系统自行识别的虚拟硬件设备安装驱动程序。特别是 VMWare 模拟的虚拟显卡 VMWare SVGA Ⅱ,必须安装 VMWare Tools 组件提供的专用显示驱动程序,才可以被虚拟操作系统正确识别。
- 日期与时间同步:VMWare Tools 组件在虚拟机与宿主机之间提供了同步日期与时间的功能,免除了必须为虚拟机单独设置日期与时间的烦恼。
- 自动切换鼠标箭头:VMWare 存在着虚拟机窗口与宿主操作系统之间切换键盘鼠标操作对象的问题,我们希望将鼠标箭头移动到 VMWare 的窗口范围之内,单击即可将键盘鼠标的操作切换为对虚拟机生效。如果安装有 VMWare Tools,即可自动将键盘鼠标的操作切换对虚拟机生效。
- 虚拟硬盘压缩:VMWare Tools 组件提供了虚拟硬盘压缩功能,可以通过它对.VMDK 虚拟硬盘镜像文件进行压缩,以便节省宿主机物理硬盘的可用空间。

虚拟操作系统安装 VMWare Tools 的操作步骤如下。

1)首先启动 VMWare,加载虚拟操作系统,选择菜单"虚拟机"选项中的"安装 VMware Tools"子菜单,此时虚拟机的光盘驱动器会自动加载 VMware Tools 的安装程序,单击自动弹出的光盘,点击上面的文字"运行 setup64.exe",即可开始安装,进入"欢迎使用 VMware Tools 的安装向导",如图 2-37 所示。如果之前已经安装过 VMware Tools,菜单"虚拟机"选项中的文字应为"重新安装 VMware Tools"。

2)单击"下一步"按钮,弹出"选择安装类型"对话框,如图 2-38 所示,可以选择软件安装类型,有三个选项,建议选择"完整安装"选项。

图 2-37 "欢迎使用 VMware Tools 的安装向导"对话框

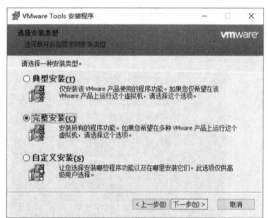

图 2-38 "选择安装类型"对话框

3)单击"下一步"按钮,弹出"已准备好安装 VMware Tools"对话框,如图 2-39 所示,单击"安装"按钮即可开始安装。

4)VMWare Tools 软件安装过程很简单,大约 1~2min 就会进入如图 2-40 所示的对话框,单击"完成"按钮,VMWare Tools 软件安装程序运行完毕,将提示重新启动虚拟操作系统 Windows Server 2016。重新启动之后,VMWare Tools 软件的安装操作即告完成。虚拟操作系统的任务栏通知区域会显示 VMWare Tools 的图标,以方便用户区分是否安装了 VMWare Tools 软件。

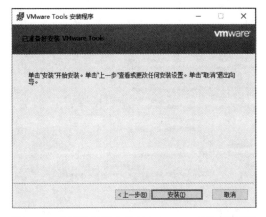
图 2-39 "已准备好安装 VMware Tools"对话框

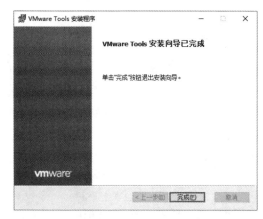
图 2-40 "VMware Tools 安装向导已完成"对话框

2. 挂起 VMWare 虚拟机

VMWare 虚拟机的挂起功能是一个比较实用的功能，相对于休眠虚拟机，会把虚拟机当前的内存信息写入硬盘特定虚拟机硬盘文件中，下次开机时直接加载这个文件，恢复到挂起之前的状态，休眠后的虚拟机不占用任何 CPU、内存。在正在运行的 VMWare 虚拟机软件中，选择菜单"虚拟机"选项中的"电源"子菜单，如图 2-41 所示，选择"挂起"选项，即可将虚拟机挂机，此时软件界面中"虚拟机详细信息"显示状态已挂起。若需继续运行此虚拟机，单击"继续运行此虚拟机"图标即可。

"电源"子菜单其他选项对应相应的操作，例如"关机"选项，就是执行关机操作，完成后执行关闭虚拟机操作，相当于"冷关机"；"重置"选项相当于在机箱上按重启键，相当于"冷重启"；"重新启动客户机"选项相当于在操作系统里面单击重新启动，相当于"热重启"。

3. 为 VMWare 虚拟机设置快照

快照功能是 VMWare 的一个特色功能，它可以将虚拟操作系统及应用软件的运行状态保存为快照，以便随时重新加载以前保存的快照，将 VMWare 还原到之前的运行状态。快照功能与游戏软件保存游戏进度的功能非常相似，例如虚拟机中删除了 Windows Server 2016 部分程序和功能，但虚拟机只要重新加载之前保存的快照，就可以恢复已删除的程序和功能。

设置快照的操作步骤为：选择菜单"虚拟机"→"快照"→"拍摄快照"命令，如图 2-42 所示，单击"拍摄快照"按钮，弹出如图 2-43 所示的"快照管理器"对话框，输入相应的名字和文字描述，如图 2-44 所示，然后单击"拍摄快照"按钮，即可开始保存快照的操作。

图 2-41 VMWare 虚拟机"电源"子菜单

图 2-42 VMWare 虚拟机"快照"子菜单

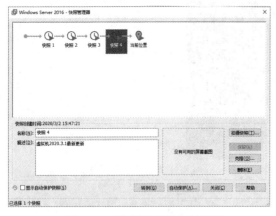 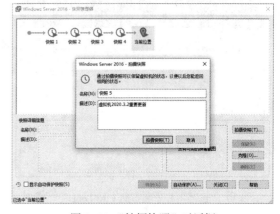

图 2-43 "快照管理器"对话框　　　　　图 2-44 "拍摄快照"对话框

在图 2-44 所示的对话框中看到，列出了虚拟机已保存的所有快照点，不仅显示了快照的保存时间、名称、备注信息、保存快照时虚拟机的运行状态缩略图，而且还以一个直观的流程图，列出了所有快照点之间的依存关系，可以通过流程图看出哪个快照点是在哪个快照点的基础上建立的，可以说 VMWare 虚拟机软件快照功能是十分强大的。

同样都是保存虚拟机的运行状态，VMWare 的快照与挂起功能有什么不同呢？两者的区别主要体现在两个方面：首先，挂起功能只是 VMWare 的一种关机方式，当在某台正在运行的虚拟机中执行了挂起操作后，这台虚拟机就会停止运行，虚拟机的运行状态也将被自动保存，只有重新启动这台虚拟机，才可以将虚拟机恢复为先前的运行状态；快照功能则可以随时保存或者恢复快照点，即使为正在运行的虚拟机保存了快照点，这台虚拟机也不会停止运行，如同在游戏软件中保存了游戏进度，也可以继续进行游戏一样。其次，挂起功能只能一次性地暂时保存虚拟机的运行状态，当重新启动了处于挂起状态的虚拟机之后，挂起功能保存的运行状态就自动作废了；快照功能则可以不限次数地保存及恢复虚拟机的运行状态，可以为一台虚拟机同时保存多个不同的还原点，并且每一个还原点都可以不限次数地反复使用，如同在游戏软件中可以同时保存多个不同的游戏进度、每一个游戏进度都可以不限次数地反复使用一样。

4．克隆 VMWare 虚拟机

因网络环境需要，需要用到多个虚拟机，如果新建则费时费力，可以使用克隆功能来快速地创建多个虚拟机。虚拟机的克隆功能就是对原始虚拟机全部状态的一个复制，克隆的过程并不影响原始虚拟机，操作一旦完成，克隆的虚拟机就可以脱离原始虚拟机独立存在，而且在克隆的虚拟机和原始虚拟机中的操作是相对独立的，不相互影响。

克隆的操作步骤为：选择一个已关机的虚拟机，选择菜单"虚拟机"→"管理"→"克隆"命令，进入克隆虚拟机向导，单击"下一步"按钮，进入如图 2-45 所示的"克隆源"对话框，选择"虚拟机中的当前状态"选项，单击"下一步"按钮，进入如图 2-46 所示的"克隆类型"对话框，选择"创建完整克隆"选项，然后在后继的操作中确定新虚拟机的安装位置，就开始了系统的克隆操作，克隆时间的长短取决于原虚拟机的大小。

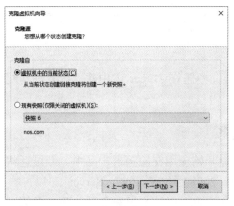

图 2-45 "克隆源"对话框

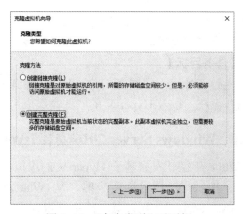

图 2-46 "克隆类型"对话框

1）VMware 两种克隆类型的区别如下。

① 完整克隆：完整克隆是和原始虚拟机完全独立的一个副本，它不和原始虚拟机共享任何资源，可以脱离原虚拟机独立使用。

② 链接克隆：需要和原始虚拟机共享同一虚拟磁盘文件，不能脱离原虚拟机独立运行，但采用共享磁盘文件方式缩短了创建的时间，同时还节省了物理磁盘空间。

2）克隆过程中，VMware 会生成和原始虚拟机不同的 MAC 地址和通用唯一标识符（Universally Unique Identifier，UUID），这就允许克隆的虚拟机和原始虚拟机在同一网络中出现，并且不会产生冲突。但域网络环境要求计算机的安全标识符（Security Identifiers，SID）不同，有时候未正确克隆将无法使用域网络，可以使用 sysprep 命令解决：在系统运行命令框中输入 sysprep 命令，打开文件夹并双击 sysprep.exe 程序，在如图 2-47 所示对话框中选择"进入系统全新体验（OOBE）"选项并勾选"通用"复选框，在"关机选项"中选择"重新启动"，单击"确定"按钮开始系统清理操作，如图 2-48 所示，完成后将重新启动计算机，进入新系统进行初始设置后即可解决。

图 2-47 "系统准备工具"对话框

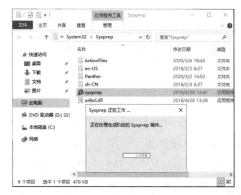

图 2-48 系统清理操作

2.3 拓展任务——Hyper-V 虚拟机的安装与使用

【任务描述】

Windows Server 2016/Windows 10 都提供 Hyper-V 服务，但默认情况下都没有安装 Hyper-V

服务，因此需要另外安装相应的服务。通过启动 Hyper-V 服务，可以进行虚拟机属性的设置、虚拟网卡等的设置，创建并管理虚拟机等相关操作。

【任务目标】

通过任务应当掌握在 Hyper-V 虚拟机软件的安装，熟悉在 Hyper-V 中建立、管理与配置各种操作系统，以及 Hyper-V 的一些高级应用技巧。

2.3.1　Windows Server 2016 安装 Hyper-V 服务

2008 年微软发布基于 Hyper-V 的虚拟化产品，最开始应用在服务器产品中。经过近些年的发展，Hyper-V 技术逐步成熟，从 Windows Server 2008 到 Windows Server 2012，一直到 Windows Server 2016，其功能也都得到了完善，促进了微软在私有云和公有云两方面的进步和领先的市场地位。

在 Windows Server 2016 中安装 Hyper-V 服务并不复杂，可以参照下述步骤进行操作。

1）在"服务器管理器"仪表板中单击"添加角色和功能"选项来安装 Hyper-V 角色，弹出添加角色和功能向导的"开始之前"对话框。系统要求安装角色之前要确保管理员账户是强密码、服务器为静态 IP 地址、服务器保持最新的安全更新等，如图 2-49 所示，如果达不到要求，是无法安装相关角色的。

2）单击"下一步"按钮，弹出"选择安装类型"对话框，如图 2-50 所示。Hyper-V 服务一般的安装类型是选择"基于角色或基于功能的安装"。

图 2-49　安装向导之"开始之前"对话框　　图 2-50　安装向导之"选择安装类型"对话框

3）单击"下一步"按钮，弹出"选择目标服务器"对话框，如图 2-51 所示。根据需要选择"从服务器池中选择服务器"选项，在"服务器池"的服务器列表中，选中其中正在运行 Windows Server 操作系统的本地服务器的计算机名。

4）单击"下一步"按钮，弹出"服务器角色"对话框，在服务器角色列表中选择"Hyper-V"，弹出"添加 Hyper-V 所需的功能？"对话框，如图 2-52 所示。此处列举了 Hyper-V 服务所需要的管理工具。

5）单击"添加功能"按钮，选择所有的管理工具，返回"服务器角色"对话框，此时服务器角色列表中已勾选"Hyper-V"选项。单击"下一步"按钮，进入"选择功能"对话框，如图 2-53 所示。此时功能选项暂不用选择，使用默认值。

6）单击"下一步"按钮，弹出"Hyper-V"对话框，如图 2-54 所示。此对话框显示有关 Hyper-V 详细信息以及注意的事项。

图 2-51 安装向导之"选择目标服务器"对话框   图 2-52 安装向导之"服务器角色"对话框

图 2-53 安装向导之"选择功能"对话框   图 2-54 安装向导之"Hyper-V"对话框

7）单击"下一步"按钮，弹出"创建虚拟交换机"对话框，如图 2-55 所示。虚拟交换机在此处暂时不设置，安装完成后再进行设置。

8）单击"下一步"按钮，弹出"虚拟机迁移"对话框，如图 2-56 所示。在此对话框中进行虚拟机实时迁移的配置，此时暂不设置，在需要迁移虚拟机时再进行设置。

图 2-55 安装向导之"创建虚拟机"对话框   图 2-56 安装向导之"虚拟机迁移"对话框

9）单击"下一步"按钮，弹出"默认存储"对话框，如图 2-57 所示。在此对话框中进行虚拟硬盘文件和配置文件存储位置的设置，建议不使用默认位置，特别是不要设置在系统盘，可以单击"浏览"按钮进行自定义设置。

10）单击"下一步"按钮，弹出"确认安装所选内容"对话框，如图 2-58 所示，在此对话框中显示要安装的 Hyper-V 服务相关的管理工具和模块等，如果确认无误，就可以单击"安装"按钮开始安装。

图 2-57　安装向导之"默认存储"对话框　　图 2-58　安装向导之"确认安装所选内容"对话框

11）安装过程所花费的时间并不是很长，由于安装 Hyper-V 角色需要重新启动服务器，在最后安装完毕的对话框中，单击"关闭"按钮，即可自动重启服务器。重启完毕的服务器会自动打开"服务器管理器"的仪表板，如图 2-59 所示。和未安装 Hyper-V 服务时相比，仪表板上多了"Hyper-V"的服务器图标。

12）要使用 Hyper-V 管理器，可以在服务器管理器仪表板中选择"工具"→"Hyper-V 管理器"命令，或者在开始菜单中选择"Windows 管理工具"→"Hyper-V 管理器"命令，如图 2-60 所示。左侧区域为 Hyper-V 主机列表，在这里可以管理本地 Hyper-V 主机，也可以远程连接到其他 Hyper-V 主机，但需提前配置好网络和权限。中间区域为虚拟机列表，目前新安装没有可以使用的虚拟机列表，否则可以单击虚拟机进行相应的操作、配置。右侧区域为虚拟机配置区域，可以对 Hyper-V 主机和虚拟机进行相应操作配置。

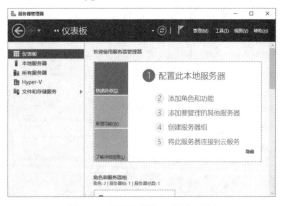 

图 2-59　服务器管理器仪表板　　图 2-60　Hyper-V 管理器

2.3.2　Hyper-V 设置、建立与管理虚拟机

安装好 Hyper-V 服务后，可以通过 Hyper-V 管理器设置、建立与管理虚拟机，如图 2-60 所示。在 Hyper-V 管理器窗口左侧依次展开"Hyper-V"→"当前计算机名称"，此时并没有虚拟

机存在,可以在右侧区域完成对虚拟机设置后再来新建虚拟机。

1. Hyper-V 设置

为了确保虚拟机能够顺利创建,建议用户先对 Hyper-V 服务进行相应的设置。在 Hyper-V 服务器管理器窗口中,依次选择"操作"→"Hyper-V 设置"命令,打开 Hyper-V 设置对话框,如图 2-61 所示。

(1) 服务器设置

在如图 2-61 所示对话框中,可以设置虚拟硬盘文件、虚拟配置文件以及物理 GPU 等,例如,"虚拟硬盘"是设置虚拟系统文件的存放路径,通常的默认路径为"C:\Users\Public\Documents\Hyper-V\Virtual Hard Disks",因此要确保该分区有较多的可用空间存放虚拟系统文件,同时不建议使用默认值。

(2) 用户设置

在如图 2-62 所示对话框中,可以设置虚拟机的键盘、鼠标、会话模式等,以方便用户的使用。例如,将"鼠标释放键"设置为〈Ctrl+Alt+←〉组合键,则表示按〈Ctrl+Alt+←〉组合键,就可以从 Hyper-V 的虚拟机系统中释放鼠标焦点,转而使用宿主操作系统。

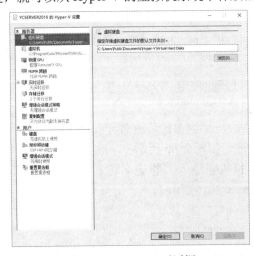

图 2-61 "Hyper-V"对话框

图 2-62 "用户设置"对话框

(3) 虚拟交换机设置

与 VMWare 虚拟软件中自动提供虚拟网卡不同,Hyper-V 中需要用户手动设置虚拟交换机,否则安装好虚拟系统之后将无法接入网络。在 Hyper-V 服务器管理器窗口中,单击右侧的"虚拟交换机管理器"链接打开虚拟交换机设置窗口,如图 2-63 所示。虚拟交换机有外部、内部和专用 3 种类型,分别适用于不同的虚拟网络,其功能分别如下。

1) 外部:表示虚拟网卡和真实网卡之间采用桥接方式,虚拟系统的 IP 地址可以设置成与真实系统在同一网段,虚拟系统相当于物理网络内的一台独立的计算机,网络内其他计算机可访问虚拟系统,虚拟系统也可访问网络内其他计算机。

2) 内部:可以实现真实系统与虚拟系统的双向访问,但网络内其他计算机不能访问虚拟系统,而虚拟系统可利用真实系统通过 NAT 协议访问网络内其他计算机。

3) 专用:只能进行虚拟系统和真实系统之间的网络通信,网络内其他计算机不能访问虚拟系统,虚拟系统也不能访问其他计算机。

由于"外部"功能最强大,因此建议用户选择此项。单击"创建虚拟交换机"按钮创建虚拟交换机，在如图 2-64 所示的窗口中，可以查看到新增的名为"新建虚拟交换机"的虚拟交换机，在右侧区域选择"外部网络"一项之后，还可以从下拉列表中选择需要桥接的真实物理网卡。

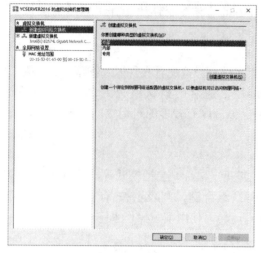

图 2-63 "虚拟交换机设置"对话框

图 2-64 "虚拟交换机属性"对话框

2．创建虚拟机

完成服务器和虚拟交换机的相关设置之后，可以开始使用 Hyper-V 服务管理器创建虚拟机。用户可以参照下述步骤进行操作。

1）在服务器管理器窗口左侧依次展开"Hyper-V"→"当前计算机名称"，选择"操作"→"新建"→"虚拟机"命令，打开新建虚拟机向导程序，如图 2-65 所示。

2）单击"下一步"按钮创建自定义配置的虚拟机，进入"指定名称和位置"对话框，如图 2-66 所示。设置虚拟机的名称为"Windows Server 2016 Core"。

图 2-65 "开始之前"对话框

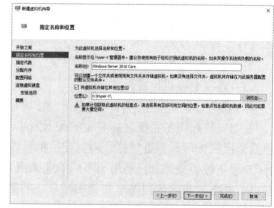

图 2-66 "指定名称和位置"对话框

3）单击"下一步"按钮，进入"指定代数"对话框，如图 2-67 所示。如果将要在虚拟机中安装 Windows 7 等 64 位的操作系统，建议用户选择"第二代"，支持 UEFI 等。

4）单击"下一步"按钮，进入"分配内存"对话框，如图 2-68 所示。如果将要在虚拟机中安装 Windows Server 2016 或者 Windows 10 之类对资源要求较高的虚拟系统，建议用户在确保主机系统能够稳定运行的情况下尽可能给虚拟机多分配一些内存。

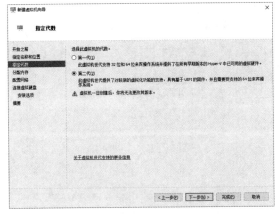 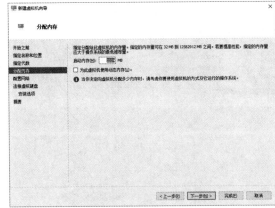

图 2-67 "指定代数"对话框　　　　　图 2-68 "分配内存"对话框

5）单击"下一步"按钮，进入"配置网络"对话框，如图 2-69 所示。设置虚拟机所使用的虚拟网卡。如果在"Hyper-V"设置中未添加"新建虚拟交换机"，则在"连接"下拉列表中无法找到将要使用的"新建虚拟交换机"。

6）在连接下拉列表框中"选择新建虚拟交换机"后，单击"下一步"按钮，进入"连接虚拟硬盘"对话框，如图 2-70 所示。设置创建虚拟硬盘文件的名称、存放路径以及分配给该系统使用的硬盘空间限额。此处分配的可用硬盘空间并不是立即划分，而是随着虚拟系统的使用而动态增加。也可以选择使用现有虚拟硬盘或是以后再来附加虚拟硬盘。

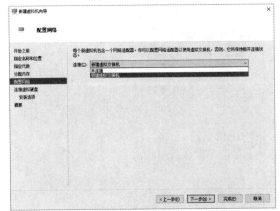

图 2-69 "配置网络"对话框　　　　　图 2-70 "连接虚拟硬盘"对话框

7）单击"下一步"按钮，进入"安装选项"对话框，如图 2-71 所示。设置虚拟机系统安装选项，可以设置以后安装操作系统，或是从可启动的映像文件安装操作系统。单击"浏览"按钮可以选择光盘镜像文件的位置。

8）单击"下一步"按钮，进入"正在完成新建虚拟机向导"对话框，如图 2-72 所示，显示新建虚拟机具体的安装信息。检查确认无误之后，可以单击下部的"完成"按钮结束虚拟的创建操作。

9）在服务器管理器窗口中将查看到新建的虚拟机"Windows Server 2016 Core"，由于此时没有启动该虚拟机，因此状态为"关闭"，如图 2-73 所示。在此可以单击"连接"等选项，对虚拟机进行对应的操作。

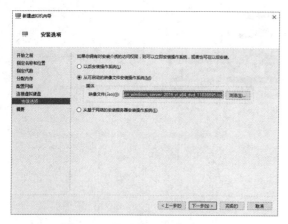
图 2-71 设置虚拟系统安装参数

图 2-72 虚拟机安装信息

在虚拟机创建完成之后，还可以进一步设置虚拟操作系统。右击创建好的虚拟机，从弹出的快捷菜单中选择"设置"命令，例如选中"处理器"选项，可以设置 CPU 内核数量，如图 2-74 所示。客户机操作系统使用 Windows Server 2008/2012/2016 的时候才能启用多内核 CPU，在其他系统中可以将 CPU 内核数量设置为 "1"，同时还可以设置虚拟系统使用资源的限制，通常使用默认值即可。

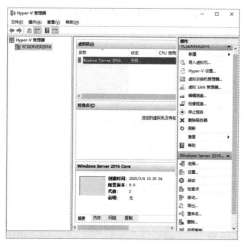
图 2-73 Hyper-V 管理器

图 2-74 虚拟机设置

在虚拟机属性窗口中还有一些其他参数可以设置，如快照文件的存放路径、自动启动虚拟机和关闭虚拟机等，和 VMWare 软件操作基本差不多，这些直接采用默认参数即可。

3. 安装虚拟系统

在所有的准备工作完成之后，用户就可以开始安装虚拟系统。但是在安装之前需要注意，Hyper-V 支持的操作系统除了 Windows 家族中的产品外，还支持 CentOS、Red Hat Enterprise Linux、Debian、SUSE、Oracle Linux、Ubuntu、FreeBSD 等，这些系统的安装和在 VMWare 中安装过程基本相似，在此限于篇幅不再介绍。

2.3.3 Windows 10 安装 Hyper-V 功能

在很多学习的环境中，宿主机的操作系统为 Windows 10。其实 Windows 10 本身自带虚拟机 Hyper-V 功能，只是默认没有安装，所以首先需要在 Windows10 中安装 Hyper-V 功能，具体的操作步骤如下。

1）在 Windows 10 系统中打开"控制面板"，双击"程序和功能"图标，弹出"启用或关闭 Windows 功能"对话框，如图 2-75 所示，勾选"Hyper-V 平台"下所有组件的选项，单击"确定"按钮系统就开始安装。

2）Hyper-V 安装过程比较简单，复制完相关文件，重新启动 Windows 10 即可完成 Hyper-V 功能的安装。Windows 10 系统重启之后，执行开始菜单"Windows 管理工具"→"Hyper-V 管理器"命令，然后就可以运行 Hyper-V 管理器，如图 2-76 所示。

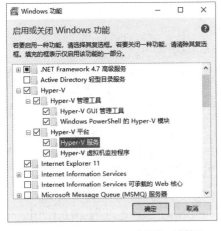

图 2-75 "Windows 功能"对话框

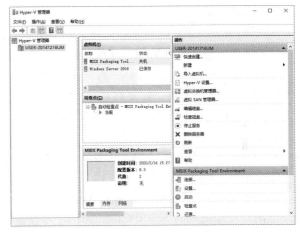

图 2-76 Hyper-V 管理器

① Windows 10 和 Windows Server 2016 下的 Hyper-V 管理器没有区别，都是 Hyper-V 10.0 版本，所以限于篇幅不再介绍在 Windows 10 中使用 Hyper-V 创建虚拟机的方法。

② 前面介绍了安装 VMware Workstation 软件，如果这台计算机系统中同时又安装了 Hyper-V 虚拟机软件，此时再来启用 VMware Workstation 的话，就会先后弹出"VMware Workstation 不兼容""传输错误"等对话框，如图 2-77 和图 2-78 所示。这是因为，Hyper-V 和 VMware Workstation 都要独占基于 CPU 等底层硬件的 Hypervisor 才能运行，所以两者不能在同一台计算机中同时运行。解决问题的办法是：根据自己的需要，保留使用其中一种虚拟机。

图 2-77 兼容性错误对话框

图 2-78 传输错误对话框

2.4 项目实训——服务器虚拟化技术及应用

1. 实训目标

1）了解 VMWare Workstation 15.5 的安装过程。

2）熟悉在 VMWare Workstation 15.5 中建立、管理与配置各种虚拟机。
3）掌握 Hyper-V 的安装与使用

2．实训设备

1）网络环境：已建好的千兆以太网络，包含交换机、五类（或超五类）UTP 直通线若干、三台或以上数量的计算机（计算机配置要求 CPU 最低 1.6GHz 以上 64 位，内存不小于 4096MB，硬盘空间不低于 120GB，有光驱和网卡）。

2）软件：①Windows Server 2016 安装光盘，或硬盘中有全部的安装程序；②Windows 10 安装光盘，或硬盘中有全部的安装程序；③VMWare Workstation 15.5 安装程序。

3．实训内容

在三台计算机裸机（即全新硬盘中）上完成下述操作。

1）进入三台计算机的基本输入/输出系统，全部设置为从 CD-ROM 上启动系统。

2）在第一台计算机上进行全新的 Windows Server 2016 安装，要求如下。①安装 Windows Server 2016 标准版，主分区为 80GB，存放数据的分区为 40GB，管理员密码为 Nosadmin2016；②服务器配置：计算机名称 RSDZServer2016，工作组为"office"；③设置计算机 IP 地址为 10.0.1.101，子网掩码为 255.255.255.0，网关设置为 10.0.1.254，DNS 地址为 202.103.6.46、114.114.114.114；④激活 Windows Server 2016；⑤在服务器上添加 Hyper-V 服务器角色；⑥在 Hyper-V 管理器中添加一台虚拟机，要求虚设机设置为：虚拟交换机类型为外部，内存为 2GB，在虚拟机中安装 Windows Server 2016 标准版（桌面体验），系统分区的大小为 80GB，管理员密码为 RSDZCore2016，并设置计算机 TCP/IPv4 的 IP 地址为 10.0.1.201，子网掩码为 255.255.255.0，网关设置为 10.0.1.254，DNS 地址为 202.103.6.46、114.114.114.114。

3）在第二台计算机上进行全新 Windows10 安装，要求如下。①默认安装 Windows 10，主分区为 80GB，存放数据的分区为 40GB，管理员密码为 Nosclient2016；②计算机配置：计算机名称 RSDZClient2016，工作组为"office"；③设置计算机 TCP/IP，要求禁用 TCP/IPv6，设置计算机 TCP/IPv4 的 IP 地址为 10.0.1.202，子网掩码为 255.255.255.0，网关设置为 10.0.1.254，DNS 地址为 202.103.6.46、114.114.114.114；④默认安装 VMWare Workstation 15.5；⑤在 VMWare 中添加一台虚拟机，要求虚设机设置为：使用桥接网络，内存为 2G，在虚拟机安装 Windows Server 2016 标准版（桌面体验），系统分区的大小为 80GB，管理员密码为 RSDZClient2016，并设置计算机 TCP/IPv4 的 IP 地址为 10.0.1.202，子网掩码为 255.255.255.0，网关设置为 10.0.1.254，DNS 地址为 202.103.6.46、114.114.114.114，安装 VMWare Tools，并为该虚拟机保存一个名为"Initial"的快照。⑥在 VMWare 中克隆步骤⑤中一台虚拟机，要求虚设机设置为：计算机名称更改为"RSDZClient2016B"，工作组为"office"，设置计算机 TCP/IPv4 的 IP 地址为 10.0.1.203，子网掩码为 255.255.255.0，网关设置为 10.0.1.254，DNS 地址为 202.103.6.46、114.114.114.114。

4）在第三台计算机上进行全新 Windows 10 安装，除 IP 地址为 10.0.1.3 以外，其他要求和第二台前三步一样，之后的步骤如下。④添加 Hyper-V 功能；⑤在 Hyper-V 管理器中添加一台虚拟机，要求虚设机设置为：虚拟交换机类型为外部，内存为 2GB，在虚拟机中安装 Windows Server 2016（桌面体验版），系统分区的大小为 80GB，管理员密码为 RSDZCore2016，并设置计算机 TCP/IPv4 的 IP 地址为 10.0.1.204，子网掩码为 255.255.255.0，网关设置为 10.0.1.254，DNS 地址为 202.103.6.46、114.114.114.114。

2.5 项目习题

一、填空题

（1）VMWare 安装程序会在宿主操作系统上安装两块虚拟网卡，分别为"VMWare Virtual Ethernet Adapter for VMnet1"和_____。

（2）在虚拟机中安装操作系统时，可以使用光盘驱动器和源安装文件光盘来安装，也可以使用_____来安装。

（3）VMWare 提供了四种不同的虚拟网络适配器类型，分别为：_____、_____、使用网络地址转换（NAT）和不使用网络连接。

（4）VMWare Tools 组件在虚拟机与宿主机之间提供了_____功能，免除了必须为虚拟机单独设置日期与时间的烦恼。

（5）Hyper-V 管理中虚拟交换机类型中有"外部""内部"和"_____"3 种类型，分别适用于不同的虚拟网络。

二、选择题

（1）为 VMWare 指定虚拟机内存容量时，下列哪个值不能设置（　　）。
　　A．512MB　　　B．360MB　　　C．400MB　　　D．357MB

（2）如果需要调整一下虚拟机的启动顺序，设置为优先从光驱启动，可以在 VMWare 出现开机自检画面时按下键盘上的（　　）键，即可进入 VMWare 的虚拟主板 BIOS 设置。
　　A．〈Delete〉　　B．〈F2〉　　　C．〈F10〉　　　D．〈Home〉

（3）以下（　　）是 VMWare 安装 Windows Server 2016 推荐使用的虚拟硬盘 SCSI 控制器的类型。
　　A．BusLogic　　B．LSI Logic　　C．LSI Logic SAS　　D．准虚拟化 SCSI

（4）以下（　　）不是 Windows Server 2016 Hyper-V 服务支持的虚拟网卡类型。
　　A．外部　　　　B．桥接　　　　C．内部　　　　D．专用

（5）针对服务器硬盘控制器类型，特别是在 VMWare 虚拟机中安装 Windows Server 2016，推荐使用（　　）
　　A．SCSI　　　　B．IDE　　　　C．SATA　　　　D．NVMe

三、问答题

（1）虚拟机的主要功能是什么？分别适用于什么环境？

（2）VMWare 提供了几种不同的虚拟网络适配器类型？分别适用于什么环境？

（3）如何在 VMWare 虚拟机中登录 Windows Server 2016？

（4）VMWare Tools 组件在虚拟机中有什么功能？

（5）Windows Server 2016 Hyper-V 服务对硬件和软件各有什么要求？

项目 3　域与活动目录的管理

项目情境：

如何让网络更容易集中管理、更安全可靠？

瑞思达智是一家主营计算机系统集成、软件开发与测试、信息化设计与咨询等业务的网络科技公司，2012 年为上市公司湖北安琪酵母扩建了集团总部内部的业务网络，覆盖了全球各地区的分公司和办事处，近 2000 个节点，拥有各种类型的服务器 50 余台。由于各种网络硬件设备与数据服务器分布在不同地区的办公地点，网络资源和权限的管理非常麻烦，网络管理人员疲于处理各种日常网络问题。作为公司技术人员，如何改造现有网络，让网络更容易集中管理、更安全可靠，能够更轻松、自如地管理网络，从而为公司减少管理上的开支，同时也减轻网络管理人员的工作负担？

项目描述：当管理的是中型以上规模的计算机网络时，通常不再采用对等式工作的网络，而会采用 C/S 工作模式的网络，并应用 B/S 的模式来组建网络的应用系统。有时，网络虽然不大，但是需要的服务种类比较多，也需要组建具备强大管理功能的 C/S 网络。在单域、域树、域林等多种网络的组织结构中，企业只有规划一个合理的网络结构，才能很好地管理与使用网络。活动目录是域的核心，通过活动目录可以将网络中各种完全不同的对象以相同的方式组织到一起。活动目录不但更有利于网络管理员对网络的集中管理，方便用户查找对象，而且使得网络的安全性大大增强。

项目目标：
- 理解活动目录的基本知识、组织结构和应用特点。
- 掌握 Windows Server 2016 域控制器的安装与设置。
- 熟悉客户端加入并登录 Windows Server 2016 域的方法。
- 掌握 Windows Server 2016 子域、域树的安装与设置。

3.1　知识导航——域、域树和域林

3.1.1　Windows Server 网络类型

我们组建计算机网络，就是要实现资源的共享。随着网络规模的扩大及应用的需要，共享

的资源就会逐渐增多，如何来管理这些在不同机器上的资源呢？工作组和域就是在这样的环境中产生的两种不同的网络资源管理模式。

1．工作组（Work Group）

工作组就是将不同计算机按功能分别列入不同的组中，以方便管理。在一个网络内，可能会有成百上千台工作计算机，如果这些计算机不进行分组，都列在"网上邻居"内，可想而知会有多么凌乱。为了解决这一问题，Windows 引用了"工作组"这个概念，例如，公司会分为诸如行政部、市场部、技术部等几个部门，行政部的计算机全都列入行政部的工作组中，市场部的计算机都列入市场部的工作组。如果要访问别的部门的资源，在"网上邻居"里找到该部门的工作组名，双击就可以看到其他部门的计算机了。

在安装和使用 Windows 系统的时候，工作组名一般使用默认值"WORKGROUP"，也可以设置成其他符合 Windows 命令规范的名字。在同一工作组或不同工作组，在访问和使用时并没有什么分别，如图 3-1 所示。

退出某个工作组的方法也很简单，只要将工作组名称改变一下即可，不过这样在网上其他人照样可以访问你的共享资源，只不过换了一个工作组而已。工作组名并没有太多的实际意义，只是在"网上邻居"的列表中实现一个分组而已。也就是说，可以随时加入同一网络上的任何工作组，也可以随时离开一个工作组。"工作组"就像一个可自由加入和退出的俱乐部一样，它本身的作用仅仅是提供一个"房间"，以方便网上计算机共享资源的浏览。

在 Windows 系统中要启用"网络发现和文件共享"功能，否则将无法找到网络中的任何"邻居"的主机，也不会被其他的"邻居"主机发现，如图 3-2 所示。要解决这个问题比较简单，右击图 3-2 中最上面的"网络发现已关闭，看不到网络计算机和设备，单击以更改…"，在弹出的菜单中选择"启用网络发现和文件共享"命令即可。网络发现是一种网络设置，该设置会影响是否可以查看网络上的计算机和设备等资源，同时网络上的其他计算机也可以查看此台计算机。

图 3-1 网络工作组

图 3-2 网络被关闭

如果启用"网络发现和文件共享"功能之后，还是无法在网络中发现其他计算机，建议对 Windows 系统进行进一步设置：打开 Windows 中的"控制面板"，双击"网络和 Internet"图标，进入"网络和共享中心"窗口，在窗口的左侧列表位置找到"更改高级共享设置"选项，单击该选项，弹出"高级共享设置"窗口，如图 3-3 所示。选择"启用网络发现"选项，单击"保存更改"按钮即可。

如果仍然无法查看到网络中的工作组信息，可以检查系统相关的"FDResPub"服务信息，其操作步骤如下：选择"开始"→"运行"命令，在弹出的运行对话框中，输入命令"services.msc"，单击"确定"按钮后，进入系统服务列表窗口，找到系统服务"Function Discovery Resource Publication"，双击该服务器选项，打开如图 3-4 所示的"Function Discovery Resource Publication 的属性"对话框。设置该服务的启动类型为"自动"，单击"应用"按钮，然后单击"启动"按钮，将服务状态设置为"已启动"。

图 3-3　网络高级共享设置　　　　　　　　图 3-4　启动 FDResPub 服务

如果还有问题，以同样的方法检查"SSDP Discovery""UPnP Device Host"服务，看是否启动。此外，还需要检查 TCP/IP 属性参数是否设置正确，以保证 Windows 系统主机的 IP 地址与要寻找的"邻居"主机的 IP 地址处于同一个网段。

2. 域（Domain）

域是一个有安全边界的计算机集合，也可以理解为服务器控制网络上的计算机能否加入的计算机组合。在对等网（工作组）模式下，任何一台电脑只要接入网络，其他机器就都可以访问共享资源，如共享上网等。尽管对等网络上的共享文件可以加访问密码，但是比较容易被破解。在由 Windows 构成的对等网中，数据的传输是不安全的。

在主从式网络中，资源集中存放在一台或者几台服务器上，如果只有一台服务器，问题就很简单，在服务器上为每一位员工建立一个账户即可，用户只需登录该服务器就可以使用服务器中的资源。

然而如果资源分布在多台服务器上呢？如图 3-5 所示，要在每台服务器上分别为每一员工建立一个账户（共 $M\times N$ 个），用户需要在每台服务器上（共 M 台）登录，感觉又回到了对等网的模式。

在使用了域之后，如图 3-6 所示，服务器和用户的计算机都在同一域中，用户在域中只要拥有一个账户，用账户登录后即取得一个身份，有了该身份便可以在域中漫游，访问域中任一台服务器上的资源。在每一台存放资源的服务器上并不需要为每个用户创建账户，而只需要把资源的访问权限分配给用户在域中的账户即可。

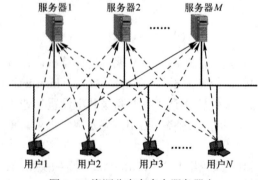
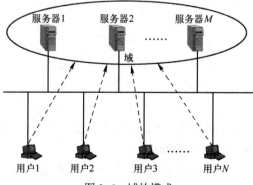

图 3-5　资源分布在多台服务器上　　　　　　图 3-6　域的模式

不过在"域"模式下，至少有一台服务器负责每一台联入网络的电脑和用户的验证工作，相当于一个单位的门卫一样，称为"域控制器（Domain Controller，DC）"，它包含了由这个域的账户、密码、属于这个域的计算机等信息构成的数据库。当计算机联入网络时，域控制器首先要鉴别这台计算机是否是属于这个域，用户使用的登录账号是否存在、密码是否正确。如果以上信息有一样不正确，那么域控制器就会拒绝这个用户从这台计算机登录，用户就不能访问服务器上有权限保护的资源，只能以对等网用户的方式访问 Windows 共享出来的资源，这样就在一定程度上保护了网络上的资源。

然而随着网络的不断发展，有的企业的网络大得惊人，当网络有十万个用户甚至更多时，域控制器存放的用户数据量很大，更为关键的是如果用户频繁登录，域控制器可能因此不堪重负。在实际的应用中，会在网络中划分多个域，每个域的规模控制在一定的范围内，同时也是出于管理上的要求，将大的网络划分成小的网络，每个小的网络管理员管理自己所属的账户，如图 3-7 所示。

域是一个安全的边界，实际上就是这层意思：当两个域独立的时候，一个域中的用户无法访问另一个域中的资源，如同国家与国家之间的关系一样。

当然在实际的应用中，一个域中的用户常常有访问另一个域中的资源的需要。为了解决用户跨域访问资源的问题，可以在域之间引入信任关系，有了信任关系，域 A 的用户想要访问域 B 中的资源，让域 B 信任域 A 即可。信任关系分为单向和双向，如图 3-8 所示。图中①是单向的信任关系，箭头指向被信任的域，即域 A 信任域 B，域 A 称为信任域，域 B 被称为被信任域，因此域 B 的用户可以访问域 A 中的资源。图中②是双向的信任关系，域 A 信任域 B 的同时域 B 也信任域 A，因此域 A 的用户可以访问域 B 的资源，反之亦然。

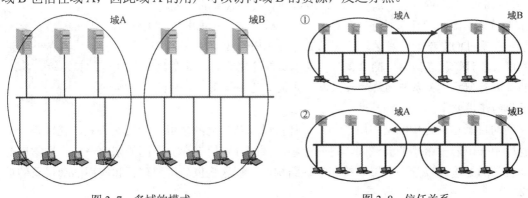

图 3-7 多域的模式　　　　　　图 3-8 信任关系

信任关系有可传递和不可传递之分，如果 A 信任 B，B 又信任 C，那么 A 是否信任 C 呢？如果信任关系是可传递的，A 就信任 C；如果信任关系是不可传递的，A 就不信任 C。Windows Server 2016 中有的信任关系是可传递的，有的是不可传递的，有的是单向的，有的是双向的，在使用时要注意。

工作组与域两者有着不同的特点，主要体现在：①工作组无须运行 Windows Server 的计算机来容纳集中的安全性信息；②相对于域而言，工作组设计和实现简单，无须广泛计划和管理；③对于计算机数量较少或在一个较小空间内的有限数量计算机的网络来说，工作组更方便；④工作组较适合由技术用户组成的无须进行集中管理的小组；⑤因为所有的用户信息都被集中存储，所以域提供了集中的管理；

⑥只要用户有对资源访问的适当权限，就能从任一台计算机登录到域，并能访问域网络中另一台计算机资源；⑦每个域仅存储该域中各对象的有关信息，通过这样区分目录，活动目录可将规模扩展到拥有大量的对象。

3.1.2 活动目录概述

活动目录（Active Directory）是一种目录服务，它存储有关网络对象（如用户、组、计算机、共享资源、打印机和联系人等）的信息，并将结构化数据存储作为目录信息逻辑和分层组织的基础，使管理员比较方便地查找并使用这些网络信息。

活动目录是在 Windows 2000 Server 就推出的新技术，它最大的突破性就在于引入了全新的活动目录服务（Active Directory Service），使 Windows 2000 Server 与 Internet 上的各项服务和协议联系更加紧密。通过在 Windows 2000 Server 的基础上进一步扩展，Windows Server 2003 提高了活动目录的多功能性、可管理性及可靠性。

从 Windows Server 2008 开始，活动目录服务有了一个新的名称：Active Directory Domain Service（ADDS）。名称的改变意味着微软对 Windows Server 的活动目录进行了较大的调整，增加了功能强大的新特性，例如新增了只读域控制器（Read-Only Domain Controller，RODC）的域控制器类型、更新的活动目录域服务安装向导、可重启的活动目录域服务、快照查看以及增强的 Ntdsutil 命令等，并且对原有特性进行了增强。

活动目录并不是 Windows Server 中必须安装的组件，并且其运行时占用系统资源较多。设置活动目录的主要目的就是为了提供目录服务功能，使网络管理更简便、安全性更高。另外，活动目录的结构比较复杂，适用于用户或者网络资源较多的环境。

活动目录源于"目录服务"的概念，与 Windows 系统中的"文件夹目录"以及 DOS 下的"目录"在含义上完全不同。活动目录是指网络中用户以及各种资源在网络中的具体位置及调用和管理方式，就是把原来固定的资源存储层次关系与网络管理以及用户调用关联起来，从而提高了网络资源的使用效率。

活动目录结构是指网络中所有用户、计算机以及其他网络资源的层次关系，就像是一个大型仓库中分出若干个小的储藏间，每一个小储藏间分别用来存放不同的东西一样。通常情况下活动目录的结构可以分为逻辑结构和物理结构，了解这些也是用户理解和应用活动目录的重要一步。

1. 活动目录的逻辑结构

在活动目录中，代表网络资源的明确命名的一组属性集合称为对象。例如，"用户"对象的属性包括用户的姓名、地址等。根据对象本身能否包含其他对象，可以将活动目录中的对象分为容器对象和叶对象两大类。容器并不代表一个实体，容器内可以包含一组对象及其他容器。在活动目录的逻辑组件中，域、组织单元、域树、域林等都属于容器对象，而域中的用户、组、计算机、共享文件夹、打印机等都属于叶对象。活动目录内的对象类别与属性数据定义在架构内。在一个域目录林中的所有域目录树共享相同的架构。

1）组织单元：组织单元是一个容器对象，可以把域中的对象组织成逻辑组，以简化管理工作。组织单元可以包含各种对象，如用户账户、用户组、计算机、打印机等，甚至可以包括其他的组织单元，所以可以利用组织单元把域中的对象组成一个完全逻辑上的层次结构，如图 3-9

所示。对于企业来讲，可以按部门把所有的用户和设备组成一个组织单元层次结构，也可以按地理位置形成层次结构，还可以按功能和权限分成多个组织层次结构。

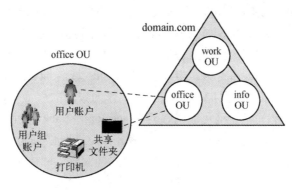

图 3-9　组织单元示意图

由于组织单元层次结构局限于域的内部，所以一个域中的组织单元层次结构与另一个域中的组织单元层次结构没有任何关系，就像是 Windows 资源管理器中位于不同目录下的文件，可以重名或重复。

2）域树：Windows Server 是考虑在大型企业构建网络和扩展网络的需要而设计的。在大型企业中可能会有分布在全世界的分公司等，分公司下又有各个部门存在，可能有几十万用户、上千服务器以及上百个域，资源访问常常可能跨过许多域。在 Windows NT 4.0 时，域和域之间的信任关系是不可传递的，考虑在一个网络中如果有多个域的情况，如果要实现多个域中的用户跨域访问资源，必须创建 $n \times (n-1)/2$ 个双向信任关系，如图 3-10 所示。

之所以会这样，是因为 A、B、C、D、E 域均被看成独立的域，所以信任关系被看成不可传递的，而实际上 A、B、C、D、E 域又都在同一企业网络中，很可能 B 是 A 的主管单位，C 又是 B 的主管单位。

从 Windows 2000 Server 起，域树（Domain Tree）开始出现，如图 3-11 所示。域树中的域以树的形式出现，最上层的域名为 abc.com，是这个域树的根域，根域下有两个子域：asia.abc.com 和 europe.abc.com，asia.abc.com 和 europe.abc.com 子域下又有自己的子域。

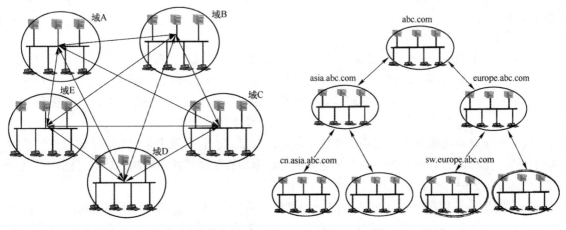

图 3-10　多个域的资源互访需要多个信任关系　　　　图 3-11　域树

在域树中，父域和子域的信任关系是双向可传递的，因此域树中的一个域隐含地信任域树中所有的域。图 3-11 中共有 7 个域，所有域相互信任，也只需要 6 个信任关系。

3) 域林：在域树的介绍中，可以看到域树中域的名字和 DNS 域的名字非常相似，在 Windows Server 系统中，域和 DNS 域的关系非常密切，因为域中的计算机使用 DNS 来定位域控制器和服务器以及其他计算机、网络服务等，实际上域的名字就是 DNS 域的名字。

在图 3-11 中，企业向 Internet 组织申请了一个 DNS 域名 abc.com，所以根域就采用了该名，在 abc.com 域下的子域也就只能使用 abc.com 作为域名的后缀了，也就是说在一个域树中，域的名字是连续的。然而，企业可能同时拥有 abc.com 和 abc.net 两个域名，如果某个域用 abc.net 作为域名，abc.net 将无法挂在 abc.com 域树中，这个时候只能单独创建另一个域树，如图 3-12 所示，新的域树根域为 abc.net，这两个域树共同构成了域林（Domain Forest）。在同一域林中的域树的信任关系，也是双向可传递的。

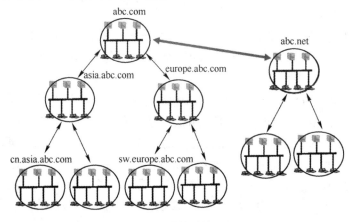

图 3-12　域林

2．活动目录的物理结构

活动目录的物理结构与逻辑结构有很大不同，它们是彼此独立的两个概念。逻辑结构侧重于网络资源的管理，而物理结构则侧重于网络的配置和优化。活动目录的物理结构主要着眼于活动目录信息的复制和用户登录网络时的性能优化。物理结构的两个重要概念是站点和域控制器。

（1）站点

站点由一个或多个 IP 子网组成，这些子网通过各种网络设备连接在一起。站点往往由企业的物理位置分布情况决定，可以依据站点结构配置活动目录的访问和复制拓扑关系，这样能使得网络更有效地连接，并且可使复制策略更合理，用户登录更快速。站点与域是两个完全独立的概念，一个站点中可以有多个域，多个站点也可以位于同一域中。

活动目录站点和服务，可以通过使用站点提高大多数配置目录服务的效率。可以通过使用活动目录站点和服务，向活动目录发布站点的方法提供有关网络物理结构的信息，活动目录使用该信息确定如何复制目录信息和处理服务的请求。

计算机站点是根据其在子网或一组已连接好子网中的位置指定的，子网提供一种表示网络分组的简单方法，这与常见的邮政编码将地址分组类似。将子网格式化成可方便发送有关网络与目录连接物理信息的形式，将计算机置于一个或多个连接好的子网中，充分体现了站点所有计算机必须连接良好这一标准，原因是同一子网中计算机的连接情况通常优于网络中任意选取的计算机。

(2) 域控制器

域控制器是指运行 Windows Server 的服务器，它保存了活动目录信息的副本。域控制器管理目录信息的变化，并把这些变化复制到同一个域中的其他域控制器上，使各域控制器上的目录信息同步。域控制器也负责用户的登录过程以及其他与域有关的操作，比如身份鉴定、目录信息查找等。一个域可以有多个域控制器。规模较小的域可以只需要两个域控制器，一个实际使用，另一个用于容错性检查，规模较大的域可以使用多个域控制器。

尽管活动目录支持多主机复制方案，然而由于复制引起的通信流量以及网络潜在的冲突，变化的传播并不一定能够顺利进行，因此有必要在域控制器中指定全局目录服务器以及操作主机。全局目录是一个信息仓库，包含活动目录中所有对象的一部分属性，往往是在查询过程中访问最为频繁的属性。利用这些信息，可以定位到任何一个对象实际所在的位置。

全局目录服务器是一个域控制器，它保存了全局目录的一份副本，并执行对全局目录的查询操作。全局目录服务器可以提高活动目录中大范围内对象检索的性能，比如在域林中查询所有的打印机操作。如果没有一个全局目录服务器，那么这样的查询操作必须调动域林中每一个域的查询过程。如果域中只有一个域控制器，那么它就是全局目录服务器；如果有多个域控制器，那么管理员必须把一个域控制器配置为全局目录控制器。

3.1.3 域中的计算机类型

在域结构的网络中，计算机之间是一种不平等的关系，存在 4 种类型。

1）域控制器：域控制器类似于网络"看门人"，用于管理所有的网络访问，包括登录服务器、访问共享目录和资源。域控制器存储了所有域范围内的账户和策略信息，包括安全策略、用户身份验证信息和账户信息。在网络中，可以有多台计算机配置为域控制器，以分担用户的登录和访问。多个域控制器可以一起工作，自动备份用户账户和活动目录数据，即使部分域控制器瘫痪后，网络访问仍然不受影响，提高网络安全性和稳定性。

2）成员服务器：成员服务器是指安装了 Windows Server 操作系统，又加入了域的计算机，但没有安装活动目录，这时服务器的主要目的是提供网络资源，也被称为现有域中的附加域控制器。成员服务器通常具有以下类型服务器的功能：文件服务器、应用服务器、数据库服务器、Web 服务器、证书服务器、防火墙、远程访问服务器、打印服务器等。

3）独立服务器：独立服务器和域没有什么关系，如果服务器不加入域中也不安装活动目录，就称为独立服务器。独立服务器可以创建工作组，和网络上的其他计算机共享资源，但不能获得活动目录提供的任何服务。

4）域中的客户端：域中的计算机还可以是安装了 Windows XP/Vista/7/10 等其他操作系统的计算机，用户利用这些计算机和域中的账户，就可以登录到域，成为域中的客户端。域用户通过域的安全验证后，即可访问网络中的各种资源。

服务器的类型可以改变，例如服务器在删除活动目录后，如果是域中最后一个域控制器，则使该服务器成为独立服务器，如果不是域中唯一的域控制器，则将使该服务器成为成员服务器。同时独立服务器既可以转换为域控制器，也可以加入某个域成为成员服务器。

3.2 新手任务——安装 Windows Server 2016 域控制器

【任务描述】

企业网络采用域的组织结构，可以使得局域网的管理工作变得更集中、更容易、更方便。虽然活动目录具有强大的功能，但是安装 Windows Server 2016 操作系统时并未自动生成活动目录。因此，管理员必须通过安装活动目录来建立域控制器，并通过活动目录的管理来实现针对各种对象的动态管理与服务。同时客户机登录域的操作是组建域网络必不可少的部分，也是网络管理员应该熟练掌握的基本技能之一。

【任务目标】

作为网络管理员，只有明确安装域控制器的条件和准备工作，掌握域网络的组建流程和操作技术，才能在服务器上安装好 Windows Server 2016 操作系统。为此，可以启用活动目录安装向导，成功安装活动目录后，使一个独立服务器升级为域控制器。同时通过任务，还应能够区分登录窗口，例如是登录域而不是登录本机的登录框。

3.2.1 建立第一台域控制器

活动目录是 Windows Server 2016 非常关键的服务，它不是孤立的，与许多协议和服务有着非常紧密的关系，并涉及整个操作系统的结构和安全。因此，活动目录的安装并非一般 Windows 组件那样简单，必须在安装前完成一系列的准备，注意事项如下。

1）文件系统和网络协议：Windows Server 2016 所在的分区必须是 NTFS，同样活动目录必须安装在 NTFS 分区，服务器要正确安装网卡驱动程序，并启用 TCP/IP。

2）域结构规划：活动目录可包含多个域，只有合理地规划目录结构，才能充分发挥活动目录的优越性。在组建一个全新的 Windows Server 2016 网络时，所安装的第一台域控制器将生成第一个域，这个域也被称为根域，选择根域最为关键。

根域名字的选择可以有以下三种方案：①使用一个已经注册的 DNS 域名作为活动目录的根域名，使得企业的公共网络和私有网络使用同样的 DNS 名字；②使用一个已经注册的 DNS 域名的子域名作为活动目录的根域名；③活动目录使用与已经注册的 DNS 域名完全不同的域名，使企业网络在内部和互联网上呈现出两种完全不同的命名结构。

3）域名策划：目录域名通常是该域的完整 DNS 名称，如"abc.net"。同时，为了确保向下兼容，每个域还应当有一个与 Windows 2000 Server 以前版本相兼容的名称，如"abc"。

在使用 TCP/IP 的网络中，DNS 是用来解决计算机名字和 IP 地址的映射关系的。活动目录和 DNS 的关系密不可分，它使用 DNS 服务器来登记域控制器的 IP 地址、各种资源的定位等，因此在一个域林中至少要有一个 DNS 服务器存在。Windows Server 2016 中的域也是采用 DNS 的格式来命名的，在安装域控制器时，操作系统将同时安装 DNS 服务。

为了本任务说明的方便，以图 3-13 中的拓扑为样本，在该网络的域林中有两个域树：nos.com 和 iot.com，其中 nos.com 域树下有 win.nos.com 子域，在 nos.com 域中有两个域控制器，a.nos.com 和 b.nos.com；win.nos.com 子域中除了有一个域控制器（b.win.nos.com）外，还有一个成员服务器（a.win.nos.com）。先创建 nos.com 域树，再创建 iot.com 域树，将其加入林中。

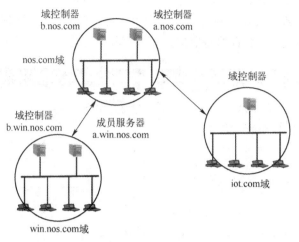

图 3-13 网络规划拓扑图

用户要将自己的服务器配置成域控制器,应该首先安装活动目录,以发挥活动目录的作用。系统提供的活动目录安装向导,可以帮助用户配置自己的服务器,如果网络没有其他域控制器,可将服务器配置为域控制器,并新建子域、新建域目录树。如果网络中有其他域控制器,可以将服务器设置为附加域控制器,加入旧域、旧目录树。

在 Windows Server 2016 中安装活动目录可以参照下述步骤进行操作。

1)在"服务器管理器"仪表板中,单击"添加角色和功能"选项来安装"Active Directory 域服务"角色,和前面介绍安装"Hyper-V"角色的操作基本上差不多,在此不一一阐述,只简要介绍操作中不同的地方。"开始之前""安装类型""服务器选择"等界面和前文一样,在"添加角色和功能向导"界面中,勾选"Active Directory 域服务"角色,如图 3-14 所示,列举了 Active Directory 域服务所需要的管理工具等。

2)单击"下一步"按钮,依次在"功能"→"AD DS"对话框中进行相应的设置,如图 3-15 所示,在"确认"对话框,如果确认无误可以单击"安装"按钮开始安装。

图 3-14 选择"服务器角色"界面

图 3-15 "Active Directory 域服务"界面

3)安装过程所花费的时间并不是很长,安装完毕会自动打开"服务器管理器"的仪表板,和未安装 Active Directory 域服务以前相比,仪表板上多了"AD DS"的服务器图标,如图 3-16 所示。

4）可以看到 Active Directory 域服务已经安装，但此时当前服务器还未作为域控制器运行，因此需要单击仪表板上部出现黄色惊叹号的"任务"图标，提示部署服务后应进行相应的配置，在弹出的面板中选择"将此服务器提升为域控制器"选项，如图3-17 所示。

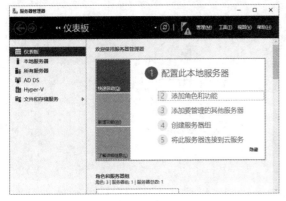
图 3-16 服务器管理器仪表板

图 3-17 部署后配置

5）进入"Active Directory 域服务配置向导"的"部署配置"对话框，如图 3-18 所示。如果以前在同一网络中其他服务器上安装过 Active Directory，可以选择"将域控制器添加到现有域"或"将新域添加到现有林"选项，由于本次操作是第一次配置域服务，应选择"添加新林"选项，在"根域名"区域输入规划好的域名"nos.com"。

6）单击"下一步"按钮，进入"域控制器选项"界面，如图 3-19 所示，默认选择"林功能级别"为"Windows Server 2016"，"域功能级别"为"Windows Server 2016"，"指定域控制器功能" 默认勾选"域名系统（DNS）服务器"复选框，设置目录服务还原模式的密码。

图 3-18 "部署配置"界面　　　　　　　　图 3-19 "域控制器选项"界面

① 此处所选择的林功能级别为 "Windows Server 2016"，此时域功能级别只能选择 "Windows Server 2016"。若选择其他林功能级别，此处可以选择其他域功能级别，不同的林功能级别和域功能级别有不同的特点。

② 系统会检测是否有已安装好的 DNS，由于没有安装其他的 DNS 服务器，系统会自动选择"域名系统（DNS）服务器"复选框来一并安装 DNS 服务，使得该域

控制器同时也作为一台 DNS 服务器，该域的 DNS 区域及该区域的授权会被自动创建。由于林中的第一台域控制器必须是全局编录服务器，且不能是只读域控制器（RODC），所以这两个复选框为灰色，为不可选状态。

③ 输入目录服务还原模式密码：目录还原模式是一个安全模式，进入此模式可以修复 AD DS 数据库，不过进入目录服务还原模式前需输入此处所设置的密码。

7）单击"下一步"按钮，进入"DNS 选项"界面，如图 3-20 所示，"指定 DNS 委派"选项出现警告信息。DNS 委派是指 DNS 服务器将某些区域的解析委托给其他 DNS 服务器负责，DNS 区域的委派是针对子域 DNS 区域而言的，目前是配置第一个域，所以就无所谓委派了，可以忽略。

8）单击"下一步"按钮，进入"其他选项"界面，如图 3-21 所示，系统会自动出现默认的 NetBIOS 域名，NetBIOS 名称的意义在于，让其他早期 Windows 版本的用户可以识别新域，有点类似计算机名称的作用。

图 3-20 "DNS 选项"界面

图 3-21 "其他选项"界面

9）单击"下一步"按钮，进入"路径"界面，如图 3-22 所示，需要指定数据库、日志文件和 SYSVOL 所在的卷及文件夹的位置。

注意：数据库存储有关用户、计算机和网络中的其他对象的信息。日志文件记录与活动目录服务有关的活动，例如有关当前更新对象的信息。SYSVOL 存储组策略对象和脚本。默认情况下，SYSVOL 是位于%windir%目录中的操作系统文件的一部分，必须位于 NTFS 分区。如果在计算机上安装有独立磁盘冗余阵列（Redundant Array of Independent Disks，RAID）或几块磁盘控制器，建议将数据库和日志文件分别存储在不包含程序或者其他非目录文件的不同卷（或磁盘）上，因为两块硬盘分开工作可以提高读写效率，而且分开存储可以避免两份数据同时出现问题，以提高 AD DS 数据库的能力。

10）单击"下一步"按钮，进入"查看选项"界面，显示要安装的 Active Directory 服务相关的管理工具和模块等，单击"下一步"按钮，进入"先决条件检查"界面，如图 3-23 所示，如果所有先决条件检查都成功通过，就可以直接单击"安装"按钮，否则就要根据界面提示先排除问题，有些小的问题可以忽略不计。

图 3-22 "路径"界面　　　　　　　　　图 3-23 "先决条件检查"界面

11）安装完成后会要求重新启动计算机，此时的登录界面和以前有些不同：系统管理员"Administrator"名称添加了 NetBIOS 名"NOS"，单击登录界面左下角用户图标，可以在域管理员用户与其他用户之间切换，如图 3-24 所示。

12）以系统管理员身份登录安装域的计算机之后，选择"开始"→"Windows 管理工具"命令，查看 Windows Server 2016 的管理工具安装域前后出现的变化，如图 3-25 所示。

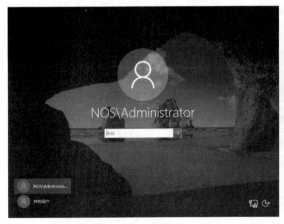

图 3-24 域登录界面　　　　　　　　　图 3-25 新添加的管理工具

1）菜单中增加了有关活动目录的多个管理工具，其中，"Active Directory 管理中心"可以在活动目录中管理和发布信息，执行常见的活动目录对象管理任务；"Active Directory 用户和计算机"用于管理活动目录的对象、组策略和权限等；"Active Directory 域和信任关系"用于管理活动目录的域和信任关系；"Active Directory 站点和服务"用于管理活动目录的物理结构站点；"ADSI 编辑器"可以通过

脚本技术实现活动目录的自动化操作，还可以通过查询目录来快速获得目录信息；"DNS"用来管理与配置 DNS 服务器；新的管理方式"Active Directory 管理中心"构建在 Windows Powershell 技术之上，域管理员管理域的每个操作都可以通过"Windows Powershell 历史记录"显示详细的处理过程。

2）在活动目录安装之后，不但服务器的开机和关机时间变长，而且系统的执行速度也变慢，所以如果用户对某个服务器没有特别要求或不把它作为域控制器来使用，可将该服务器上的活动目录删除，使其降级成为成员服务器或独立服务器。要删除活动目录，打开"开始"菜单，选择"运行"命令，打开"运行"对话框，输入"dcpromo"命令，然后单击"确定"按钮，打开"Active Directory 安装向导"对话框，并按照向导的提示进行删除即可。

安装了域的服务器的配置会发生比较大的变化，主要表现在以下两个方面。

1）计算机名称和网络类型：在系统属性"计算机名"选项卡中，发现计算机名称已由"Ycserver2016"变成"Ycserver2016.nos.com"，原来工作组"Workgroup"变成域"nos.com"，如图 3-26 所示。注意此时服务器已变成了域控制器，单击"更改"按钮，已不再能更改服务器计算机名和网络类型。

2）服务器 DNS 设置：在"Internet 协议版本 4（TCP/IPv4）"属性对话框中，发现首选 DNS 服务器地址由原来的"192.168.1.1"变为"127.0.0.1"，并删除了原来备用 DNS 服务器的设置地址"202.103.24.68"，如图 3-27 所示。

图 3-26 "计算机名"选项卡

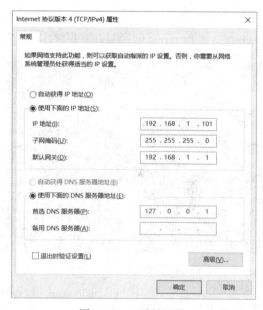

图 3-27 IP 地址设置

安装完成之后，可以在服务器上确认域控制器是否安装成功，具体的方法如下。

1）由于域中的所有对象都依赖于 DNS 服务，因此，首先应该确认与域控制器集成的 DNS 服务器的安装是否正确：执行"开始"→"所有程序"→"Windows 管理工具"→"DNS"命令，打开如图 3-28 所示的窗口，选择"正向查找区域"选项，可以看到与域控制器集成的正向查找区域的多个子目录，这是域控制器安装成功的标志。

2）域控制器是活动目录的存储位置，相当于一个单位的门卫一样，应确认这个"门卫"是否存在：执行"开始"→"所有程序"→"Windows 管理工具"→"Active Directory 用户和计算机"命令，在"Active Directory 用户和计算机"窗口中双击"Domain Controllers"选项，可以看到安装成功的域控制器图标，如图 3-29 所示。

图 3-28 "DNS 管理器"窗口　　　　　图 3-29 "Active Directory 用户和计算机"窗口

3）执行"开始"→"命令提示符"命令，进入 DOS 命令提示符状态，输入"nslookup"，在交互式模式下输入"nos.com"，若能查询到它的地址"192.168.1.101"，则代表域控制器所依赖的 DNS 服务器配置成功，如图 3-30 所示。

4）执行"开始"→"命令提示符"命令，进入 DOS 命令提示符状态，输入"ping nos.com"，若能 ping 通，则代表域控制器成功安装，如图 3-31 所示。

图 3-30 "nslookup"命令　　　　　图 3-31 "ping"命令

① nslookup 是一个监测网络中 DNS 服务器是否能正确实现域名解析的命令行工具，它用来向 Internet 域名服务器发出查询信息。

② ping（Packet Internet Groper，因特网包探测器）是 Windows 系统自带的一个可执行命令，用于测试网络连接量的程序。ping 发送一个 ICMP 回声请求消息给目的地，并报告是否收到所希望的 ICMP 回声应答。一般用于检测网络通与不通，用时延来表示，其值越大，速度越慢。

它是用来检查网络是否通畅或者网络连接速度的命令。对网络管理员来说，这是一个必须掌握的命令。它所利用的原理是这样的：网络上的计算机或设备都有唯一的 IP 地址，给目标 IP 地址发送一个数据包，对方就要返回一个同样大小的数据包，根据返回的数据包可以确定目标主机的存在，用好它可以很好地帮助我们分析判定网络故障。

3.2.2　客户机登录到域

域中的客户机既可以是安装了 Windows 10 操作系统的计算机，也可以是 Windows Server

2016 操作系统的服务器。前者成为普通的域工作站,后者将成为域的成员服务器。安装 Windows 系列操作系统的各类客户机加入域的操作过程十分相似。下面仅以安装 Windows 10 操作系统的客户机为例,对于安装了其他操作系统的客户机,可以参照进行。

1)首先以 Windows 10 计算机管理员的身份登录本机,由于在设置客户端时会更改本机的设置,因此必须先以本机管理员的身份登录,否则系统的许多选项不能更改。登录时,"用户名"文本框应输入"Administrator","密码"文本框应输入在系统安装过程中确定的管理员密码。此时,登录使用的用户名及密码,会在本机的目录数据库中进行登录验证。

2)在需要加入域的计算机上,执行"开始"→"控制面板"→"系统和安全"→"系统"命令,在打开的"查看有关计算机基本信息"窗口中,单击"更改设置"按钮,弹出系统属性"计算机名"选项卡,如图 3-32 所示。

3)单击"更改"按钮,打开"计算机名称更改"对话框,在"隶属于"选项区中,选中"域"单选按钮,输入 Windows 10 工作站要加入的域名"nos.com",单击"确定"按钮,系统要求输入用户管理员名称和密码。注意:此时应输入在域控制器中具有将计算机加入域权限的用户账号(NOS\Administrator)以及相应的密码,而不是计算机本身的系统管理员账号和密码。

4)如果域控制器验证通过后,弹出"计算机名/域更改"的对话框,表示本地计算机已经成功加入域"nos.com",如图 3-33 所示。

图 3-32 "计算机名"选项卡

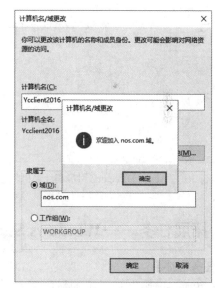
图 3-33 "计算机名/域更改"对话框

5)单击"确定"按钮,系统会要求重新启动计算机。当计算机重新启动后,可以使用两种方式登录:本地用户账户与域用户账户。本地用户账户是经常使用的方式,如图 3-34 所示,系统默认使用本地系统管理员"Administrator"身份登录,只要输入本地系统管理员的密码就可以登录,将使用本地计算机的目录数据库进行登录数据的验证。

6)使用域用户账户登录,在登录界面中单击"其他用户",如图 3-35 所示,输入域系统管理员的账户名"NOS\Administrator"与密码来登录,通过网络上传到域控制器中的活动目录数据库中进行验证。

图 3-34 本地用户账户登录

图 3-35 域用户账户登录

7)使用域用户账户成功登录进入系统之后,在域控制器上执行"开始"→"所有程序"→"Windows 管理工具"→"Active Directory 用户和计算机"命令,在"Active Directory 用户和计算机"窗口,双击"Computers"选项,可以看到刚刚成功加入域的计算机图标,如图 3-36 所示。

8)在使用域用户账户成功登录进入 Windows 10 系统之后,系统桌面看似没有什么变化,但此时和本地用户账户登录有很多区别,例如不能进行桌面图标的设置,如图 3-37 所示,提示没有适当的权限访问项目。后面将会深入学习相关权限的设置。

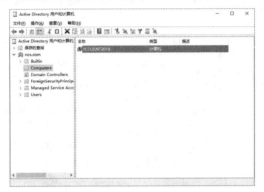
图 3-36 "Active Directory 用户和计算机"窗口

图 3-37 不能更改桌面图标

3.3 拓展任务——Windows Server 2016 域控制器的管理

【任务描述】

域控制器安装之后,附加域控制器、子域、树域的创建,并使用管理工具里的"Active Directory 用户和计算机""Active Directory 域和信任关系""Active Directory 站点和服务"等菜单进行活动目录的管理。

【任务目标】

通过任务熟悉附加域控制器、子域、树域的创建,熟悉活动目录域和信任关系的建立以及掌握活动目录域站点间与站点内的复制及管理。

3.3.1 创建附加域控制器

通常情况下,一个功能强大的网络中至少应设置两台域控制器,即一台主域控制器和一台附加域控制器。网络中的第一台安装活动目录的服务器通常会默认被设置为主域控制器，其他域控制器（可以有多台）称为附加域控制器，主要用于主域控制器出现故障时及时接替其工作，继续提供各种网络服务，不致造成网络瘫痪，以及备份数据的作用。

前面已经介绍了如何创建一台全新的域控制器，即主域控制器，其实附加域控制器的安装过程与之类似，只是在选择域控制器类型时选择不同而已，具体操作步骤如下。

1）在一台已安装好 Windows Server 2016 的服务器上进行创建附加控制器的相关设置（激活系统并设置 IP 地址和主域控制器在同一个网段，如：IP192.168.1.103、子网掩码 255.255.255.0、网关 192.168.1.1、DNS192.168.1.101，计算机名为"Ycserver2016T"等）。

2）在服务器"服务器管理器"仪表板中，单击"添加角色和功能"来安装"Active Directory 域服务"角色，安装方法前面已介绍过，操作步骤是一样的，当 Active Directory 域服务安装完毕，单击仪表板中的"任务"图标，在弹出的面板中选择"将此服务器提升为域控制器"选项。

3）进入"Active Directory 域服务配置向导"的"部署配置"对话框，如图 3-38 所示。由于是进行附加域的创建，应选择"将域控制器添加到现有域"选项，在"域"区域主域控制器的域名"nos.com"下方单击"更改"按钮，在弹出的"Windows 安全性"对话框中，输入"nos.com"域管理员用户名和密码。

4）单击"下一步"按钮，在"域控制器选项"→"DNS 选项"对话框中进行设置，和主域控制器的配置是一样的，不同的是在"其他选项"对话框中，如图 3-39 所示，安装可以指定从介质安装的选项，设置指定的路径（如 C:\InstalltionMedia）来复制 AD DS 数据库，也可以指定其他复制选项，直接从其他任何一台域控制器来复制 AD DS 数据库，此时图中只有"Ycserver2016.nos.com"这一台域控制器，应选择这台主域控制器。

图 3-38 "部署配置"对话框

图 3-39 "其他选项"对话框

5）单击"下一步"按钮，在"路径"→"查看选项"→"先决条件检查"对话框中，指定数据库、日志文件和 SYSVOL 所在的卷及文件夹的位置，查看要安装的 Active Directory 服务管理工具和模块，并进行附加域的安装先决条件的检查，如果先决条件检查通过，就可单击"安装"按钮进行安装。

6）安装完成后会要求重新启动服务器，此时的登录界面和主域控制器一样，系统管理员"Administrator"名称添加了 NetBIOS 名"NOS"，单击登录界面左下角用户图标，可以在域管理员用户与其他用户之间切换，以域用户系统管理员身份登录安装附加域的服务器。

7）和主域控制器安装一样，附加域的服务器也发生了比较大的变化，例如：在系统属性"计

73

算机名"选项卡中,发现计算机名称已由"Ycserver2016T"变成"Ycserver2016T.nos.com",原来的工作组"Workgroup"变成域"nos.com",如图 3-40 所示。

8)主域控制器和附加器控制器的管理工具和对象是一模一样的,例如在主域和附加器控制器上,执行"开始"→"所有程序"→"Windows 管理工具"→"Active Directory 用户和计算机"命令,在"Active Directory 用户和计算机"窗口中双击"Domain Computers"选项,可以看到刚刚成为附加域控制器的计算机图标,如图 3-41 所示。

 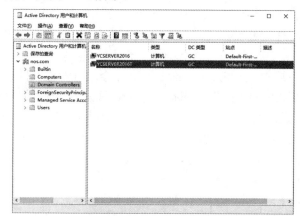

图 3-40 "计算机名"选项卡　　　　图 3-41 "Active Directory 用户和计算机"窗口

3.3.2 创建子域

为了使文件分类更加详细,管理更加简便,往往需要在指定文件夹下创建多个不同名称的子文件夹。企业网络的管理同样可以采用这种方法,根据内部分工的不同为每个部门创建不同的域,进而为同一部门下不同的小组创建子域。这样不仅方便管理,而且可以对不同的小组进行横向比较。

当需要更为详细地划分某个域范围或者空间时,需要创建子域,建成子域后该域也就成了父域,其下所有的子域名称中均包含其(父域)名称。

创建子域的过程和创建主域控制器的过程基本相似,以在 nos.com 的域下面创建 win 子域为例,介绍其具体的操作步骤。

1)在一台已安装好 Windows Server 2016 的服务器上进行创建子域的相关设置(激活系统并设置 IP 地址和主域控制器在同一个网段,例如:IP192.168.1.105、子网掩码 255.255.255.0、网关 192.168.1.1、DNS192.168.1.101,计算机名为"Ycserver2016S"等)。

2)在服务器"服务器管理器"仪表板中,单击"添加角色和功能"来安装"Active Directory 域服务"角色,安装方法前面已介绍过,操作步骤是一样的,当 Active Directory 域服务安装完毕,单击仪表板中的"任务"图标,在弹出的面板中选择"将此服务器提升为域控制器"选项。

3)进入"Active Directory 服务配置向导"的"部署配置"对话框,选择"将新域添加到现有林"选项,并指定操作域的信息:选择域的类型为"子域",父域名"nos.com",新域名为"nos.com",单击"更改"按钮,在弹出的"Windows 安全性"对话框中,输入"nos.com"域管理员用户名和密码,通过验证后如图 3-42 所示。

4)单击"下一步"按钮,在"域控制器选项"→"DNS 选项"对话框中进行设置,"域控制器选项"和主域控制器的配置是一模一样的,"DNS 选项"的设置和主域控制器就有了很大的不同，如图 3-43 所示。由于部署环境的需要，搭建子域，有时由于物理距离较远或是主域的负载很重，不好使用主域的 DNS 进行站点解析，此时需要搭建子域的 DNS 服务器，配合子域的域控制器进行工作。

图 3-42 "部署配置"对话框

图 3-43 "DNS 选项"对话框

5）单击"下一步"按钮，在"其他选项"→"路径"→"查看选项"→"先决条件检查"对话框中，对安装的子域进行设置，和主域控制器的设置基本上是一样的，如果先决条件检查通过，就可单击"安装"按钮进行安装。

6）安装完成后会要求重新启动服务器，此时的登录界面和主域控制器一样，如图 3-44 所示：系统管理员"Administrator"名称添加了 NetBIOS 名"WIN"，单击登录界面左下角用户图标，可以在域管理员用户与其他用户之间切换，以子域用户系统管理员身份登录子域服务器。

7）和主域控制器安装一样，子域的服务器也发生了比较大的变化，除了计算机名称和域名被更改之外，最大的变化还是 DNS 服务器的变化：子域服务器 IP 地址设置中，首选 DNS 服务器被系统修改为"127.0.0.1"，如图 3-45 所示，也就是指向了自身，子域服务器将承担"win"子域的 DNS 解析工作。

图 3-44 子域用户账户登录

图 3-45 子域服务器 IP 地址

8）子域服务器也有和主域控制器一样的管理工具，但管理对象发生了变化，例如在主域和附加器控制器上，执行"开始"→"所有程序"→"Windows 管理工具"→"Active Directory 用户和计算机"命令，在"Active Directory 用户和计算机"窗口，双击"Computers"选项，可以看到刚刚成为子域服务器的计算机图标，但是看不到主域控制器的计算机图标，如图 3-46 所示。

9）由于域中的所有对象都依赖于 DNS 服务，因此，首先应该确认与子域集成的 DNS 服务器的安装是否正确：选择"开始"→"所有程序"→"Windows 管理工具"→"DNS"命令，打开如图 3-47 所示的窗口，选择"正向查找区域"选项，可以看到与子域服务器集成的正向查找区域的多个子目录，这是子域安装成功的标志。

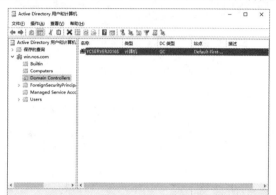

图 3-46　子域"Active Directory 用户和计算机"　　　图 3-47　子域"DNS 管理器"窗口

10）执行"开始"→"命令提示符"命令，进入 DOS 命令提示符状态，输入"nslookup"，在交互式模式下输入"win.nos.com"，若能查询到它的地址"192.168.1.105"，则代表子域服务器所依赖的 DNS 服务器配置成功，如图 3-48 所示。

11）执行"开始"→"命令提示符"命令，进入 DOS 命令提示符状态，输入"ping win.nos.com"，若能 ping 通，则代表子域创建成功，如图 3-49 所示。

图 3-48　"nslookup"命令　　　　　　　　　　图 3-49　"ping"命令

3.3.3　创建林中的第二个域树

在前面已经建立域树中的第一个域"nos.com"，这是网络中的主域控制器，同时也是域树的根域。现在在这个林中创建第二个域树"iot.com"。创建树域的过程和创建主域控制器的过程基本相似，具体的操作步骤如下。

1）在一台已安装好 Windows Server 2016 的服务器上进行创建树域的相关设置（激活系统并设置 IP 地址和主域控制器在同一个网段，例如：IP192.168.1.107、子网掩码 255.255.255.0、网关 192.168.1.1、DNS192.168.1.101，计算机名为"Ycserver2016B"等）。

2）在服务器"服务器管理器"仪表板中，单击"添加角色和功能"来安装"Active Directory

域服务"角色,安装方法前面已介绍过,操作步骤是一样的。当 Active Directory 域服务安装完毕,单击仪表板"任务"图标,在弹出的面板中选择"将此服务器提升为域控制器"选项。

3)进入"Active Directory 服务配置向导"的"部署配置"界面,选择"将新域添加到现有林"选项,并指定操作域的信息:选择域的类型为"树域",林名称"nos.com",新域名为"iot.com",单击"更改"按钮,在弹出的"Windows 安全性"对话框中输入"nos.com"域管理员用户名和密码,通过验证后如图 3-50 所示。

4)单击"下一步"按钮,在"域控制器选项"→"DNS 选项"界面中进行设置,"域控制器选项"和主域控制器的配置是一模一样的,"DNS 选项"的设置和主域控制器是一样的,和子域的"DNS 选项"设置不一样,如图 3-51 所示。

图 3-50 "部署配置"界面　　　　　　　　图 3-51 "DNS 选项"界面

5)单击"下一步"按钮,在"其他选项"→"路径"→"查看选项"→"先决条件检查"对话框中,对安装的子域进行设置,和主域控制器的设置基本上是一样的,如果先决条件检查通过,就可单击"安装"按钮进行安装。

6)安装完成后会要求重新启动服务器,此时的登录界面和主域控制器一样,如图 3-52 所示:系统管理员"Administrator"名称添加了 NetBIOS 名"IOT",单击登录界面左下角用户图标,可以在域管理员用户与其他用户之间切换,以树域用户系统管理员身份登录树域服务器。

7)树域所依赖的 DNS 服务器就是本身树域服务器:执行"开始"→"所有程序"→"Windows 管理工具"→"DNS"命令,打如图 3-53 所示的窗口,选择"正向查找区域"选项,可以看到与树域服务器集成的正向查找区域的多个子目录,这是树域安装成功的标志。

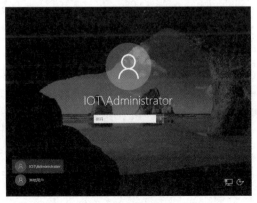 

图 3-52 树域用户账户登录　　　　　　　　图 3-53 "DNS 管理器"窗口

8）执行"开始"→"命令提示符"命令，进入 DOS 命令提示符状态，输入"nslookup"，在交互式模式下输入"iot.com"，若能查询到它的地址"192.168.1.107"，则代表树域服务器所依赖的 DNS 服务器配置成功。

9）执行"开始"→"命令提示符"命令，进入 DOS 命令提示符状态，输入"ping iot.com"，若能 ping 通，则代表树域创建成功。

3.3.4 域的管理工具

域控制器安装完成之后，通过执行"开始"→"所有程序"→"Windows 管理工具"命令，可以看到新增了一些域的管理工具，这些是网络管理员管理域网络重要的工具。

1. Active Directory 管理中心

Windows Server 2008 之后的版本，除"Active Directory 用户和计算机"管理单元外，域管理员可以使用"Active Directory 管理中心"管理，如图 3-54 所示。"Active Directory 管理中心"并不能完成域中所有的管理工作，主要用来管理组织单位、组、用户以及计算机等方面的域对象。针对域可以进行更改域控制器、提升域功能级别、提升林功能级别等操作，并启用回收站。特别是启用回收站功能，删除的域对象首先被存放到回收站中，但域管理员发现误操作后，可以从回收站中恢复删除的域对象。以前版本的域环境中，域对象删除后如果要恢复被删除的域对象，比较烦琐。

在"Active Directory 管理中心"中可以选择具体的域对象，例如选择了域控制器"Domain Controllers"，除了新建用户、计算机、组织单位等域对象，还可以创建只读域控制器账户等，如图 3-55 所示。同时"Active Directory 管理中心"构建在 Windows Powershell 技术之上，域管理员管理域的操作都可以通过"Windows Powershell 历史记录"显示出详细的处理过程。

图 3-54　Active Directory 管理中心　　　　图 3-55　Domain Controllers

2. Active Directory 用户和计算机

"Active Directory 用户和计算机"完成了 Active Directory 的创建，用户、计算机的添加，具有相应权限的用户，还可以创建、删除、修改、移动、锁定用户账户、禁用用户账户、重设密码、委派控制和设置存储在目录中的对象的权限。管理的对象包括组织单位、用户、联系人、组、计算机、打印机和共享的文件对象等，如图 3-56 所示。

Active Directory 用户和计算机管理的对象具体分类如下。

1）Builtin：域的默认组，包含很多管理组，每个组有各种用来管理用户权限的权限，使用组可以统一方便地管理一组用户的权限。

2）Computers：显示具体加入域的计算机。

3）Domain Controllers：域控制器计算机。

4）Foreign Security Principles：外部安全准则，存储来自有信任关系域的对象。

5）Managed Service Accounts：管理服务账户，绑定到单独的机器上，仅用于管理服务，所以不能用来登录，不需要指定密码，密码会由活动目录自动管理，根据密码策略（默认 30 天）自动刷新，方便用户设定权限。

6）Users：使用域服务的用户。

3．Active Directory 域和信任关系

任何一个网络中都可能存在两台甚至多台域控制器，而对于企业网络而言更是如此，因此域和域之间的访问安全自然就成了主要问题，Windows Server 2016 的活动目录为用户提供了信任关系功能，可以很好地解决这些问题。

信任关系是两个域控制器之间实现资源互访的重要前提，任何一个 Windows Server 2016 域被加入域目录树后，这个域都会自动信任父域，同时父域也会自动信任这个新域，而且这些信任关系具备双向传递性，如图 3-57 所示。

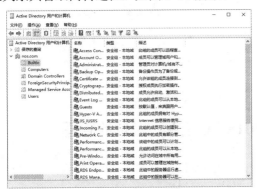

图 3-56　Active Directory 用户和计算机

图 3-57　Active Directory 域和信任关系

由于这个信任关系的功能是通过默认的 Kerberos 安全协议完成的，因此有时也被称为 Kerberos 信任。有时候信任关系并不是由加入域目录树或用户创建产生的，而是由彼此之间的传递得到的，这种信任关系也被称为隐含的信任关系。

4．Active Directory 站点和服务

活动目录站点复制服务，如图 3-58 所示，就是将同一 Active Directory 站点的数据内容保存在网络中不同的位置，以便所有用户快速调用，同时还可以起到备份的作用。Active Directory 站点复制服务使用的是多主机复制模型，允许在任何域控制器上更改目录。Active Directory 依靠站点概念来保持复制的效率，并依靠知识一致性检查器来自动确定网络的最佳复制拓扑。

Active Directory 站点复制可以分为两种类型。

1）站点间的复制：主要是指发生在处于不同地理位置的主机之间的 Active Directory 站点复制，站点之间的目录更新可根据可配置的日程安排自动进行，在站点之间复制的目录更新被压缩以节省带宽。

2）站点内的复制：可实现速度优化，站点内的目录更新根据更改通知自动进行，在站点内复制的目录更新并不压缩。对于站点内的某些目录更新，复制会立即发生，应用于重要的目录更新，包括账户锁定的指派以及账户锁定策略、域密码策略或域控制器账户上密码的更改等。

Active Directory 依靠站点配置信息来管理和优化复制过程。在某些情况下，Active Directory 可自动配置这些设置。此外，用户可以使用"Active Directory 站点和服务"为自己的网络配置与站点相关的信息，包括站点链接、站点链接桥和桥头服务器的设置等。

5. ADSI 编辑器

活动目录访问接口（Active Directory Service Interfaces，ADSI）编辑器是一个轻型目录访问协议（Lightweight Directory Access Protocol，LDAP）编辑器，用来管理 Active Directory 域服务中的对象和属性，如图 3-59 所示。它可以实现活动目录的自动化操作，完成任何通过 Active Directory 图形界面可以完成的工作，例如创建、删除、修改目录对象（容器、用户、组等），另外 ADSI 还可以通过查询目录来快速获得目录信息。

图 3-58　Active Directory 站点和服务

图 3-59　Active Directory 域和信任关系

3.4　项目实训——Windows Server 2016 域与活动目录的管理

1. 实训目标

1）理解域环境中四种不同的计算机类型。
2）熟悉 Windows Server 2016 域控制器、额外域控制器以及子域的安装。
3）掌握确认域控制器安装成功的方法。
4）了解活动目录的信任关系。
5）熟悉创建域之间的信任关系。

2. 实训设备

1）网络环境：已建好的千兆以太网络，包含交换机、五类（或超五类）UTP 直通线若干、三台或以上数量的计算机（计算机配置要求 CPU 最低 1.6GHz 以上 64 位，内存不小于 4096MB，硬盘空间不低于 120GB，有光驱和网卡）。

2）软件：①Windows Server 2016 安装光盘，或硬盘中有全部的安装程序；②Windows 10 安装光盘，或硬盘中有全部的安装程序；③VMWare Workstation 15.5 安装程序。

3. 实训内容

在五台计算机裸机（即全新硬盘中）上完成下述操作。

1）进入五台计算机的 BIOS，全部设置为从 CD-ROM 上启动系统。
2）在第一台计算机上进行全新的 Windows Server 2016 安装，要求如下。①安装 Windows Server 2016 标准版，主分区为 80GB，存放数据的分区为 40GB，管理员密码为

Nosadmin2016；②服务器配置：计算机名称 RSDZServer2016A，工作组为"office"；③设置计算机 IP 地址为 10.0.1.101，子网掩码为 255.255.255.0，网关设置为 10.0.1.254，DNS 地址为 202.103.6.46、114.114.114.114；④激活 Windows Server 2016；⑤在服务器上添加 Active Directory 服务器角色，域服务的根域名为 teacher.com。

3）在第二台计算机上进行全新的 Windows Server 2016 安装，要求如下。①安装 Windows Server 2016 标准版，主分区为 80GB，存放数据的分区为 40GB，管理员密码为 Nosadmin2016；②服务器配置：计算机名称 RSDZServer2016B，工作组为"office"；③设置计算机 IP 地址为 10.0.1.102，子网掩码为 255.255.255.0，网关设置为 10.0.1.254，DNS 地址为 202.103.6.46、114.114.114.114；④激活 Windows Server 2016；⑤在服务器上添加 Active Directory 服务器角色，将服务器添加到域"teacher.com"，作为附加域控制器。

4）在第三台计算机上进行全新的 Windows Server 2016 安装，要求如下。①安装 Windows Server 2016 标准版，主分区为 80GB，存放数据的分区为 40GB，管理员密码为 Nosadmin2016；②服务器配置：计算机名称 RSDZServer2016C，工作组为"office"；③设置计算机 IP 地址为 10.0.1.103，子网掩码为 255.255.255.0，网关设置为 10.0.1.254，DNS 地址为 202.103.6.46、114.114.114.114；④激活 Windows Server 2016；⑤在服务器上添加 Active Directory 服务器角色，将服务器作为域"teacher.com"的子域"nos.teacher.com"控制器。

5）在第四台计算机上进行全新的 Windows Server 2016 安装，要求如下。①安装 Windows Server 2016 标准版，主分区为 80GB，存放数据的分区为 40GB，管理员密码为 Nosadmin2016；②服务器配置：计算机名称 RSDZServer2016D，工作组为"office"；③设置计算机 IP 地址为 10.0.1.104，子网掩码为 255.255.255.0，网关设置为 10.0.1.254，DNS 地址为 202.103.6.46、114.114.114.114；④激活 Windows Server 2016；⑤在服务器上添加 Active Directory 服务器角色，将服务器作为域"teacher.com"的树域"student.com"控制器。

6）在第五台计算机上进行全新 Windows 10 安装，要求如下。①默认安装 Windows 10，主分区为 80GB，存放数据的分区为 40GB，管理员密码为 Nosclient2016。②计算机配置：计算机名称 RSDZClient2016，工作组为"office"。③设置计算机 TCP/IP，要求禁用 TCP/IPv6，设置计算机 TCP/IPv4 的 IP 地址为 10.0.1.5，子网掩码为 255.255.255.0，网关设置为 10.0.1.254，DNS 地址为 202.103.6.46、114.114.114.114。④分别利用 Windows 10 登录到 teacher.com、nos.teacher.com、student.com。

3.5 项目习题

一、填空题

（1）域树中的子域和父域的信任关系是_____、_____。

（2）活动目录存放在_____中。

（3）Windows Server 2016 服务器的三种角色是_____、_____、_____。

（4）独立服务器上安装了_____就升级为域控制器。

（5）域控制器包含了由这个域的_____、_____以及属于这个域的计算机等信息构成的数据库。

（6）活动目录中的逻辑单元包括_____、_____、域林和组织单元。

二、选择题

（1）下列（　　）信息不是域控制器存储的所有域范围内的信息。
  A．安全策略信息   B．用户身份验证信息
  C．账户信息   D．工作站分区信息

（2）活动目录和（　　）的关系密不可分，使用此服务器来登记域控制器的 IP、各种资源的定位等。
  A．DNS B．DHCP C．FTP D．HTTP

（3）下列（　　）不属于活动目录的逻辑结构。
  A．域树 B．域林 C．域控制器 D．组织单元

（4）活动目录安装后，管理工具里没有增加（　　）菜单。
  A．Active Directory 用户和计算机 B．Active Directory 域和信任关系
  C．Active Directory 站点和服务   D．Active Directory 管理

（5）网络中（　　）主要用于主域控制器出现故障时及时接替其工作，继续提供各种网络服务，不致造成网络瘫痪，以及具有备份数据的作用。
  A．成员服务器 B．独立服务器 C．附加域控制器 D．子域控制器

三、问答题

（1）为什么需要域？
（2）信任关系的目的是什么？
（3）为什么在域中常常需要 DNS 服务器？
（4）活动目录存放了何种信息？

项目 4 用户与组的管理

项目情境：

如何让网络更容易集中管理、更安全可靠？

瑞思达智是一家主营计算机系统集成、软件开发与测试、信息化设计与咨询等业务的网络科技公司，2011 年为上市公司湖北兴发集团改建了集团总部内部的业务网络，覆盖了国内各省分公司和办事处，近 2000 个节点，拥有各种类型的服务器 50 余台。集团各分公司的网络早期使用的都是工作组的管理模式，计算机没有办法集中管理，用户访问网络资源也没有办法进行统一身份验证，管理比较混乱。网络扩建后开始使用域模式来进行管理，作为技术人员，你如何在域环境中实现集中管理集团各公司计算机和域用户，以及实现身份验证？

项目描述：Windows Server 2016 系统是一个多用户多任务的分时操作系统，任何一个要使用系统资源的用户，都必须首先向管理员申请一个账号，然后以这个账号的身份进入系统。一方面可以帮助管理员对使用系统的用户进行跟踪，并控制他们对系统资源的访问，另一方面也可以利用组账户帮助管理员简化操作的复杂程度，降低管理的难度。

项目目标：
- 熟悉用户账户的创建与管理。
- 熟悉组账户的创建与管理。
- 理解内置的组。
- 掌握本地用户、组账户与域用户、域组账户的区别。

4.1 知识导航——用户与组的概念

4.1.1 用户账户概念

在计算机网络中，计算机的服务对象是用户，用户通过账户访问计算机资源，所以用户也就是账户。所谓用户的管理也就是账户的管理。每个用户都需要有一个账户，以便登录到域访问网络资源或登录到某台计算机访问该机上的资源。组是用户账户的集合，管理员通常通过组来对用户的权限进行设置从而简化了管理。

用户账户由一个账户名和一个密码来标识，二者都需要用户在登录时输入。账户名是用户的文本标签，密码则是用户的身份验证字符串，是在 Windows Server 2016 网络上的个人唯一标识。用户账户通过验证后登录到工作组或域内的计算机上，通过授权访问相关的资源，它也可以作为某些应用程序的服务账户。

账户名的命名规则如下。

- 账户名必须唯一，且不分大小写。
- 最多包含 20 个大小写字母和数字，输入时可超过 20 个字符，但只识别前 20 个字符。
- 不能使用保留字字符：" ^ [ ] : ; | = , + * ? < >。
- 可以是字母和数字的组合。
- 不能与组名相同。

为了维护计算机的安全，每个账户必须有密码，设立密码应遵循以下规则。

- 必须为 Administrator 账户分配密码，防止未经授权就使用。
- 明确是管理员还是用户管理密码，最好用户管理自己的密码。
- 密码的长度为 8～127 个字符。如果网络包含运行 Windows 95 或 Windows 98 的计算机，应考虑使用不超过 14 个字符的密码。如果密码超过 14 个字符，则可能无法从运行 Windows 95 或 Windows 98 的计算机登录到网络。
- 使用不易猜出的字母组合，例如不要使用自己的名字、生日以及家庭成员的名字等。
- 密码可以使用大小写字母、数字和其他合法的字符。

4.1.2 用户账户类型

在前面我们已经了解到，工作组和域都是由一些计算机组成的，例如可以把企业的每个部门组织成一个域或者一个工作组，这种组织关系和物理上计算机之间的连接没有关系，仅仅是是逻辑意义上的。企业的网络中可以创建多个工作组和多个域，工作组和域之间的区别可以归结为以下三点。

1）创建方式不同：工作组可以由任何一个计算机的管理员来创建，用户在系统的"计算机名称更改"对话框中输入新的组名，重新启动计算机后就创建了一个新组，每一台计算机都有权利创建一个组；而域只能由域控制器来创建，然后才允许其他的计算机加入这个域。

2）安全机制不同：在域中有可以登录该域的账户，这些由域管理员来建立；在工作组中不存在工作组的账户，只有本机上的账户和密码。

3）登录方式不同：在工作组方式下，计算机启动后自动就在工作组中；登录域时要提交域用户名和密码，只有用户登录成功之后，才被赋予相应的权限。

Windows Server 2016 提供了两种模式、四种类型的用户账户。

1．本地用户账户

本地用户账户对应工作组模式网络，建立在非域控制器的 Windows Server 独立服务器、成员服务器以及 Windows 7/10 等客户端。本地账户只能在本地计算机上登录，无法访问域中其他计算机资源。

本地计算机上都有一个管理账户数据的数据库，称为安全账户管理器（Security Accounts Manager，SAM）。SAM 数据库文件路径为系统盘下\Windows\system32\config\SAM。在 SAM 中，每个账户被赋予唯一的安全识别号（Security Identifier，SID），用户要访问本地计算机，都需要经过该机 SAM 中的 SID 验证。本地的验证过程，都由创建本地账户的本地计算机完成，没有集中的网络管理。

① 安全识别号在账号创建时就同时创建，一旦账号被删除，安全识别号也同时被删除。安全识别号是唯一的，即使是相同的用户名，在每次创建时获得的安全识别号都是完全不同的。因此，一旦某个账号被删除，它的安全识别号就不再存在了，即使用相同的用户名重建账号，也会被赋予不同的安全标识，不会保留原来的权限。

② SAM 是 Windows 系统账户管理的核心，如果禁用此服务，系统将不能进行添加用户、修改用户密码等操作，还可以导致一些服务无法正确启动。

③ SAM 数据库位于注册表 HKLM\SAM\SAM 下，受到 ACL 保护，可以使用 regedt32.exe 打开注册表编辑器并设置适当权限查看 SAM 中的内容。

④ SAM 数据库中包含所有组、账户的信息，包括密码 HASH、账户的 SID 等，SAM 数据库在磁盘上就保存在系统\Windows\system32\config\SAM 目录下，在这个目录下还包括一个 security 文件，是安全数据库的内容，和 SAM 数据库有不少关系。

2. 域用户账户

域账户对应域模式网络，域账户和密码存储在域控制器上的 Active Directory 数据库中，域数据库的路径为域控制器中的系统盘下\Windows\NTDS\NTDS.DIT。因此，域账户和密码受域控制器集中管理。用户可以利用域账户和密码登录域，访问域内资源。域账户建立在 Windows Server 2016 域控制器上，域用户账户一旦建立，会自动被复制到同域中的其他域控制器上。复制完成后，域中的所有域控制器都能在用户登录时提供身份验证功能。

3. 用户账户类型

Windows Server 2016 常用到四种类型的账户，不同类型账户的权限也不大相同。

- Administrator 账户：属于系统自建账户，拥有最高的权限，很多对系统的高级管理操作都需要使用该账户。系统管理员的默认名字是 Administrator，可以更改系统管理员的名字，但不能删除该账户。该账户无法被禁止，永远不会到期，不受登录时间和只能使用指定计算机登录的限制。
- DefaultAccount 账户：在安装完 Windows 后就会对计算机操作系统进行一些基本设置，如语言选项等，为预防开机自检阶段出现卡死等问题，微软专门设置了 DefaultAccount 账户。此账户默认情况下被禁用，一般不会影响用户的正常使用，如果用户不喜欢的话也可以删除此账户。
- Guest 账户：也叫来宾账户，是为临时访问计算机的用户提供的，该账户自动生成，且不能被删除，可以更改名字。Guest 只有很少的权限，默认情况下，该账户被禁止使用。例如，当希望网络中的用户都可以登录到自己的计算机，但又不愿意为每一个用户建立一个账户时，就可以启用 Guest。
- 标准用户账户：用户自建账户默认情况下都属于管理员账户，可以根据实际需要创建多个用户账户，同时也可以在创建账户时选择该账户属于管理员还是标准用户。例如，在多人共用一台计算机的环境中，可以将部分权限受到限制的用户设置为标准用户账户，这样就能进行一些基础操作。

4.1.3 组的概念

有了用户账户之后，为了简化网络的管理工作，Windows Server 中提供了用户组的概念。

用户组就是指具有相同或者相似特性的用户集合，可以把组看作一个班级，用户便是班级里的学生。当要给一批用户分配同一个权限时，就可以将这些用户都归到一个组中，只要给这个组分配此权限，组内的用户就都会拥有此权限。就好像给一个班级发了一个通知，班级内的所有学生都会收到这个通知一样，组是为了方便管理用户的权限而设计的。

组是指本地计算机或 Active Directory 中的对象，包括用户、联系人、计算机和其他组。在 Windows Server 2008 中，通过组来管理用户和计算机对共享资源的访问。如果赋予某个组访问某个资源的权限，这个组的用户都会自动拥有该权限。例如，网络部的员工可能需要访问所有与网络相关的资源，这时不必逐个向该部门的员工授予对这些资源的访问权限，而是可以使员工成为网络部的成员，以使用户自动获得该组的权限。如果某个用户日后调往另一部门，只需将该用户从组中删除，所有访问权限即会随之撤销。与逐个撤销对各资源的访问权限相比，该技术比较容易实现。

组一般用于以下三个方面：①管理用户和计算机对共享资源的访问，如网络各项文件、目录和打印队列等；②筛选组策略；③创建电子邮件分配列表等。

Windows Server 2016 同样使用唯一安全标识符 SID 来跟踪组，权限的设置都是通过 SID 进行的，而不是利用组名。更改任何一个组的账户名，并没有更改该组的 SID，这意味着在删除组之后又重新创建该组，不能期望所有权限和特权都与以前相同，新的组将有一个新的安全标识符，旧组的所有权限和特权已经丢失。

在 Windows Server 2016 中，用组账户来表示组，用户只能通过用户账户登录计算机，不能通过组账户登录计算机。

4.1.4 组的类型和作用域

与用户账户一样，可以分别在为本地计算机和域中创建组账户。

1．本地组账户

可以在 Windows Server 2016/2012/2008/2003/2000/NT 独立服务器或成员服务器、Windows XP/7/10 以及 Windows NT Workstation 等非域控制器的计算机上创建本地组。这些组账户的信息被存储在本地安全账户数据库（SAM）内。本地组只能在本地计算机中使用，它有两种类型：用户自建的组和系统内置的组（后面将详细介绍 Windows Server 2016 的内置组）。

2．域组账户

域组账户创建在 Windows Server 2016 的域控制器上，组账户的信息被存储在 Active Directory 数据库中，这些组能够被使用在整个域中的计算机上。

3．域组账户类型及分类

域组分类方法有很多，根据权限不同，组可以分为安全组和分布式组。

- 安全组：被用来设置组的权限，例如可以设置安全组对某个文件有读取的权限。
- 分布式组：用在与安全（与权限无关）无关的任务上，例如可以将电子邮件发送给分布式组。系统管理员无法设置分布式组的权限。

根据组的作用范围，Windows Server 域内的组又分为通用组、全局组和本地域组，这些组的特点说明如下。

（1）通用组

可以指派所有域中的访问权限，以便访问每个域内的资源。具有如下的特性：①可以访问任何一个域内的资源；②成员能够包含整个域目录林中任何一个域内的用户、通用组、全局组，但无法包含任何一个域内的本地域组。

（2）全局组

主要用来组织用户，即可以将多个即将被赋予相同权限的用户账户加入同一个全局组中。具有如下的特性：①可以访问任何一个域内的资源；②成员只能包含与该组所在域相同的用户和其他全局组。

（3）本地域组

主要被用来指派在其所属域内的访问权限，以便可以访问该域内的资源，具有如下的特性：①只能访问同一域内的资源，无法访问其他域内的资源；②成员能够包含任何一个域内的用户、通用组、全局组以及同一个域内的域本地组，但无法包含其他域内的域本地组。

4.2 新手任务——本地用户与组账户的创建与管理

【任务描述】

每个用户要使用计算机前都必须登录该计算机，而登录时必须输入有效的用户账户与密码，所以应掌握本地用户账户的创建与管理。此外，如果能够合理使用组来管理用户权限与权利，必定能减轻许多网络管理员的负担。

【任务目标】

通过任务熟悉掌握本地用户账户与组账户的创建与管理，特别是对账户进行重新设置密码、修改和重新命名等相关操作，了解 Windows Server 2016 内置的本地组。

4.2.1 创建与管理本地用户账户

1. 创建本地账户

本地账户是工作在本地计算机的，只有系统管理员才能在本地创建用户。下面举例说明如何创建本地用户，例如在 Windows 独立服务器上创建本地账户"DeepBlue"的操作步骤如下。

1）执行菜单"开始"→"管理工具"→"计算机管理"→"本地用户和组"命令，在弹出的"计算机管理"窗口中，单击"本地用户和组"项目，然后选择"用户"命令，如图 4-1 所示。

2）在"计算机管理"窗口中间空白区域，单击鼠标右键，在弹出的"新用户"对话框中输入用户名等相关信息，如图 4-2 所示，单击"创建"按钮即可完成本地新用户账户的创建工作。"新用户"对话框中的各个选项作用如下。

图 4-1 "计算机管理"窗口

图 4-2 "新用户"对话框

- 用户名：系统本地登录时使用的名称。
- 全名：用户的全称。
- 描述：关于该用户的说明文字。
- 密码：用户登录时使用的密码。
- 确认密码：为防止密码输入错误，需再输入一遍。
- 用户下次登录时须更改密码：用户首次登录时，使用管理员分配的密码，当用户再次登录时，强制用户更改密码，用户更改后的密码只有自己知道，这样可保证安全使用。
- 用户不能更改密码：只允许用户使用管理员分配的密码。
- 密码永不过期：密码默认的有限期为 42 天，超过 42 天系统会提示用户更改密码，选中此项表示系统永远不会提示用户修改密码。
- 账户已禁用：选中此项表示任何人都无法使用这个账户登录，适用于企业内某员工离职时，防止他人冒用该账户登录。

2．更改账户

要对已经建立的账户更改登录名，操作步骤为：在"计算机管理"窗口中，在用户列表中选择并右击该账户，选择"重命名"选项，输入新名字，如图 4-3 所示。

3．删除账户

如果某用户离开公司，为防止其他用户使用该用户账户登录，就要删除该用户的账户。具体的操作步骤为：在"计算机管理"窗口的用户列表中选择并右击该账户，选择"删除"命令，在弹出的对话框中单击"是"按钮，即可删除。

4．禁用与激活账户

当某个用户长期休假或离职时，就要禁用该用户的账户，不允许该账户登录，该账户信息会显示为"X"。禁用与激活一个本地账户的操作基本相似，具体的操作步骤如下。在"计算机管理"窗口的用户列表中选择并右击该账户，选择"属性"命令，弹出"User 属性"对话框，选择"常规"选项卡，选中"账户已禁用"复选框，如图 4-4 所示，单击"确定"按钮，该账户即被禁用。如果要重新启用某账户，只要取消选中"账户已禁用"复选框即可。

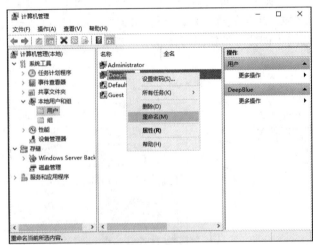

图 4-3　更改账户

图 4-4　禁用本地账户

5．更改账户密码

重设密码可能会造成不可逆的信息丢失，出于安全的原因，要更改用户的密码分以下两种情况。
- 如果用户在知道密码的情况下想更改密码，登录后按〈Ctrl+Alt+Del〉组合键，输入正确的旧密码，然后输入新密码即可。
- 如果用户忘记了登录密码，可以使用"密码重设盘"来进行密码重设，密码重设只能用于本地计算机中。

创建"密码重设盘"的具体操作步骤如下。

1）系统登录后按〈Ctrl+Alt+Del〉组合键，进入系统界面，如图 4-5 所示，单击"更改密码"按钮，弹出"更改密码"窗口，如图 4-6 所示。

图 4-5　系统界面　　　　　　　　　　　图 4-6　"更改密码"窗口

2）单击"创建密码重设盘"按钮，进入"欢迎使用忘记密码向导"对话框，该对话框对使用密码重设盘进行了简要介绍。单击"下一步"按钮，进入"创建密码重置盘"对话框，如图 4-7 所示，按照提示，在软驱中插入一张软盘或是在 USB 接口中插入 U 盘。

3）单击"下一步"按钮，进入"当前用户账户密码"对话框，如图 4-8 所示，输入当前的密码，单击"下一步"按钮，开始创建密码重设盘，创建完毕，进入"正在完成忘记密码向导"对话框，单击"完成"按钮，即可完成密码重设盘的创建。

图 4-7　"创建密码重置盘"对话框　　　　图 4-8　"当前用户账户密码"对话框

创建密码重设盘后，如果忘记了密码，可以插入这张制作好的"密码重设盘"来设置新密码，具体的操作步骤如下。

1）在系统登录时输入密码有误时，会进入如图 4-9 所示的密码错误提示界面。

2）单击"确定"按钮，进入如图 4-10 所示的密码出错后登录界面，单击"重设密码"按钮，进入"欢迎使用密码重置向导"对话框，该对话框对使用密码重置做了简要的介绍。此时将密码重设盘插入软驱或者 USB 接口。

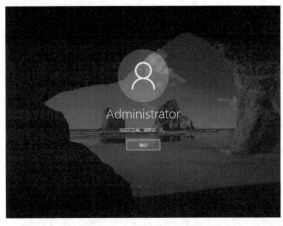 

图 4-9　密码错误提示界面　　　　　　　　图 4-10　密码出错后登录界面

3）单击"下一步"按钮，进入"插入密码重置盘"对话框，如图 4-11 所示。

4）单击"下一步"按钮，进入"重置用户账户密码"对话框，如图 4-12 所示，输入新密码及密码提示，单击"下一步"按钮，进入"正在完成密码重设向导"对话框，单击"完成"按钮即可完成设置新密码。

图 4-11　插入密码重置盘　　　　　　　　图 4-12　输入新密码

① 如果没有密码重设盘，可以直接在账户上更改密码，缺点是用户将无法访问受保护的数据，例如用户的加密文件、存储在本机的密码等数据。操作步骤是单击"计算机管理"→"本地用户和组"选项，在"用户"的列表中选择并右击该账户，选择"设置密码"。

② 创建好了密码重设盘之后，会在 U 盘里面生成一个 userkey.psw 的文件（每次创建的名称相同），如果需要创建多个密码重设盘，必须先改掉原来创建的该文件名。

4.2.2 创建与管理本地组账户

1. 创建本地组账户

创建本地组账户的用户必须是 Administrators 组或 Account Operators 组的成员。建立本地组账户并在本地组中添加成员的具体操作步骤如下。

1）在独立服务器上以 Administrator 身份登录，选择菜单"开始"→"管理工具"→"计算机管理"→"本地用户和组"命令，单击"本地用户和组"项目，然后选择"组"命令，弹出"新建组"对话框，如图 4-13 所示。

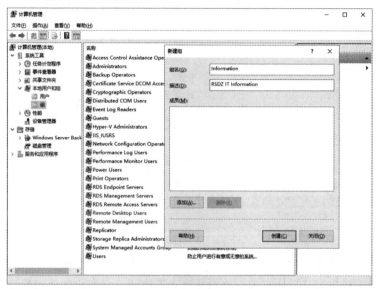

图 4-13 "新建组"对话框

2）输入本地组名、组的描述，单击"创建"按钮完成创建工作，本地组用背景为计算机和双人图标表示，和"用户名"的计算机和单人图标还是有一定的区别，如图 4-14 所示。

图 4-14 创建本地组完毕

2. 添加组中的用户

要发挥"组"的管理作用，首先必须将用户添加到组中，具体的操作步骤如下。

1）选择菜单"开始"→"管理工具"→"计算机管理"→"本地用户和组"命令，单击"本地用户和组"项目，然后选择"组"命令，选择要操作的组"Information"，右击并在弹出的快捷菜单中选择"添加到组"或"属性"命令，弹出组"Information 属性"对话框，如图 4-15 所示，单击"添加"按钮，弹出"选择用户"对话框，如图 4-16 所示。

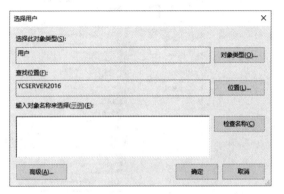

图 4-15 "Information 属性"对话框图　　　　图 4-16 "选择用户"对话框

2）在"选择用户"对话框中，单击"对象类型"按钮，在弹出的"对象类型"对话框中，选择"用户"复选框，如果 4-17 所示，设置"选择此对象类型"的值为"用户"。

3）在"选择用户"对话框中，单击"高级"按钮，弹出查找界面，单击"立即查找"按钮，查找能被添加至组账户的用户账户，如图 4-18 所示。

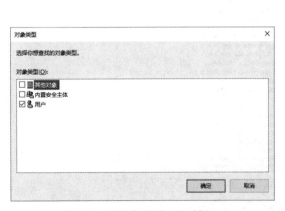
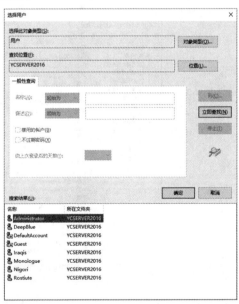

图 4-17 "对象类型"对话框　　　　图 4-18 查找用户

4）选择"DeepBlue"等 6 个能被添加至组账户的用户账户，单击"确定"按钮，如图 4-19 所示，在"输入对象名称来选择"区域，将显示能被添加至组账户的用户账户。

5）单击"确定"按钮，在"Information 属性"对话框，显示 6 个已被添加至组的用户账户，如图 4-20 所示。

图 4-19 选择用户完毕

图 4-20 添加完毕用户

用户可以根据自己的需求创建相应的用户组，然后将一个部门的所有用户全部放置到这个用户组中，再针对这个用户组进行属性的设置，这样就能够快速完成组内所有用户的属性改动。如果遇到部门解散等特殊情况，系统管理员可以将这个用户组删除。但是在删除用户组之后，用户组中的用户并不会删除。

3．内置本地组

内置本地组创建于非域控制器服务器的"本地安全账户数据库"中，这些组在建立的同时就已被赋予一些特殊权限，以便管理计算机，相关的权限如下。

- Administrators：在系统内有最高权限，拥有赋予权限、添加系统组件、升级系统、配置系统参数、配置安全信息等权限。内置的系统管理员账户是 Administrators 组的成员。如果这台计算机加入域中，域管理员自动加入该组，并且有系统管理员的权限。
- Access Control Assistance Operators：此组的成员可以远程查询此计算机上资源的授权属性和权限。
- Backup Operators：它是所有 Windows Server 2016 都有的组，可以忽略文件系统权限进行备份和恢复，可以登录系统和关闭系统，可以备份加密文件。
- Certificate Service DCOM Access：允许该组的成员连接到企业中的证书颁发机构。
- Cryptographic Operators：已授权此组的成员执行加密操作。
- Distributed COM Users：允许此组的成员在计算机上启动、激活和使用 DCOM 对象。
- Event Log Readers：此组的成员可以从本地计算机中读取事件日志。

- Guests：内置的 Guest 账户是该组的成员。
- Hyper-V Administrators：此组的成员拥有对 Hyper-V 所有功能完全且不受限制的访问权限。
- IIS_IUSRS：这是 Internet 信息服务（IIS）使用的内置组。
- Network Configuration Operators：该组内的用户可在客户端执行一般的网络配置，例如更改 IP，但不能添加/删除程序，也不能执行网络服务器的配置工作。
- Performance Log Users：该组的成员可以从本地计算机和远程客户端管理计数器、日志和警告，而不用成为 Administrators 组的成员。
- Performance Monitor Users：该组的成员可以从本地计算机和远程客户端监视性能计数器，而不用成为 Administrators 组或 Performance Log Users 组的成员。
- Power Users：存在于非域控制器上，可进行基本的系统管理，如共享本地文件夹、管理系统访问和打印机、管理本地普通用户；但是它不能修改 Administrators 组、Backup Operators 组，不能备份/恢复文件，不能修改注册表。
- Print Operators：成员可以管理在域控制器上安装的打印机。
- RDS Endpoint Servers：此组中的服务器运行虚拟机和主机会话，用户的 RemoteApp 程序和个人虚拟桌面将在这些虚拟机和会话中运行。
- RDS Management Servers：此组中的服务器可以在运行远程桌面服务的服务器上执行例程管理操作。需要将此组填充到远程桌面服务部署中的所有服务器上。必须将运行 RDS 中心管理服务的服务器包括到此组中。
- RDS Remote Access Servers：此组中的服务器使 RemoteApp 程序和个人虚拟桌面用户能够访问这些资源。在面向 Internet 的部署中，这些服务器通常部署在边缘网络中。需要将此组填充到运行 RD 连接代理的服务器上。在部署中使用的 RD 网关服务器和 RD Web 访问服务器需要位于此组中。
- Remote Desktop Users：该组的成员可以通过网络远程登录。
- Remote Management Users：此组的成员可以通过管理协议（例如，通过 Windows 远程管理服务实现的 WS-Management）访问 WMI 资源。这仅适用于授予用户访问权限的 WMI 命名空间。
- Replicator：该组支持复制功能。该组的唯一成员是域用户账户，用于登录域控制器的复制器服务，不能将实际用户账户添加到该组中。
- Storage Replica Administrators：此组的成员具有存储副本所有功能的不受限的完全访问权限。
- System Managed Accounts Group：此组的成员由系统管理。
- Users：是一般用户所在的组，新建的用户都会自动加入该组，对系统有基本的权力，例如运行程序、使用网络、不能关闭 Windows Server 2016、不能创建共享目录和本地打印机等。如果这台计算机加入域，则域的用户自动被加入该组的 Users 组。

4.3　拓展任务——域用户与域组账户的创建与管理

【任务描述】

域控制器安装之后，如果想让网络中的其他计算机能够访问域中的各种软硬件资源，就必须给这些计算机分配域用户账户,这样才能体现域模式网络的优势。通过对这些账户的管理,来满足各个部门对网络中软硬件资源的需求。

【任务目标】

通过任务熟悉并掌握域用户与域组账户的创建与管理,实现"单点登录",特别是针对域组账户,与本地组账户的操作和使用还是有较大的区别,同时还应了解 Windows Server 2016 内置的本地域组。

4.3.1 域用户账户的创建与管理

1. 管理域用户账户

域系统管理员可以利用"Active Directory 管理中心"或"Active Directory 用户和计算机"来建立和管理用户账户。当用户利用域用户账户登录域后,便可以直接连接域内的所有成员计算机,访问有权访问的资源。换句话说,域用户在一台域成员计算机上成功登录后,当他要连接域内的其他成员计算机时,并不需要再登录到被访问的计算机,这个功能被称为"单点登录"。本地用户账户并不具备"单点登录"的功能,也就是说利用本地用户账户登录后,当要再连接其他计算机时,需要再次登录到被访问的计算机。

在服务器还没有升级成为域控制器之前,原本位于其本地安全数据库内的本地账户,会在升级为域控制器后被转移到 AD DS 数据库内,并且是被放置到 Users 容器内的,可以通过"Active Directory 管理中心"来查看,如图 4-21 所示。同时这台服务器的计算机账户会放置在组织单位"Domain Controllers"内,其他加入域的计算机账户默认放置在图中的容器"Computers"内。

也可以通过"Active Directory 用户和计算机"来查看,如图 4-22 所示。只有在建立域内的第一台域控制器时,该服务器原来的本地账户才会被转移到 AD DS 数据库,其他域控制器原有的本机账户并不会被转移到 AD DS 数据库,而是被删除。

图 4-21　Active Directory 管理中心

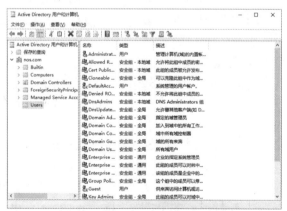

图 4-22　Active Directory 用户和计算机

2. 新建域账户

当有新的用户需要使用网络上的资源时,管理员必须在域控制器中为其添加一个相应的用户账户,否则该用户无法访问域中的资源。另一方面,当有新的客户计算机要加入域中时,管理员必须在域控制器中为其创建一个计算机账户,以使它有资格成为域成员。创建域账户的具体操作步骤如下。

1)选择菜单"开始"→"管理工具"→"计算机管理"→"本地用户和组"→"Active Directory 用户和计算机"命令,在"Active Directory 用户和计算机"窗口左侧选择"Users",然后右击并在弹出的快捷菜单中选择"新建"→"用户"命令。

2)进入"新建对象—用户"对话框,如图 4-23 所示,输入用户的姓名以及登录名等资料,注意登录名才是用户登录系统所需要输入的。

3)单击"下一步"按钮,打开密码对话框,如图 4-24 所示,输入密码并选择对密码的控制项,单击"下一步"按钮,单击"完成"按钮。

图 4-23 输入用户登录名

图 4-24 输入密码

4)创建完毕,在窗口右部的列表中会有新创建的用户,域用户是用一个人头像来表示,和本地用户的差别在于域的人头像背后没有计算机图标,利用新建立的用户可以直接登录到 Windows Server 2016/2012/2008/2003/XP/2000/NT 等非域控制器的成员计算机上。

3.域账户登录

域用户可到域成员计算机上(域控制器除外)利用两种不同格式的账户名来登录域,它们分别是用户 UPN 登录与用户 SamAccountName 登录,一般的域用户默认是无法在域控制器上登录的。

- 用户 UPN 登录:UPN(User Principal Name,用户主体名称)的格式与电子邮件账户相同,如图 4-25 所示,这个名称只能在属于域的计算机上登录域时使用。在整个林内,这个名称必须是唯一的。UPN 并不会随着账户被移动到其他域而改变,例如,用户 liubenjun 的用户账户位于 nos.com 域内,其默认的 UPN 为 liubenjun@nos.com,之后即使此账户被移动到林中的另一个域内,例如 iot.com,其 UPN 仍然是 liubenjun@nos.com,并没有改变,因此 liubenjun 仍然可以使用原来的 UPN 登录。

- 用户 SamAccountName 登录:这是旧格式的登录账户,Windows 2000 之前版本的旧客户端需要使用这种格式的名称来登录域。在隶属于域的 Windows 2000 之后的计算机上也可以采用这种名称来登录,如图 4-26 所示。在同一个域内,这个名称必须是唯一的。

图 4-25 用户 UPN 登录

图 4-26 用户 SamAccountName 登录

4. 域账户常规管理

和本地账户的常规管理工作一样，域账户的常规管理工作有重置密码、禁用账户、删除账户、解除锁定等，可以在"Active Directory 管理中心"中进行设置，如图 4-27 所示。

- 重置密码：当用户忘记密码或密码使用期限到期时，系统管理员可以利用此选项为用户设置一个新的密码。
- 查看 Resultant 密码设置：在 Windows Server 2003 上，密码策略只能应用于域级别，不能单独应用于活动目录中的具体对象。换句话说，密码策略在域级别起作用，而且一个域只能有一套密码策略。统一的密码策略虽然大大提高了安全性，但同时也增加了域用户使用的复杂度。例如，系统管理员的账户安全性要求很高，需要超强策略，比如密码需要 10 位、每两周更改管理员密码，而且不能使用前 4 次的密码，但是普通域用户并不需要如此高的密码策略，也不希望经常更改密码并使用很长的密码，超强的密码策略对他们来说并不适合。为解决这个问题，从 Windows Server 2008 开始引入了多元密码策略，允许针对不同用户或全局安全组应用不同的密码策略，满足了不同用户对于安全性的不同要求。
- 添加到组：可以将本账户添到指定的域组中去。
- 禁用：当某位员工由于工作或个人原因在一段时间内无法来上班时，可以先将该员工的账户禁用，待该员工回来上班后，再将其重新启用即可。若用户账户被禁用，则该账户的图形上会有一个向下的箭头符号，如图 4-28 所示。

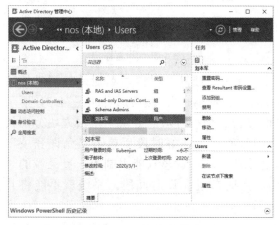
图 4-27 域账户管理界面

图 4-28 禁用账户

- 删除账户：若这个账户以后再也用不到，就可以将此账户删除。当将账户删除后，即使再新建一个相同名称的用户账户，此新账户也不会继承原账户的权限与组关系，因为系统会给予这个新账户一个新的 SID，而系统是利用 SID 来记录用户权限与组关系的，不是利用账户名称，因此对系统来说，这是两个不同的账户，当然就不会继承原账户的权限与组关系。在删除域账户之前，要确定计算机或网络上是否有该账户加密的重要文件，如果有则先将文件解密再删除账户，否则该文件将不会被解密。
- 移动：如果某员工调动到新部门，系统管理员需要将该账户移动到新部门的组织单元中去，只需用在对话框中指定需要移动到的组织单元或容器，即可移动域账户。

5. 域账户属性的设置

新建用户账户后，管理员要对账户做进一步的设置，例如，添加用户个人信息、账户信息、进行密码设置、限制登录时间等，这些都是通过设置账户属性来完成的。

1）用户个人信息设置：个人信息包括姓名、地址、电话、传真、移动电话、公司、部门等信息，要设置这些详细信息，在账户属性中的"组织"窗口中设置即可，如图 4-29 所示。

2）设置账户过期日：一般是为了不让临时聘用的人员在离职后继续访问网络，通过对账户属性事先进行设置，可以使账户到期后自动失效，省去了管理员手工删除该账户的操作。默认为永不过期，如图 4-30 所示。若要设置过期日期，在右上角单击"结束日期"单选项，然后输入格式为 yyyy/mm/dd 的过期日期。

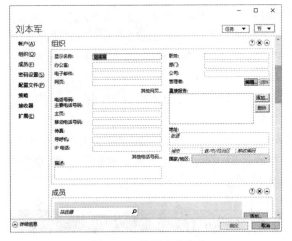

图 4-29 设置个人信息　　　　　　图 4-30 设置账户

3）登录时段的限制：登录时段用来指定用户登录到域的时间段，默认是任何时间段都可以登录域。若要改变设置，单击图 4-30 中的"登录小时"，然后通过如图 4-31 所示的"登录小时数"对话框来设置。图中每一方块代表一个小时填满方块与空白方块分别代表允许与不允许登录的时间段，默认开放所有的时间段。选好时段后单击"允许登录"或"拒绝登录"来允许或拒绝用户在上述时间段登录。注意这里只能限制用户登录域的时间，如果用户在允许时间段登录，并一直使用，用时超过允许时间段，系统就不能将其注销。

4）设置账户只能从特定计算机登录：系统默认用户可以从域内任一台计算机登录域，也可以限制账户只能从特定计算机登录。单击图 4-30 中的"登录到",然后通过如图 4-32 所示的"登录到"对话框来设置,设置登录的计算机名,这里计算机名可以是 NetBIOS 名称或 DNS 名称,也可以是 IP 地址。

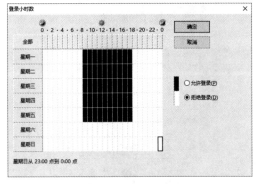

图 4-31　设置拒绝登录时间

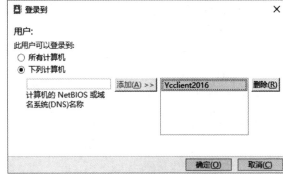

图 4-32　设置登录计算机

4.3.2　域组账户的创建与管理

和本地组账户一样,使用域组账户来管理用户账户,能够减轻许多网络管理员的负担。例如针对"Information"设置权限后,此组内的所有用户都会自动拥有此权限,因此就不需要针对每一个用户来逐个设置了。

1. 新建域组账户

只有 Administrators 组的用户才有权限建立域组账户,域组账户要创建在域控制器的活动目录中。创建域组账户的操作步骤如下。选择菜单"开始"→"管理工具"→"计算机管理"→"Active Directory 用户和计算机"命令,在"Active Directory 用户和计算机"窗口左侧选择"Users",然后右击鼠标并在弹出的快捷菜单中选择"新建"→"组"命令,弹出"新建对象－组"对话框,如图 4-33 所示,和创建域账户步骤基本差不多,输入相关信息即可新建。

① 关于"组作用域"和"组类型",这两项是创建组时要特别注意的,默认情况下,创建全局安全组。这里的"组作用域"选择本地域还是全局需要根据实际情况决定。如果在办公室组建的网络只有一个域控制器,两者在功能上差别并不大,但是考虑到以后网络扩展,所以建议选择"全局"。

② 域组用两个人头图标表示,在人头图标背景中没有计算机图标,有别于本地组。

2. 添加域组中的用户

要发挥"域组"的管理作用,首先必须将用户添加到组中,具体的操作步骤如下。选择菜单"开始"→"管理工具"→"计算机管理"→"本地用户和组"→"Active Directory 用户和计算机"命令,在域"nos.com"中选择刚刚新建的域组账户"Information",右击鼠标并在弹出的快捷菜单中选择"属性"命令,弹出组"属性"对话框,选择"成员"选项卡,单击"添加"按钮,弹出"选择"用户对话框,和本地组账户中添加用户操作一样。选择好需要添加的用户,如图 4-34 所示,单击"确定"按钮即可。

图 4-33 "新建对象-组"对话框   图 4-34 "成员"选项卡

3. 内置的本地域组

这些本地域组本身已被赋予了一些权限,以便让其具备管理 AD DS 域的能力。只要将域用户或域组账户加入这些组内,这些账户也会自动具备相同的权限。通常内置的本地域组放在"Builtin"容器内,如图 4-35 所示。

图 4-35 "Builtin"容器

- Access Control Assistance Operators:此组的成员可以远程查询此计算机上资源的授权属性和权限。
- Account Operators:成员可以管理域用户和组账户。
- Administrators:在系统内有最高权限,拥有赋予权限,添加系统组件,升级系统,配置系统参数,配置安全信息等权限。内置的系统管理员账户是 Administrators 组的成员。如果这台计算机加入域中,域管理员会自动加入该组,并且有系统管理员的权限。
- Backup Operators:它是所有 Windows Server 2016 都有的组,可以忽略文件系统权限进行备份和恢复,可以登录系统和关闭系统,可以备份加密文件。
- Cryptographic Operators:已授权此组的成员执行加密操作。
- Certificate Service DCOM Access:允许该组的成员连接到企业中的证书颁发机构。

- Distributed COM Users：允许此组的成员在计算机上启动、激活和使用 DCOM 对象。
- Event Log Readers：此组的成员可以从本地计算机中读取事件日志。
- Guests：内置的 Guest 账户是该组的成员。
- Hyper-V Administrators：此组的成员拥有对 Hyper-V 所有功能的完全且不受限制的访问权限。
- IIS_IUSRS：这是 Internet 信息服务（IIS）使用的内置组。
- Incoming Forest Trust Builders：此组的成员可以创建到此林的传入、单向信任。
- Network Configuration Operators：该组内的用户可在客户端执行一般的网络配置，例如更改 IP，但不能添加/删除程序，也不能执行网络服务器的配置工作。
- Performance Log Users：该组的成员可以从本地计算机和远程客户端管理计数器、日志和警告，而不用成为 Administrators 组的成员。
- Performance Monitor Users：该组的成员可以从本地计算机和远程客户端监视性能计数器，而不用成为 Administrators 组或 Performance Log Users 组的成员。
- Print Operators：成员可以管理在域控制器上安装的打印机。
- RDS Endpoint Servers：此组中的服务器运行虚拟机和主机会话，用户 RemoteApp 程序和个人虚拟桌面将在这些虚拟机和会话中运行。需要将此组填充到运行 RD 连接代理的服务器上。在部署中使用的 RD 会话主机服务器和 RD 虚拟化主机服务器需要位于此组中。
- RDS Management Servers：此组中的服务器可以在运行远程桌面服务的服务器上执行远程管理操作。需要将此组填充到远程桌面服务部署中的所有服务器上。必须将运行 RDS 中心管理服务的服务器包括到此组中。
- RDS Remote Access Servers：此组中的服务器使 RemoteApp 程序和个人虚拟桌面用户能够访问这些资源。在面向 Internet 的部署中，这些服务器通常部署在边缘网络中。需要将此组填充到运行 RD 连接代理的服务器上。在部署中使用的 RD 网关服务器和 RD Web 访问服务器需要位于此组中。
- Remote Desktop Users：此组中的成员被授予远程登录的权限。
- Remote Management Users：此组的成员可以通过管理协议（例如，通过 Windows 远程管理服务实现的 WS-Management）访问 WMI 资源，这仅适用于授予用户访问权限的 WMI 命名空间。
- Replicator：支持域中的文件复制。
- Server Operators：成员可以管理域服务器。
- Storage Replica Administrators：此组的成员具有存储副本所有功能的不受限的完全访问权限。
- System Managed Accounts Group：此组的成员由系统管理。
- Terminal Server License Servers：此组的成员可以使用有关许可证颁发的信息更新 Active Directory 中的用户账户，可以跟踪和报告 TS 每用户的 CAL 使用情况。
- Users：此组是一般用户所在的组，新建的用户都会自动加入该组，对系统有基本的权力，如运行程序、使用网络，但不能关闭 Windows Server 2016，不能创建共享目录和本地打印机。如果这台计算机加入到域，则域的域用户自动被加入到该组的 Users 组。
- Windows Authorization Access Group：此组的成员可以访问 User 对象上经过计算的 tokenGroupsGlobalAndUniversal 属性。

4．内置全局组

当创建一个域时，系统会在活动目录中创建一些内置的全局组，其本身并没有任何权利与权限，但是可以通过将其加入具备权利或权限的域本地组内，或者直接为该全局组指派权利或权限。这些内置的全局组位于 Users 容器内，下面仅列出几个较为常用的全局组，如图 4-36 所示。

图 4-36 "User"容器

- Domain Admins：域内的成员计算机会自动将该组加入其 Administrators 组中，该组内的每个成员都具备系统管理员的权限。该组默认成员为域用户 Administrator。
- Domain Computers：所有加入该域的计算机都被自动加入该组内。
- Domain Controllers：域内的所有域控制器都被自动加入该组内。
- Domain Users：域内的成员计算机会自动将该组加入其 Users 组中，该组默认的成员为域用户 Administrator，以后添加的域用户账户都自动属于该 Domain Users 全局组。
- Domain Guests：Windows Server 2008 会自动将该组加入 Guests 域本地组内，该组默认的成员为用户账户 Guest。
- Enterprise Admins：该组只存在于整个域目录林的根域中，其成员具有管理整个目录林内所有域的权限。
- Schema Admins：该组只存在于整个域目录林的根域中，其成员具备管理架构的权限。
- Group Policy Creator Owners：该组中的成员可以修改域的组策略。
- Read-only Domain Controllers：该组中的成员是域中只读域控制器。

5．内置通用组

和全局组的作用一样，内置通用组的目的是根据用户的职责合并用户。与全局组不同的是，在多域环境中它能够合并其他域中的域用户账户，例如可以把两个域中的经理账户添加到一个通用组。在多域环境中，可以在任何域中为其授权。

- Enterprise Admins：此组只存在于林根域，其成员有权管理林内的所有域。此组默认的成员为林根域内的用户 Administrator。
- Schema Admins：此组只存在于林根域，其成员具备管理架构的权利。此组默认的成员为林根域内的用户 Administrator。

6. 内置特殊组

内置特殊组存在于每一台 Windows Server 2016 计算机内，用户无法更改这些组的成员，也就是说，无法在"Active Directory 用户和计算机"或"本地用户与组"内看到、管理这些组。这些组只有在设置权利、权限时才看得到。以下仅列出几个较为常用的特殊组。

- Everyone：包括所有访问该计算机的用户，如果为 Everyone 指定了权限并启用 Guest 账户时一定要小心，Windows 会将没有有效账户的用户当成 Guest 账户，该账户自动得到 Everyone 的权限。
- Authenticated Users：包括在计算机上或活动目录中的所有通过身份验证的账户，用该组代替 Everyone 组可以防止匿名访问。
- Creator Owner：文件等资源的创建者就是该资源的 Creator Owner。不过，如果创建者是属于 Administrators 组内的成员，则其 Creator Owner 为 Administrators 组。
- Network：包括当前从网络上的另一台计算机与该计算机上的共享资源保持联系的任何账户。
- Interactive：包括当前在该计算机上登录的所有账户。
- Anonymous Logon：包括 Windows Server 2016 不能验证身份的任何账户。注意 Everyone 组内并不包含 Anonymous Logon 组。
- Dialup：包括当前建立了拨号连接的任何账户。

4.3.3 组织单位的创建与管理

组织单位（Organizational Unit，OU）是可以将用户、组、计算机和其他组织单位放入其中的 Active Directory 活动目录容器，是活动目录中最小的管理单元。一般来说与组织单位和公司的行政管理部门相对应，例如，可以将用户账户和组账户移动到组织单位，方便对该部门的管理。组织单位创建的操作步骤如下。

1）选择菜单"开始"→"管理工具"→"计算机管理"→"Active Directory 用户和计算机"命令，右击"nos.com"并在弹出的快捷菜单中选择"新建"→"组织单位"命令，弹出"新建对象-组织单位"对话框，如图 4-37 所示。

2）输入组织单位的名称，一定要符合 Windows 的命名规范，单击"确定"按钮，组织单元"ITDataCenter"就被创建了，如图 4-38 所示。此时组织单位"ITDataCenter"和容器对象"Domain Controllers"图标一模一样，可以进行更复杂的"管理者"的属性等设置。

图 4-37 "新建对象-组织单位"对话框

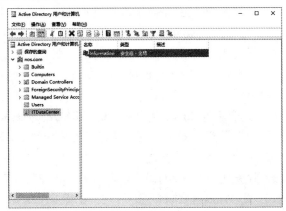

图 4-38 新建组织单位

在域中有组织单位,和组是相同的概念吗?组织单位是域中包含的一类目录对象,它包括域中一些用户、计算机和组、文件与打印机等资源。由于活动目录服务把域详细地划分成组织单位,而组织单位还可以再划分成下级组织单位,因此组织单位的分层结构可用来建立域的分层结构模型,进而可使用户把网络所需的域的数量减至最小。组织单位具有继承性,子单位能够继承父单位的访问许可树。域管理员可以使用组织单位来创建管理模型,该模型可调整为任何尺寸,而且,域管理员可授予用户对域中所有组织单位或单个组织单位的管理权限。组和组织单位有很大的不同,组主要用于权限设置,而组织单位则主要用于网络构建;另外,组织单位只表示单个域中的对象集合(可包括组对象),而组可以包含用户、计算机、本地服务器上的共享资源,单个域、域目录树或目录林。

组织单位的管理与前面域用户账户和域组账户的管理一样,可以在组织单位内新建计算机、联系人、用户、组、组织单位、打印机和共享文件夹等,限于篇幅不再介绍。

4.4 项目实训——用户与组的管理

1. 实训目标

1)熟悉 Windows Server 2016 各种账户类型。

2)熟悉 Windows Server 2016 本地用户与组账户创建和管理。

3)熟悉 Windows Server 2016 域用户与域组账户的创建和管理。

2. 实训设备

1)网络环境:已建好的千兆以太网络,包含交换机、五类(或超五类)UTP 直通线若干、三台或以上数量的计算机(计算机配置要求 CPU 最低 1.6GHz 以上 64 位,内存不小于4096MB,硬盘空间不低于 120GB,有光驱和网卡)。

2)软件:①Windows Server 2016 安装光盘,或硬盘中有全部的安装程序;②Windows 10 安装光盘,或硬盘中有全部的安装程序;③VMWare Workstation 15.5 安装程序。

3. 实训内容

在项目 3 实训的基础上完成本实训,在域中的计算机上设置以下内容。

1)在域控制器 teacher.com 上建立本地域组 Student_Five,域账户 Eye、Ear、Mouth、Eyebrow、Nose,并将这五个账户加入 Student_Five 域组中。

2)设置用户 Eye、Ear 下次登录时要修改密码。

3)设置用户 Mouth、Eyebrow、Nose 不能更改密码并且密码永不过期。

4)设置用户 Eye、Ear 登录时间是星期一到星期五的 9:00—17:00。

5)设置用户 Mouth、Eyebrow、Nose 登录时间为周一至周五的 17:00 至第二天 9:00 以及周六、周日全天。

6)设置用户 Mouth 只能从计算机 RSDZServer2016C 上登录。

7)设置用户 Eyebrow 只能从计算机 RSDZServer2016D 上登录。

8)设置用户 Nose 只能从计算机 RSDZClient2016 上登录。

9)设置用户 Nose 的账户过期日为:"2022-08-01"。

10)将 Windows Server 2008 内置的账户 Guest 加入本地域组 Student_Five。

11)在域控制器 teacher.com 上新建组织单元 Student_907。

12）在域控制器 teacher.com 上将 Student_Five 域组移动至组织单元 Student_907。

4.5 项目习题

一、填空题

（1）根据服务器的工作模式组分为_____和_____。

（2）账户的类型分为_____、_____、_____。

（3）工作组模式下，用户账户存储在服务器的_____中；域模式下，用户账户存储在_____中。

（4）域用户可到域成员计算机上（域控制器除外）利用_____和_____两种不同格式的账户名来登录域。

（5）活动目录中的组按照能够授权的范围，分为_____、_____、_____。

二、选择题

（1）在设置域账户属性时，（　　）项目不能被设置。
　　A．账户登录时间　　　　　　B．账户的个人信息
　　C．账户的权限　　　　　　　D．指定账户登录域的计算机

（2）下列（　　）账户名不是合法的账户名。
　　A．abc_123　　　　　　　　　B．windows book
　　C．dictionar*　　　　　　　　D．abdkeofFHEKLLOP

（3）下面（　　）用户不是内置本地域组成员。
　　A．Account Operator　　　　B．Administrator
　　C．Domain Admins　　　　　 D．Backup Operators

（4）下面（　　）用户不是内置特殊组成员。
　　A．Authenticated Users　　　B．Backup Operators
　　C．Creator Owner　　　　　　D．Anonymous Logon

（5）下面（　　）不能放入组织单位的 Active Directory 活动目录容器之中。
　　A．用户　　B．组　　C．计算机　　D．域控制器

三、问答题

（1）简述通用组、全局组和本地域组的区别。

（2）简述工作组和域的区别。

（3）域用户账户和本地用户账户有什么区别？

（4）什么是 Resultant 密码设置？能为网络管理带来什么样的方便？

项目 5　组策略的管理

项目情境：

如何使用组策略来合理、高效的管理网络？

瑞思达智是一家主营计算机系统集成、软件开发与测试、信息化设计与咨询等业务的网络科技公司，2013 年为上市公司湖北宜化集团扩建了集团总部内部的业务网络，覆盖了国内各省分公司和办事处近 2000 个节点，拥有各种类型的服务器 40 余台。集团各分公司早期的网络未使用域的环境进行管理，员工随意部署安装软件，病毒木马随处可见，信息中心虽然只有 20 多人但根本无法有效管理。网络扩建后公司开始使用域模式来进行管理，作为技术人员，你如何使用各种组策略来合理、高效地管理网络，减轻网络管理负担、降低网络管理成本？

项目描述：Windows Server 2016 通过 AD DS 的组策略功能，可以更容易管理用户内部工作环境与计算机环境，减轻网络管理负担、降低网络管理成本，例如为企业内部用户与计算机部署软件，自动为用户安装、维护与删除软件，利用软件限制规则来限制或允许用户可以运行的程序等。

项目目标：
- 熟悉本地计算机策略的设置。
- 熟悉域组环境下的策略设置。
- 掌握使用组策略部署软件。
- 掌握使用组策略限制软件的运行。

5.1　知识导航——组策略概述

5.1.1　组策略概念及分类

组策略是一种能够让系统管理员充分管理与控制用户工作环境的功能，通过它来确保用户拥有符合系统要求的工作环境，也通过它来限制用户，这样不但可以让用户拥有适当的环境，也可以减轻系统管理员的管理负担。可以认为组策略是管理员为计算机和用户定义的，用来控制应用程序、系统设置和管理模板的一种机制,和控制面板、注册表一样,是修改 Windows 系统设置的工具。

在安装完 Windows 系统之后,在使用过程中,可能会对系统桌面、网络设置进行修改,一般情况下大部分用户通过"控制面板"修改,但有一些高级选项可能无法使用,因为通过控制面板能修改的高级选项配置较少。

有些用户使用修改注册表的方法来进行设置,注册表是 Windows 系统中保存系统软件和应用软件配置的数据库,随着 Windows 系统功能越来越丰富,注册表里的配置项目也越来越多,很多选项配置都可以自定义设置,但这些配置分布于注册表的各个地方,如果是手工配置,比较容易出错,对于非专业出身的用户来说比较困难和繁杂。

而组策略则将系统重要的配置功能汇集成各种配置模块,供用户直接使用,从而达到方便管理计算机的目的。其实简单地说,组策略设置就是在修改注册表中的配置,当然组策略使用了更完善的管理组织方法,可以对各种对象中的设置进行管理和配置,远比手工修改注册表方便、灵活,功能也更加强大。

下面列出了组策略所提供的主要功能。

- 账户策略的设置:例如设置用户账户的密码长度、密码使用期限、账户锁定策略等。
- 本地策略的设置:例如审核策略的设置、用户权限的分配、安全性的设置等。
- 脚本的设置:例如登录与注销、启动与关机脚本的设置。
- 用户工作环境的设置:例如隐藏用户桌面上所有的图标、删除"开始"菜单中的"运行""搜索""关机"等选项、在"开始"菜单中添加"注销"选项、删除浏览器的部分选项、强制通过指定的代理服务器上网等。
- 软件的安装与删除:用户登录或计算机启动时,自动为用户安装应用软件、自动修复应用软件或自动删除应用软件。
- 限制软件的执行:通过各种不同的软件限制策略来限制域用户只能运行指定的软件。
- 文件夹的重定向:例如改变"文件""开始"菜单等系统文件夹的存储位置。
- 限制访问可存储设备:例如禁止将文件写入 U 盘,以免企业内机密商业、技术文件轻易被带离公司。
- 其他的系统设置:例如让所有的计算机都自动信任指定的 CA(Certificate Authority)、限制安装设备驱动程序等。

单击"开始"→"运行"命令,在"运行"对话框中输入"gpedit.msc"命令,即可打开"本地组策略编辑器"窗口,如图 5-1 所示。本地组策略分为计算机配置与用户配置两部分。

- 计算机配置:当计算机开机时,系统会根据计算机配置来设置计算机的环境,包括桌面外观、安全设置、应用程序分配和计算机启动和关机脚本运行等。
- 用户配置:当用户登录时,系统会根据用户配置的内容来设置计算机环境,包括应用程序配置、桌面配置、应用程序分配和计算机启动和关机脚本运行等。

可以通过以下两个方法来设置组策略。

- 本地计算机策略:可以用来设置单一计算机的策略,这个策略内的计算机配置只会被应用到这台计算机,而用户配置会被应用到此计算机登录的所有用户,如图 5-1 所示。
- 域的组策略:在域内可以针对站点、域或组织单位来设置组策略,其中域组策略的设置会被应用到域内的所有计算机与用户,而组织单位的组策略会被应用到该组织单位内的所有计算机与用户。在安装域控制器的计算机中可以进行域的组策略管理,选择菜单"开始"→

"Windows 管理工具"→"策略管理"命令,打开"组策略管理"窗口,如图 5-2 所示。

图 5-1　本地组策略编辑器

图 5-2　组策略管理

对于添加域的计算机来说,如果其本地计算机策略的设置与域或组织单位的组策略设置发生冲突,则以域或组织单位策略的设置优先,也就是此时本地计算机策略的设置值无效。

5.1.2　组策略对象

组策略是通过组策略对象(Group Policy Object,GPO)来设置的,只需要将 GPO 链接到指定的站点、域或组织单位,此 GPO 内的设置就会影响到该站点、域或组织内所有的用户和计算机。

1. 内置的 GPO

AD DS 域有两个内置的 GPO,如图 5-2 所示。

- Default Domain Policy:此 GPO 默认已被链接到域,因此其设置值会被应用到整个域内的所有用户和计算机。
- Default Domain Controller Policy:此 GPO 默认已经被链接到组织单位 Domain Controllers,因此其设置值会被应用到 Domain Controllers 内的所有用户和计算机(Domain Controllers 内默认只有域控制器的计算机账户)。

在熟悉组策略以前,不要随意更改 Default Domain Policy 或 Default Domain Controller Policy 这两个 GPO 的设置值,否则会影响系统的正常运行。

2. GPO 的内容

GPO 的内容被分为组策略容器(Group Policy Container,GPC)与组策略模板(Group Policy Template,GPT)两部分,它们分别被存储到不同的位置。

- GPC:组策略容器,存储在 AD DS 数据库内,记载着 GPO 对象的属性与版本等数据。域成员计算机可通过属性来得知 GPT 的存储位置,而域控制器可利用版本来判断其所拥有的 GPO 是否为最新版本,以便作为是否需要从其他域控制器复制最新 GPO 的依据。可以通过下面的方法来查看 GPC:选择菜单"开始"→"Windows 管理工具"→"Active Directory 管理中心"命令,默认打开的是"列表视图",单击左上角"树视图"图标,单击域名(例如"nos.com"),依次在此域下方展开"System"→"Policies",如图 5-3 所示,中间区域显示的是 Default Domain Policy 与 Default Domain Controller Policy GPO 这两个 GPO 的 GPC,图中数字分别是它们的全局唯一标识符(Global Unique Identifier,GUID)。
- GPT:组策略模板,用来存储 GPO 的设置值与相关文件,它是一个文件夹,而且被建立在域控制器的系统卷下\SYSVOL\sysvol\域名\Policies 文件夹内。系统会将 GPO 的 GUID 当作 GPT 的文件夹名称，如图 5-4 所示，两个 GPT 文件夹分别是 Default Domain Policy 与 Default Domain Controller Policy GPO 的 GPT。

图 5-3　GPC 对象　　　　　　　　　　　　图 5-4　GPO 文件夹

5.1.3　组策略设置

1．策略设置与首选项设置

从 Windows Vista 和 Windows Server 2008 开始，组策略设置和先前 Windows 的版本有了不同：组策略设置被分成了策略设置和首选项设置两个部分，如图 5-5 和图 5-6 所示。其中策略设置基本上继承了以前版本组策略的主要内容，而首选项设置则是全新的内容，为管理员提供了更多更细的设置。

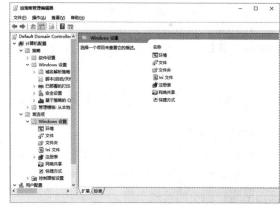

图 5-5　策略设置　　　　　　　　　　　　图 5-6　首选项设置

① 只有安装了域的计算机组策略才有首选项设置，本地计算机策略并无此功能。

② 组策略设置和首选项设置的不同在于：组策略设置是受管理的、强制实施的，客户端应用这些设备后就无法更改（有些设置虽然客户端可以自行变更设置值，不过下次应用策略时，仍然会被更改为策略内的设置值）；组策略首选项则是不受管理的、非强制性的，客户端可自行更改设置值，因此比较适合设为默认值。

③ 若要过滤"策略设置"，必须针对整个 GPO 对象来过滤，而"首选项设置"可以针对单

一项目来过滤。

④ 如果在策略设置与首选项设置内有相同的设置项目，而且都已做了设置，但是设置值不相同的话，则以策略设置优先。

2．组策略的应用时机

当修改了站点、域或组织单位的 GPO 设置值后，这些设置值并不是马上就对其中的用户与计算机有效，而是必须等 GPO 设置值被应用到用户或计算机后才有效。GPO 设置值内的计算机配置与用户配置的应用时机并不相同。

（1）计算机配置的应用时机

域成员计算机会在下面场合应用 GPO 的计算机配置值。

- 计算机开机时会自动应用。
- 若计算机已经开机，则会每隔一段时间自动应用。①域控制器：默认是每隔 5min 自动应用一次；②非域控制器：默认是每隔 90～120min 自动应用一次；③不论策略设置值是否发生变化，都会每隔 16h 自动应用一次安全设置策略。
- 手动应用：到域成员计算机上打开命令提示符或 Windows PowerShell 窗口，执行 gpupdate /target:computer/force 命令。

（2）用户配置的应用时机

域用户会在下面场合应用 GPO 的用户配置值。

- 用户登录时会自动应用。
- 若用户已经登录的话，则默认每隔 90～120min 自动应用一次，且不论策略设置值是否发生变化，都会每隔 16h 自动应用一次安全设置策略。
- 手动应用：到域成员计算机上打开命令提示符或 Windows PowerShell 窗口，执行 gpupdate /target:user/force 命令。

执行 gpupdate /force 命令会同时应用计算机与用户配置，同时注意部分策略设置需要计算机重新启动或用户登录才有效，例如软件安装策略与文件夹重定向策略。

5.2 新手任务——使用组策略管理用户工作环境

【任务描述】

组策略是一个能够让系统管理员充分控制和管理用户工作环境的功能，通过它来确保用户拥有受控制的工作环境，也通过它来限制用户，如此不仅可以让用户拥有适当的环境，也可以减轻网络管理员的管理负担。

【任务目标】

通过任务熟悉掌握本地计算机策略和域组策略设置，特别是本地安全策略设置、域和域控制器安全策略设置，为网络管理中最重要的安全管理打下坚实的基础。

5.2.1 本地计算机策略设置

以下利用未加入域的计算机来配置本地计算机策略，以免受到域组策略的干扰，造成本地计算机策略的设置无效，因而影响到项目实训的结果。

1．计算机配置

当 Windows Server 2016 计算机关机时，系统会要求提供关机的理由，如图 5-7 所示。这是计算机为了预防误关机，有时候显得比较麻烦。可以进行计算机配置，系统就不会再要求说明关机的理由了。

具体的操作步骤为：单击"开始"→"运行"命令，在"运行"对话框中输入"gpedit.msc"命令，打开"本地组策略编辑器"窗口，单击"计算机配置"，依次在此对象下方展开"管理模板"→"系统"，如图 5-8 所示。

图 5-7　关机原因

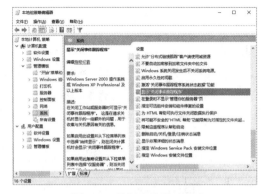

图 5-8　关闭事件跟踪程序

选择右边的项目"显示'关闭事件跟踪程序'"后双击，打开"显示'关闭事件跟踪程序'"对话框，如图 5-9 所示，单击"已禁用"按钮，然后单击"确定"按钮，这样以后要关机或重新启动计算机时，系统就和 Windows 10 一样不再询问理由了。

2．用户配置

可以通过本地计算机策略来限制用户工作环境，例如，为防止用户更改客户端浏览器的设置，删除客户端浏览器 Internet Explorer 内 Internet 选项的"安全"和"隐私"标签。

具体的操作步骤为：单击"开始"→"运行"命令，在"运行"对话框中输入"gpedit.msc"命令，打开"本地组策略编辑器"窗口，单击"用户配置"，依次在此对象下方展开"管理模板"→"Windows 组件"→"Internet Explorer"→"Internet Explorer 控制面板"，如图 5-10 所示。

图 5-9　显示"关闭事件跟踪程序"对话框

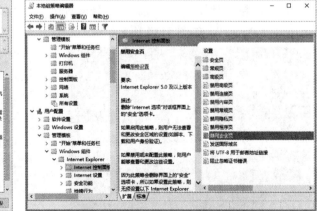

图 5-10　Internet 控制面板策略设置

将其中"禁用连接页"和"禁用安全页"设置为启用，此设置会立即应用到所有用户，当打开 Internet Explorer，执行菜单"工具"→"Internet 选项"命令，可以看到"安全"和"隐私"标签消失了,如图 5-11 和图 5-12 所示。

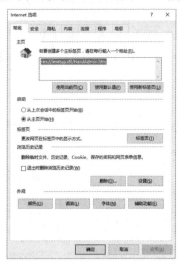
图 5-11 "Internet 选项"设置前

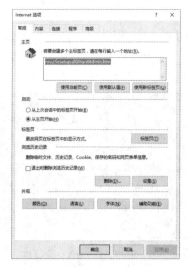
图 5-12 "Internet 选项"设置后

5.2.2 域组策略设置

1. 策略设置

（1）域组计算机配置

系统默认只有某些组（如 Administrators）内的用户才有权限在扮演域控制器角色的计算机上登录，而普通用户在域控制器上登录时，会弹出无法登录的警告信息，如图 5-13 所示。通过策略设置可以赋予普通用户"允许本地登录"的权限。

例如，要让域 nos.com 内 DeepBlue 用户可以在域控制器上登录，可以通过默认的 Default Domain Controller Policy 来设置，也就是要让用户拥有"允许本地登录"的权限。

具体的操作步骤如下。

1）选择 "开始"→"Windows 管理工具"→"策略管理"菜单命令，打开"组策略管理"窗口，单击依次展开"域"→"nos.com"→"Domain Controllers"→"Default Domain Controllers Policy"，如图 5-14 所示。

图 5-13 其他用户无法登录

图 5-14 "组策略管理"窗口

2）右击并在弹出的快捷菜单中选择"编辑"命令，打开"组策略管理编辑器"窗口，单击依次展开"计算机配置"→"策略"→"Windows 设置"→"安全设置"→"本地策略"→"用户权限分配",如图 5-15 所示。

3）双击右侧区域"允许本地登录"策略,在弹出的"允许本地登录属性"对话框中单击"添加用户或组"按钮,输入或选择域 nos.ocm 的"DeepBlue"用户,如图 5-16 所示。由此图可以看出只有 Account Operators、Administrators 等组才拥有"允许本地登录"的权限。

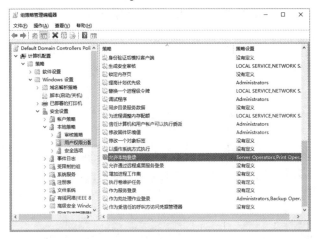

图 5-15 "组策略管理编辑器"窗口　　　　　　图 5-16 "允许本地登录属性"对话框

4）分别单击"确定"按钮,完成策略的配置,必须等这个策略应用到组织单位 Domain Controller 内的域控制器后才有效。应用完成后,就可以利用域用户账户 DeepBlue 在域控制器上登录。

（2）域组用户配置

针对组织单位"ITDataCenter"中的所有用户进行设置,设置的内容是这些用户登录后,其"控制面板"中的"Windows 防火墙"自动被隐藏。可以通过建立一个链接到组织单位的 GPO,并通过此 GPO 内的用户配置进行设置。具体的操作步骤如下。

1）选择"开始"→"Windows 管理工具"→"策略管理"菜单命令,打开"组策略管理"窗口,单击依次展开"域"→"nos.com"→"ITDataCenter",右击并在弹出的快捷菜单中选择"在这个域中创建 GPO 并在此处链接"命令,打开"新建 GPO"对话框,如图 5-17 所示。

2）在对话框中输入名称"隐藏防火墙",单击"确定"按钮,打开相应的"组策略管理编辑器"窗口,依次单击展开"用户配置"→"策略"→"管理模板"→"控制面板",如图 5-18 所示。

图 5-17 "新建 GPO"对话框　　　　　　图 5-18 隐藏指定的"控制面板"项

113

3)双击右侧区域"隐藏指定的'控制面板'项"策略,在弹出"隐藏指定的'控制面板'项"对话框中,选择"已启用"单选按钮,并在下方选项区域,单击"显示"按钮,在弹出的"显示内容"对话框中输入"Windows 防火墙",如图 5-19 所示。

4)分别单击"确定"按钮,完成策略的配置,到客户端计算机使用组织单位"ITDataCenter"中,例如,"Information"组内的任意一个用户账户登录,之后选择菜单"开始"→"控制面板"→"系统和安全"命令,可以看到"Windows 防火墙"并没有出现在系统界面中,如图 5-20 所示。

图 5-19　设定隐藏内容的值　　　　　　　图 5-20　隐藏后的"控制面板"

2. 首选项配置

为方便组织单位"ITDataCenter"内的所有用户访问公司内部服务器的财务系统,现设置只有通过代理服务器使用浏览器才能连接,假设代理服务器的地址为:proxy.nos.com、端口号为 8080,浏览器为 Internet Explorer 10/11 或 Edge 客户端。具体的操作步骤如下。

1)选择"开始"→"Windows 管理工具"→"策略管理"命令,打开"组策略管理"窗口,单击依次展开"域"→"nos.com"→"ITDataCenter",右击并在弹出的快捷菜单中选择"在这个域中创建 GPO 并在此处链接"命令,打开"新建 GPO"对话框,输入"锁定代理服务器"名称,单击"确定"按钮。

2)打开相应的"组策略管理编辑器"窗口,单击依次展开"用户配置"→"首选项"→"控制面板设置",如图 5-21 所示。

3)右击图 5-21 中右侧区域的"Internet 设置"策略,在弹出的菜单中选择"新建"→"Internet Explorer 10"命令,在"新建 Internet Explorer 10 属性"对话框中选择"连接"选项卡,如图 5-22 所示。

4)单击"局域网设置"按钮,在弹出的"局域网(LAN)设置"对话框中输入代理服务器的网址"proxy.nos.com"、端口号"8080",按〈F5〉键后,如图 5-23 所示。

注意:需要按〈F5〉键来启用选项卡上的所有设置(设置项目下代表禁用的红色底线会转变为绿色),按〈F8〉键可停用选项卡下的所有设置。如果要启用当前所在的项目的话,请按〈F6〉键,禁用请按〈F7〉键。

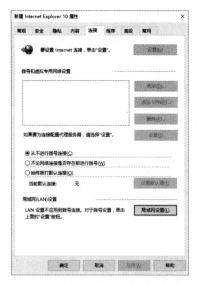

图 5-21 "Internet 设置"首选项　　　　图 5-22 "新建 Internet Explorer 10 属性"对话框

5）单击两次"确定"按钮结束配置，完成策略的配置，到 Windows 10 客户端计算机使用组织单位"ITDataCenter"中，例如"Information"组内的任意一个用户账户登录，之后执行菜单"开始"→"设置"→"网络和 Internet"→"代理"命令，可以看到使用的代理服务器设置，如图 5-24 所示。

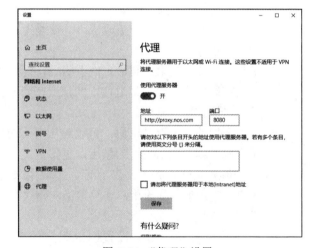

图 5-23 "局域网（LAN）设置"对话框　　　　图 5-24 "代理"设置

5.2.3　本地安全策略设置

在网络使用与管理中，安全是最重要的事情，Windows Server 2016 操作系统允许管理员对本地安全进行设置，从而达到提高系统安全性的目的。Windows Server 2016 对登录本地计算机的用户都定义了一些安全设置。

以未加入域的计算机为例（因为域组策略的优先级较高，为避免受到域组策略的干扰，可能会造成本地安全策略的设置无效，从而相关设置受到影响），具体的操作步骤为：执行"开始"→"运行"命令，在"运行"对话框中输入"secpol.msc"命令，或是选择菜单"开始"→"Windows 管理工具"→"本地策略管理"命令，如图 5-25 所示。

1. 账户策略的设置

通过设置密码策略和账户锁定策略来提高用户的密码安全级别。

1）密码策略：如图 5-26 所示，主要用来设置以下参数。

图 5-25 "本地安全策略"窗口　　　　　　　　图 5-26 "密码策略"

- 密码必须符合复杂性要求：此时用户的密码必须满足以下要求（这是默认值），不能包含用户账户名称或全名，长度至少 6 个字符，至少要包含 A~Z、a~z、0~9、非字母字符（例如!、$、#、%）等 4 组字符中的 3 组。
- 密码长度最小值：如果设为 0 代表可不设置密码，最大为 14。
- 密码最短使用期限：期限为 0~999 天，默认值是 42 天，用户在登录时，若密码使用期限已到，系统会要求用户更改密码。设置为 0 代表没有使用期限，该设置对 Administrator 用户不生效。
- 密码最长使用期限：和最短使用期限设置一样，设置为 0 代表密码永不过期。
- 强制密码历史：设置最近使用的几次密码不可以被使用，范围为 0~24，0 代表可随意使用过去使用的密码。
- 用可还原的加密存储密码：可以对加密后的数据进行解密，还原为加密前的数据，适用于密码数据，默认设置为禁用，更安全。

2）账户锁定策略：如图 5-27 所示，主要用来设置以下参数。

- 账户锁定阈值：如果用户连续输错密码次数等于阈值后该账户被锁定，范围为 0~999，设置为 0 代表该账户永不锁定。
- 账户锁定时间：用来设置锁定账户的时间，时间过后自动解除锁定，范围为 0~99999min，设置为 0 代表永远被锁定，只能由管理员手动解除锁定。
- 重置账户锁定计数器：用来记录用户登录失败的次数，只要输错次数不到锁定阈值，该账户不被锁定，过锁定时间后又有相同的输错次数，设置范围应小于或等于账户锁定时间。

2. 本地策略的设置

安全设置中的本地策略包括审核策略、用户权限分配和安全选项三个方面。

（1）审核策略

审核策略是指确定是否将计算机与安全有关的事件记录到安全日志中，也可将用户成功或者失败的登录记录在日志中等，如图 5-28 所示，主要用来设置以下参数。

图 5-27 "账户锁定策略"

图 5-28 "审核策略"

- 审核策略更改：审核身份验证策略、审核策略或授权策略等是否有效。
- 审核登录事件：审核是否发生用户登录与注销的行为，不论用户是直接在本地登录或通过网络登录，也不论是利用本地或域用户账户来登录。
- 审核对象访问：审核是否有用户访问文件、目录或打印机等资源，必须另外选择欲审核的文件、目录或打印机。
- 审核进程跟踪：审核程序的执行与结束，例如是否有某个程序启动或结束。
- 审核目录服务访问：审核是否有用户访问 AD DS 内的对象，必须另外选择要审核的对象与用户，此设置只对域控制器有作用。
- 审核特权使用：审核用户是否使用了用户权限分配策略内所赋予的权限，如更改系统时间等。
- 审核系统事件：审核是否有用户重新启动、关机或系统发生了任何会影响系统安全或影响安全日志正常工作的事件，可以在"事件查看器"中查看相关事件，如图 5-29 所示。
- 审核账户登录事件：审核是否发生用户登录与注销的行为，不论用户是直接在本地登录或通过网络登录，也不论是利用本地或域用户账户来登录。
- 审核账户管理：审核是否有账户新建、修改、删除、启用、禁用、更改账户名称、更改密码等与账户有关的事件发生。

（2）用户权限分配

可以对某些特定的用户和组授予或拒绝一些特殊的权限，如图 5-30 所示，主要用来设置以下参数。

图 5-29 事件查看器

图 5-30 用户权限分配

- 允许本地登录：允许用户直接在这台计算机上登录。
- 拒绝本地登录：与前一个权限刚好相反，此权限优先于前一个权限。
- 将工作站添加到域：允许用户将计算机加入域。
- 关闭系统：允许用户将此计算机关机。
- 从网络访问此计算机：允许用户通过网络上其他计算机连接，访问此计算机。
- 拒绝从网络访问此计算机：与前一个权限刚好相反，此权限优先于前一个权限。
- 从远程系统强制关机：允许用户从远程计算机来对这台计算机关机。
- 备份文件和目录：允许用户备份硬盘内的文件与文件夹。
- 还原文件和目录：允许用户还原所备份的文件与文件夹。
- 管理审核和安全日志：允许用户定义要审核的事件，也允许用户查询与清除安全日志。
- 更改系统时间：允许用户更改计算机的系统日期与时间。
- 加载和卸载设备驱动程序：允许用户加载与卸载设备的驱动程序。
- 取得文件或其他对象的所有权：允许夺取其他用户所拥有的文件、目录或其他对象的所有权。

（3）安全选项

安全选项是指一些和操作系统安全相关的设置，如图 5-31 所示，主要用来设置以下参数。

图 5-31 安全选项

- "交互式登录：无须按 Ctrl+Alt+Del"：使登录界面不要显示类似"按下 Ctrl+Alt+Delete 登录"的提示消息。
- "交互式登录：不显示最后的用户名"：客户端在登录界面上不显示上一次登录者的名字。
- "交互式登录：提示用户在过期之前更改密码"：用来设置在用户的密码过期前几天，提示用户更改密码。
- "交互式登录：之前登录到缓存的次数（域控制器不可用）"：域用户登录成功后，其账户信息会被存储到用户计算机的缓存区，如果之后此计算机因故无法与域控制器连接，该用户登录时还是可以通过缓存区的账户数据来验证身份与登录的。可以通过此策略来设置缓存区账户信息的数量，默认为记录 10 个登录用户的账户信息。

- "交互式登录：试图登录的用户的消息文本"：如果用户在计算机登录时，希望在其登录界面上能够显示提示信息，可以通过两个选项来设置，其中一个用来设置信息标题文字，一个用来设置信息内容。
- "关机：允许系统在未登录的情况下关闭"：在登录界面的右下角显示关机图标，以便在不需要登录的情况下可以直接通过此图标关机。

5.2.4 域和域控制器安全策略设置

可以针对域来设置安全策略，此策略设置会被应用到域内所有计算机与用户，也可以针对域内的组织单位来设置安全策略，会应用到该组织单位内的所有计算机与用户。

1．域安全策略的设置

选择菜单"开始"→"Windows 管理工具"→"策略管理"命令，打开"组策略管理"窗口，单击依次展开"域"→"nos.com"→"Default Domain Policy"，右击并在弹出的快捷菜单中选择"编辑"命令，弹出"组策略管理编辑器"窗口，如图 5-32 所示。由于它的设置方式与本地安全策略相同，此处不再重复，仅列出注意事项。

图 5-32 域安全策略

1）隶属于域的任何一台计算机都会受到域安全策略的影响。

2）隶属于域的计算机，若其本地安全策略设置与域安全策略设置有冲突，则以域安全策略设置优先，也就是本地设置自动无效。

3）域安全策略的设置发生变化时，这些策略需要应用到本地计算机后才对本地计算机有效。应用时，系统会比较域安全策略与本地安全策略，并以域安全策略的设置优先。本地计算机应用域策略的设置一般会在以下四个时机：①本地安全策略发生改动时；②本地计算机重新启动时；③如果此计算机是域控制器，则它默认每隔 5min 会自动应用；如果不是域控制器，则它默认每隔 90～120min 会自动应用，应用时会自动读取发生更改的设置，所有计算机每隔 16h 也会自动强制应用域安全策略内的所有设置，即策略没有发生变动；④可以执行 gpupdate /force 命令强制应用，即使域策略设置没有变化。

2．域控制器安全策略的设置

选择菜单"开始"→"Windows 管理工具"→"策略管理"命令，打开"组策略管理"窗口，依次单击展开"域"→"nos.com" →"Default Domain Controllers Policy"，右击鼠标并在弹出的快捷菜单中选择"编辑"命令进行编辑，它的设置方式与域安全策略、本地安全策略相同，此处不再重复介绍，以下仅列出要注意的事项。

- 位于 Domain Controllers 内所有的域控制器都会受到域控制器安全策略的影响。
- 域控制器安全的设置必须应用到域控制器后，这些设置对域控制器才有作用，应用时机前面已介绍过。
- 域控制器安全策略与域控制器的设置有冲突时，对位于 Domain Controllers 容器内的计算机来说，默认是以域控制器安全策略的设置优先，也就是域安全策略自动无效。不过账户策略例外：域安全策略中的账户策略设置对域内所有的用户都有效，即使用户账户位于组织单位 Domain Controllers 内也有效，也就是域控制器安全策略的账户策略对 Domain Controllers 容器内的用户没有作用。

5.3 拓展任务——利用组策略部署软件与限制软件运行

【任务描述】

可以通过 AD DS 强大的组策略功能来为企业内部用户部署软件与限制软件的运行，也就是自动为域中用户和计算机安装、维护与删除软件，同时利用组策略提供的限制规则，来限制或允许用户可以运行的软件和程序。

【任务目标】

通过部署 Acrobat Reader 软件，掌握组策略中部署软件的相关操作；通过限制 QQ 聊天软件，掌握组策略提供的软件限制规则。

5.3.1 软件部署概述

可以通过组策略来将软件部署给域用户与计算机，也就是域用户登录或成员计算机启动时会自动安装或很容易安装被部署的软件。而软件部署分为分配与发布两种，一般来说，这些软件需为 Windows Installer Package（也称为 MSI 应用程序），也就是其中包含着扩展名为.msi 的安装文件。软件部署涉及的操作如下。

1. 将软件分配给用户

当将一个软件通过组策略分配给域用户后，用户在任何一台域成员计算机登录时，这个软件会被通告给该用户，但这些软件并没有被安装，而是可能会设置与此软件有关的部分信息而已，例如可能会在"开始"菜单中自动建立该软件的快捷方式（这取决于该软件是否支持此项功能）。

2. 将软件分配给计算机

当将一个软件通过组策略分配给成员计算机后，这些计算机启动时就会自动安装这个软件（完整或部分安装，视软件而定），而且任何用户登录都可以使用此软件。用户登录后，就可以通过桌面或"开始"菜单中的快捷方式来使用软件。

3. 将软件发布给用户

当将一个软件通过组策略发布给域用户后，此软件并不会自动被安装到用户的计算机内，不过用户可以通过控制面板来安装这些软件。

4．自动修复软件

被发布或分配的软件可以具备自动修复的功能（视软件而定），也就是客户端在安装完成后，如果此软件内有关键的文件损毁、遗失或不小心被用户删除，则在用户运行该软件时，其系统会自动检测到此不正常现象，并重新安装这个文件。

5．删除软件

一个被发布或分配的软件，在客户端将其安装完成后，如果不想再让用户使用此软件，可以在组策略内从已发布或已分配的软件列表中将此软件删除，并设置下次客户端应用此策略时（例如用户登录或计算机启动时），自动将此软件从客户端计算机中删除。

5.3.2 软件发布与分配

以 Adobe Acrobat Reader DC 为例来说明软件的发布与分配，请先到互联网上下载该软件的安装文件（.msi），然后进行软件发布与分配操作。

1．发布软件

1）在域控制器服务器内（如 Ycserver2016）建立一个用来作为软件发布点的文件夹 D:\Packages，它将用来存储 MSI 应用程序，将相应的 Adobe Acrobat Reader DC 安装文件复制到此文件夹中。

2）选择文件夹"D:\Packages"，右击并在弹出的快捷菜单中选择"共享"命令，弹出"Packages 属性"对话框，如图 5-33 所示。

3）单击图 5-33 中的"共享"按钮，在弹出"文件共享"的对话框中，将此文件夹设定为共享文件夹，赋予"Everyone"读取的共享权限，如图 5-34 所示。

图 5-33 "共享"选项卡

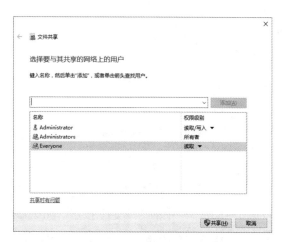

图 5-34 "文件共享"对话框

4）选择菜单"开始"→"Windows 管理工具"→"策略管理"命令，打开"组策略管理"窗口，依次单击展开"域"→"nos.com"→"ITDataCenter"，右击并在弹出的快捷菜单中选择"在这个域中创建 GPO 并在此处链接"命令，打开"新建 GPO"对话框，输入"发布软件 Acrobat"名称，单击"确定"按钮。

5）打开相应的"组策略管理编辑器"窗口，依次单击展开"用户配置"→"策略"→"软件设置"→"软件安装",如图 5-35 所示。

6)单击上方的"属性"图标,弹出"软件安装属性"对话框,在默认程序数据包位置输入"\\Ycserver2016\Packages",如图 5-36 所示。

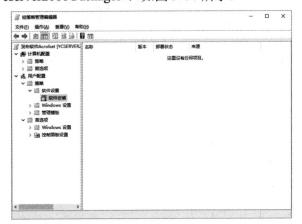

图 5-35 "组策略编辑器"窗口　　　　　图 5-36 "软件安装属性"对话框

7)单击图 5-36 中的"确定"按钮,在"组策略管理编辑器"窗口中选中"软件安装"项目,右击并在弹出的快捷菜单中选择"新建"→"数据包"命令,在弹出的"打开"对话框中,选择"AcroPro"(扩展名.msi 默认会被隐藏),如图 5-37 所示。

8)单击图 5-37 中的"打开"按钮,在弹出的"部署软件"对话框中选择部署软件的方式"已发布",如图 5-38 所示。

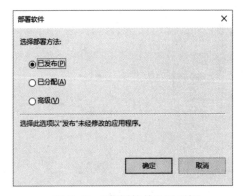

图 5-37 "打开"对话框　　　　　图 5-38 "部署软件"对话框

9)单击图 5-38 中的"确定"按钮,如图 5-39 所示,在"软件安装"策略右部区域显示"AcroPro"已被发布成功。

2. 客户端安装被发布的软件

软件发布完成后,可以到域成员计算机上通过控制面板来安装上述被发布的软件,具体的操作步骤如下。

1)在域成员计算机上(例如 Windows 10 系统)利用组织单位"ITDataCenter"中的用户账户"DeepBlue"登录域,然后双击桌面"控制面板"图标,弹出"控制面板"窗口,如图 5-40 所示。

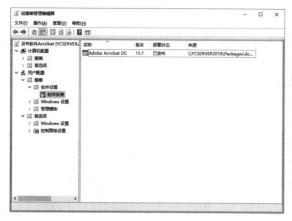

图 5-39 软件发布成功

图 5-40 "部署软件"对话框

2）单击"程序"图标处的"获得程序"按钮，弹出"获得程序"窗口，如图 5-41 所示，可以看到域控制器中发布的安装程序"Adobe Acrobat DC"。

3）选择已发布的软件"Adobe Acrobat DC"，然后单击上方的"安装"，安装过程和使用光盘安装没有什么区别，安装完成后在桌面上就可以看到"Adobe Acrobat DC"的图标，如图 5-42 所示。

图 5-41 "获得程序"窗口

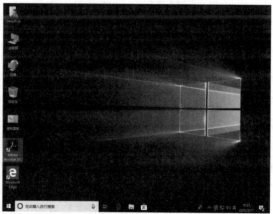

图 5-42 软件安装完毕

5.3.3 软件限制策略概述

在网络管理中可以通过软件限制策略提供的各种规则，来限制或允许用户可以运行的程序，此策略的安全级别分为以下三种。

- 不受限：所有登录的用户都可以运行指定的程序（只要用户拥有适当的访问权限，例如 NTFS 权限）。
- 不允许：不论用户对程序文件的访问权限如何，都不允许运行。
- 基本用户：允许以普通用户的权限（user 组的权限）来运行程序。

系统默认的安全级别是所有程序都不受限，也就是只要用户对要运行的程序文件拥有适当的访问权限，就可以运行此程序。不过可以通过哈希规则、证书规则、路径规则与网络区域规则 4 种规则来建立例外的安全级别，以便禁止用户运行所指定的程序。

1. 哈希规则

哈希是根据程序的文件内容算出来的一连串字节，不同程序有着不同的哈希值，所以系统可用它来识别程序。在为某个程序建立哈希规则，并利用它限制用户不允许运行此程序时，系统就会为该程序建立一个哈希值。而当用户要执行此程序时，Windows 系统就会比较自行算出来的哈希值是否与软件限制策略中的哈希值相同，如果相同，表示它就是被限制的程序，因此会被拒绝运行。

即使此程序的文件名被改变或被移动到其他位置，也不会改变哈希值，因此仍然会受到哈希规则的约束。如果用户计算机端的程序文件内容被修改的话（如感染计算机病毒），此时因为用户的计算机所算出的哈希值与规则中哈希值不同，因此不会认为它是受限制的程序，故不会拒绝此程序的运行。不同版本的程序，其安装文件的哈希值也不相同，因此应针对不同版本的安装文件，建立不同的哈希规则。

2. 证书规则

软件发行公司可以利用证书来签署其所开发的程序，而软件限制策略可以通过此数字证书来识别程序，也就是说可以建立证书规则来识别利用此证书所签署的程序，以便允许或拒绝用户执行此程序。

3. 路径规则

可以通过路径规则来允许或拒绝用户运行位于某个文件夹内的程序。由于是根据路径来识别程序，因此如果程序被移动到其他文件夹的话，此程序将不会再受到路径规则的约束。除了文件夹路径外，也可以通过注册表路径来限制，例如，开放用户可以执行在注册表中所指定的文件夹内的程序。

4. 网络区域规则

可以利用网络区域规则来允许或拒绝用户执行位于某个区域内的程序，这些区域包含"本地计算机""Internet""本地 Intranet""受信任的站点与受限制的站点"。

可能会针对同一个程序设置不同的软件限制规则，而这些规则的优先级由高到低为：哈希规则、证书规则、路径规则、网络区域规则。例如针对某个程序设置了哈希规则，并且设置其安全级别为不受限，然而同时针对此程序所在的文件夹设置了路径规则，并且设置其安全级别为不允许，此时因为哈希规则的优先级高于路径规则，故用户仍然可以运行该程序。

5.3.4 启用软件限制策略

可以通过本地计算机、站点、域与组织单位等四个不同地方来设置软件限制策略，例如，不要让组织单位"ITDataCenter"所有用户不能安装 QQ 聊天软件，相应的操作步骤如下。

1）在域控制服务器内（如 Ycserver2016）上，将 QQ 的安装软件复制到此计算机上，然后选择菜单"开始"→"Windows 管理工具"→"策略管理"命令，打开"组策略管理"窗口，单击依次展开"域"→"nos.com"→"ITDataCenter"，右击并在弹出的快捷菜单中选择"在这个域中创建 GPO 并在此处链接"命令，打开"新建 GPO"对话框，输入"QQ 软件限制"名称，单击"确定"按钮，如图 5-43 所示，目前还未进行过定义软件限制策略。

2）打开相应的"组策略管理编辑器"窗口，单击依次展开"用户配置"→"策略"→"安全设置"→"软件限制策略"→"安全级别"，如图 5-44 所示，从右侧"不受限"选项前面的对钩符号可知默认安全级别是所有程序都不受限，也就是只要用户对要运行的程序拥有适当访问权限的话，就可以运行该程序。

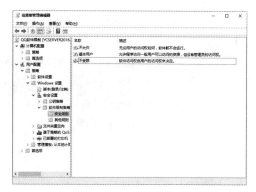

图 5-43 "组策略管理编辑器"窗口　　　　　图 5-44 "安全级别"策略

3）在如图 5-44 所示的区域中，选择"其他规则"策略，右击并在弹出的快捷菜单中选择"新建哈希规则"命令，弹出"新建哈希规则"对话框，如图 5-45 所示。

4）单击"浏览"按钮，在弹出的"打开"对话框中，在相应的存储文件位置选择 QQ 的安装文件"PCQQ2020"，如图 5-46 所示。

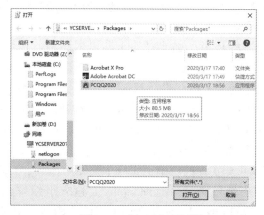

图 5-45 "新建哈希规则"对话框　　　　　图 5-46 "打开"对话框

5）单击"打开"按钮，在弹出的"新建哈希规则"对话框中，设置安全级别为"不允许"，如图 5-47 所示。

6）单击"确定"按钮，如图 5-48 所示，在"其他规则"策略右部区域中，可以看到软件限制策略已被编辑完成。

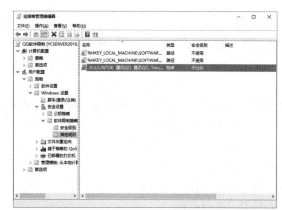

图 5-47 "新建哈希规则"对话框　　　　　图 5-48 "组策略管理编辑器"窗口

7）位于组织单位"ITDataCenter"内的用户应用此策略后，在执行 QQ 的安装文件 PCQQ2020.exe 时会被拒绝，并且会弹出如图 5-49 所示的警告界面。

图 5-49　阻止应用警告界面

5.4　项目实训——Windows Server 2016 组策略的管理

1．实训目标

1）熟悉 Windows Server 2016 本地计算机策略和域组策略的设置。

2）熟悉 Windows Server 2016 使用组策略部署软件。

3）熟悉 Windows Server 2016 使用组策略限制软件的运行。

2．实训设备

1）网络环境：已建好的千兆以太网络，包含交换机、五类（或超五类）UTP 直通线若干、三台或以上数量的计算机（计算机配置要求 CPU 最低 1.6GHz 以上 64 位，内存不小于 4096MB，硬盘空间不低于 120GB，有光驱和网卡）。

2）软件：①Windows Server 2016 安装光盘，或硬盘中有全部的安装程序；②Windows 10 安装光盘，或硬盘中有全部的安装程序；③VMWare Workstation 15.5 安装程序。

3．实训内容

在项目 4 实训的基础上完成本实训，在域中的计算机上设置以下内容。

1）在域控制器 teacher.com 上建立组织单元 Student_Policy，将域中账户 Eye、Ear、Mouth、Eyebrow、Nose 移动到组织单元 Student_Policy 中。

2）设置计算机 RSDZClient2016 禁用本地计算机配置策略：显示"关闭'事件跟踪程序'"。

3）设置用户 Eye 本地计算机用户配置策略，对其隐藏用户控制面板中的"管理工具"。

4）设置用户 Ear 的"Default Domain Policy"中计算机配置策略，设置账户锁定时间为 120min。

5）设置组织单元 Student_Policy 的"Default Domain Controller Policy"中用户权限配置策略，不允许用户更改计算机的系统日期与时间。

6）设置组织单元 Student_Policy 的所有域组策略的用户配置，限制用户访问所有可移动存储设备。

7）设置组织单元 Student_Policy 的所有域组策略的安全设置，审核打印机的访问行为，并在日志查看器中查看所有事件。

8）在域控制器 teacher.com 上使用组策略部署软件（Office 2016），并在 RSDZClient2016 上利用部署的安装软件。

9）在域控制器 teacher.com 上限制 360 杀毒软件的运行，并在 RSDZClient2016 上测试是否能成功阻止 360 杀毒软件。

5.5 项目习题

一、填空题

（1）可以认为_____是管理员为计算机和用户定义的，用来控制应用程序、系统设置和管理模板的一种机制，和控制面板、注册表一样，是修改 Windows 系统设置的工具。

（2）在"运行"对话框中输入"_____"，即可打开"本地组策略编辑器"窗口。

（3）从 Windows Vista 和 Windows Server 2008 开始，组策略设置和先前 Windows 的版本有了不同：组策略设置被分成了_____和_____设置两个部分。

（4）AD DS 域有两个内置的 GPO，分别是_____和_____。

（5）在网络管理中可以通过软件限制策略提供的各种规则，来限制或允许用户可以运行的程序，此策略的安全级别分为以下三种：不受限、_____、基本用户。

二、选择题

（1）下面（　　）不是组策略所提供的主要功能。

  A．账户策略的设置　　　　　　B．用户工作环境的设置
  C．软件的部署　　　　　　　　D．运行杀毒软件

（2）下列（　　）域成员计算机应用 GPO 计算机配置值的应用时机描述不正确。

  A．计算机开机时会自动应用
  B．域控制器默认每隔 15min 自动应用一次
  C．非域控制器：默认是每隔 90～120min 自动应用一次
  D．不论策略设置值是否发生变化，都会每隔 16h 自动应用一次安全设置策略

（3）下面（　　）不是密码策略默认值中复杂性要求的内容。

  A．不能包含用户账户名称或全名
  B．长度至少 6 个字符
  C．最近使用的几次密码不可以使用
  D．至少要包含 A～Z，a～z，0～9，非字母字符（例如!、$、#、%）等 4 组字符中的 3 组

（4）下面（　　）规则不能建立例外的安全级别，以便禁止用户运行所指定的程序。

  A．哈希规则　　　B．CA　　　C．路径规则　　　D．证书规则

（5）在首选项配置中需要按（　　）键来启用选项卡上的所有设置。

  A．〈F5〉　　　B．〈F6〉　　　C．〈F7〉　　　D．〈F8〉

三、问答题

（1）简述策略设置与首选项设置的区别与相同之处。

（2）简述组策略的应用时机。

（3）如何使用组策略在域中计算机上进行常用的软件部署与分配？

（4）如何使用组策略在域中计算机上限制部分软件的运行？

项目 6　文件系统的管理

项目情境：

如何安全有效地管理公司信息数据文件？

瑞思达智是一家主营计算机系统集成、软件开发与测试、信息化设计与咨询等业务的网络科技公司，2015 年为湖北高新产业投资集团建设了公司内部的业务网络，覆盖了公司 10 余个子公司、三四十个部门近 200 台计算机。

由于集团公司没有架设业务网络专用的文件服务器，所以公司的各种信息数据管理非常不方便，如文件访问权限设置不当与误删除、数据的共享与加密、无关文件占用服务器的存储空间等。作为技术人员，你如何利用 Windows Server 2016 文件系统来安全有效地管理公司的各项信息数据文件？

项目描述：NTFS 是 Windows Server 2016 使用的文件系统，它具有强大的数据管理功能，例如，可以通过 NTFS（New Technology File System）设置文件和文件夹的权限、支持文件系统的压缩和加密、限制用户对磁盘空间的使用等安全与管理功能。同时通过搭建文件服务器，共享网络中的文件资源，将分散的网络资源有逻辑地整合到一台计算机，简化访问者的访问。

项目目标：
- 掌握 NTFS 和 FAT（File Allocation Table，文件分配表）文件系统的区别。
- 熟悉利用 NTFS 管理数据。
- 熟悉共享文件夹的创建、访问与管理。
- 掌握分布式文件系统。

6.1　知识导航——文件系统的概念

文件和文件夹是计算机系统组织数据的集合单位。Windows Server 2016 提供了强大的文件管理功能，用户可以十分方便地在计算机或网络上处理、使用、组织、共享和保护文件及文件夹。

文件系统则是指文件命名、存储和组织的总体结构。和早期 Windows Server 版本不同的是，运行 Windows Server 2016 的计算机的磁盘分区，只能使用 NTFS 型的文件系统。下面将对 FAT（包括 FAT16 和 FAT32）、NTFS 以及 ReFS 等文件系统进行比较，以使用户更了解 NTFS 的诸多优点和特性。

6.1.1 FAT 文件系统

FAT 包括 FAT12、FAT16 和 FAT32 三种。FAT 是一种适合小容量、对系统安全性要求不高、需要双重引导的用户应选择使用的文件系统。

在推出 FAT32 文件系统之前，通常 PC 使用的文件系统是 FAT16，如 MS-DOS、Win 95 等系统。FAT16 支持的最大分区是 2^{16}（即 65536）个簇，每簇 64 个扇区，每扇区 512B，所以最大支持分区为 2.147GB。FAT16 最大的缺点就是簇的大小是和分区有关的，这样当硬盘中存放较多小文件时，会浪费大量的空间。

FAT32 是 FAT16 的派生文件系统，支持大到 2TB（2048GB）的磁盘分区，它使用的簇比 FAT16 小，从而有效地节约了磁盘空间。FAT 文件系统是一种最初用于小型磁盘和简单文件夹结构的简单文件系统，FAT 在容量低于 512MB 的卷上工作最好，当卷容量超过 1.024GB 时，效率就显得很低。对于 400～500MB 以下的卷，FAT 文件系统相对于 NTFS 来说是一个比较好的选择。不过对于使用 Windows Server 2016 的用户来说，FAT 文件系统已不能满足系统的要求。

FAT 文件系统的优点主要是所占容量与计算机的开销很少，支持各种操作系统，在多种操作系统之间可移植。这使得 FAT 文件系统可以方便地用于传送数据，但同时也带来较大的安全隐患：从机器上拆下的 FAT 格式的硬盘，几乎可以装到任何其他计算机上，不需要任何专用软件即可直接读写。

6.1.2 NTFS

NTFS 是 Windows Server 2016 默认使用的高性能文件系统，它支持许多新的文件安全、加密和容错功能，而这些功能也正是 FAT 文件系统所缺少的。

NTFS 是从 Windows NT 开始使用的文件系统，它是一个特别为网络和磁盘配额、文件加密等管理安全特性设计的磁盘格式。NTFS 包括了文件服务器和高端个人计算机所需的安全特性，它还支持对于关键数据的访问控制和私有权限。除了可以赋予计算机中的共享文件夹特定权限外，NTFS 文件和文件夹无论共享与否都可以赋予权限，NTFS 是唯一允许为单个文件指定权限的文件系统。但是，当用户从 NTFS 卷移动或复制文件到 FAT 卷时，NTFS 权限和其他特有属性将会丢失。

NTFS 设计简单但功能强大，从本质上讲，卷中的一切都是文件，文件中的一切都是属性，从数据属性到安全属性，再到文件名属性，NTFS 卷中的每个扇区都分配给了某个文件，甚至文件系统的超数据（描述文件系统自身的信息）也是文件的一部分。

NTFS 与 FAT 文件系统相比，主要的优点有以下几个方面。
- 更安全的文件保障，提供文件加密功能，能够大大提高信息的安全性。
- 更好的磁盘压缩功能。
- 支持最大达 2TB 的硬盘，并且随着磁盘容量的增大，性能并不像 FAT 那样随之降低。
- 可以赋予单个文件和文件夹权限：对同一个文件或者文件夹可以为不同用户指定不同的权限，在 NTFS 中，可以为单个用户设置权限。

- NTFS 具有恢复能力，无须用户在 NTFS 卷中运行磁盘修复程序。在系统崩溃事件中，NTFS 使用日志文件和复查点信息自动恢复文件系统的一致性。
- NTFS 文件夹的 B-Tree 结构使得用户在访问较大文件夹中的文件时，速度甚至比访问卷中较小文件夹中的文件还快。
- 可以在 NTFS 卷中压缩单个文件和文件夹：NTFS 系统的压缩机制可以让用户直接读写压缩文件，而不需要使用解压软件将这些文件展开。
- 支持活动目录和域：此特性可以帮助用户方便灵活地查看和控制网络资源。
- 支持稀疏文件：稀疏文件是应用程序生成的一种特殊文件，文件尺寸非常大，但实际上只需要很少的磁盘空间，NTFS 只需要给这种文件实际写入的数据分配磁盘存储空间。
- 支持磁盘配额：磁盘配额可以管理和控制每个用户所能使用的最大磁盘空间。

6.1.3 ReFS

ReFS（Resilient File System，弹性文件系统）是在 Windows Server 2012 中新引入的一种文件系统，其设计目的是要提升可靠性，特别是发生电源断电或是媒介故障的时候（如磁盘的老化），目前仅能用于存储数据的磁盘系统文件格式，但它能提供增强的数据验证和错误纠正，支持更大的文件、目录和卷。ReFS 适用于以下场景。

- Microsoft Hyper-V 工作负载：当使用.vhd 和.Vhdx 文件时，ReFS 具有性能优势。
- 存储空间直通（Storage Spaces Direct）：在 Windows Server 2016 中，集群中的节点可以共享直接连接的存储，ReFS 提供了更高的吞吐量，也支持集群节点使用更高容量的磁盘。
- 存档（Archive）数据：弹性文件系统意味着用户可以更长时间地保留数据。

ReFS 相对于 NTFS 的优势如下。

- 数据可用性：可以在卷上实时删除命名空间中损坏的数据，直接实现联机修复功能。
- 可伸缩性：适用于存储 PB 级甚至更海量的数据，而不影响文件系统的性能。支持 2^{64}B 的卷大小，甚至还支持（使用 16KB 簇大小）2^{78}B 的卷大小，对单个文件大小和目录中文件个数的支持数分别为 2^{64}B 和 2^{64} 个。
- 主动纠错能力：数据完整性功能由 Scrubber 完整性扫描仪实现，会定期执行卷扫描，从而识别潜在损坏并主动触发损坏数据的修复操作，不再需要使用 Chkdsk 命令修复磁盘了，即使是突然断电等情况也不需要修复，将硬盘坏道对数据的影响降到最低。

ReFS 目前还存在着以下不足。

- 不支持安装系统，不能作为引导分区，不能用于可移除介质或驱动器，同时 NTFS 格式文件系统不能直接转换为 ReFS，无法转换现有数据，只能复制数据。
- 对于某些作用有限并且增加系统复杂性和提高占用率的功能不再支持，包括命名流、对象 ID、短名称、压缩、加密文件系统、用户数据事务、稀疏、硬链接、扩展属性、数据重复删除以及磁盘配额等。

6.1.4 NTFS 权限

网络中最重要的是安全，安全中最重要的是权限。在网络中，网络管理员首先面对的是权限，日常解决的问题是权限问题，最终出现漏洞还是由于权限设置。权限决定着用户可以访问的数据、资源，也决定着用户享受的服务，权限甚至决定着用户拥有什么样的桌面。

对于 NTFS 磁盘分区上的每一个文件和文件夹，都存储一个远程访问控制列表（Access Control List，ACL），包含被授权访问该文件或文件夹的所有用户账号、组和计算机，包含被授予的访问类型。为了让一个用户访问某个文件或者文件夹，针对用户账号、组或者该用户所属的计算机，ACL 必须包含访问控制项（Access Control Entry，ACE）。为了让用户能够访问文件或者文件夹，访问控制项必须具有用户所请求的控制类型。如果 ACL 中没有相应的 ACE 存在，Windows Server 2016 就拒绝该用户访问相应的资源。

1. NTFS 权限的类型

利用 NTFS 权限，可以控制用户账号和组对文件夹和个别文件的访问。NTFS 权限只适用于 NTFS 磁盘分区，不能用于 FAT 文件系统格式化的磁盘分区。可以利用 NTFS 权限指定用户、组和计算机能够访问的文件和文件夹，以及操作文件中或者文件夹中的内容。

1）NTFS 文件夹权限：可以通过授予文件夹权限，来控制对文件夹和包含在这些文件夹中的文件和子文件夹的访问，表 6-1 列出了标准 NTFS 文件夹权限及访问类型。

表 6-1　标准 NTFS 文件夹权限列表

NTFS 文件夹权限	允许访问类型
完全控制	改变权限，成为拥有人，删除子文件夹和文件，以及执行允许所有其他 NTFS 文件夹权限进行的动作
修改	删除文件夹、执行"写入"权限和"读取和执行"权限的动作
读取和执行	遍历文件夹，执行允许"读取"权限和"列出文件夹内容"权限的动作
列出文件夹目录	查看文件夹中的文件和子文件夹的名称
读取	查看文件夹中的文件和子文件夹，查看文件夹属性、拥有人和权限
写入	在文件夹内创建新的文件和子文件夹，修改文件夹属性，查看文件夹的拥有人和权限
特殊权限	其他不常用权限，例如删除权限的权限

2）NTFS 文件权限：可以通过授予文件权限，控制对文件的访问。表 6-2 列出了可以授予的标准 NTFS 文件权限和各个权限提供给用户的访问类型。

表 6-2　标准 NTFS 文件权限列表

NTFS 文件权限	允许访问类型
完全控制	修改和删除文件，执行由"写入"权限和"读取和执行"权限进行的动作
修改	修改和删除文件，执行由"写入"权限和"读取和执行"权限进行的动作
读取和执行	运行应用程序，执行由"读取"权限进行的动作
读取	覆盖写入文件，修改文件属性，查看文件拥有人和权限
写入	读文件，查看文件属性、拥有人和权限
特殊权限	其他不常用权限，例如删除权限的权限

无论有什么权限保护文件，被准许对文件夹进行"完全控制"的组或用户都可以删除该文件夹内的任何文件。尽管"列出文件夹内容"和"读取和运行"看起来有相同的特殊权限，但这些权限在继承时却有所不同。"列出文件夹内容"可以被文件夹继承而不能被文件继承，并且它只在查看文件夹权限时才会显示。"读取和运行"可以被文件和文件夹继承，并且在查看文件和文件夹权限时始终出现。

2. NTFS 权限的应用规则

如果将针对某个文件或者文件夹的权限授予了个别用户账号，又授予了某个组，而该用户是该组的一个成员，那么该用户就对同样的资源有了多个权限。NTFS 如何组合多个权限，存在一些规则和优先权。

1）权限是累加的：一个用户对某个资源的有效权限是授予这一用户账号的 NTFS 权限与授予该用户所属组的 NTFS 权限的组合。例如，如果某个用户 Long 对某个文件夹 Folder 有"读取"权限，该用户 Long 是某个组 Sales 的成员，而 Sales 对该文件夹 Folder 有"写入"权限，那么该用户 Long 对该文件夹 Folder 就有"读取"和"写入"两种权限。

2）文件权限超越文件夹权限：NTFS 的文件权限超越 NTFS 的文件夹权限。例如，某个用户 Long 对某个文件有"修改"权限，那么即使 Long 对于包含该文件的文件夹只有"读取"权限，但 Long 仍然能够修改该文件。

3）权限的继承：新建的文件或者文件夹会自动继承上一级目录或者驱动器的 NTFS 权限，但是从上一级继续下来的权限是不能直接修改的，只能在此基础上添加其他权限。当然这并不是绝对的，只要有足够的权限，例如系统管理员，就可以修改这个继承下来的权限，或者让文件不再继承上一级目录或者驱动器的 NTFS 权限。

4）拒绝权限超越其他权限：可以拒绝某用户账号或者组对特定文件或者文件夹的访问，为此，将"拒绝"权限授予该用户账号或者组即可。这样，即使某个用户作为某个组的成员具有访问该文件或文件夹的权限，但是因为将"拒绝"权限授予该用户，所以该用户具有的任何其他权限也被阻止了。因此，对于权限的累积规则来说，"拒绝"权限是一个例外。

应该避免使用"拒绝"权限，因为允许用户和组进行访问比明确拒绝他们进行访问更容易做到。应该巧妙地构造组和组织文件夹中的资源，使各种各样的"允许"权限就足以满足需要，从而可避免使用"拒绝"权限。例如，用户 Long 同时属于 Sales 组和 Manager 组，文件 File1 和 File2 是文件夹 Folder 下面的两个文件。其中，Long 拥有对 Folder 的读取权限，Sales 拥有 Folder 的读取和写入权限，Manager 则被禁止对 File2 的写操作。由于使用了"拒绝"权限，用户 Long 拥有对 Folder 和 File1 的读取和写入权限，但对 File2 只有读取权限。用户不具有某种访问权限和明确地拒绝用户的访问权限，这二者之间是有区别的。"拒绝"权限是通过在 ACL 中添加一个针对特定文件或文件夹的拒绝元素而实现的。这就意味着管理员还有另一种拒绝访问的手段，而不仅仅是不允许某个用户访问文件或文件夹。

5）移动和复制操作对权限的影响：移动和复制操作还是有区别的，复制是原文件还在，移动则是原文件不在，它们的操作对权限的影响分为三种情况：同一 NTFS 分区、不同 NTFS 分区以及 FAT 分区，它们之间的不同如表 6-3 所示。

表 6-3 移动和复制操作对权限的影响

操作类型	同一 NTFS 分区	不同 NTFS 分区	FAT 分区
移动	继承目标文件（夹）权限	继承目标文件（夹）权限	丢失权限
复制	保留原文件（夹）权限	继承目标文件（夹）权限	丢失权限

3. 查看文件与文件夹的访问许可权

如果用户需要查看文件或文件夹的属性，首先应选定文件夹或文件，右击打开快捷菜单，然后选择"属性"命令，在打开的文件夹或文件的属性对话框中单击"安全"标签，如图 6-1 和图 6-2 所示。

图 6-1　文件夹权限

图 6-2　文件权限

在"组或用户名"列表框中，列出了对选定的文件夹或文件具有访问许可权限的组和用户。当选定了某个组或用户后，该组或用户所具有的各种访问权限将显示在权限列表中。这里选中的是 Administrators 组，从图 6-1 和图 6-2 中可以看到，该组的所有用户具有对文件夹"完全控制""修改""读取及执行""列出文件夹目录""读取"和"写入"权限，对文件"完全控制""修改""读取及执行""读取"和"写入"

权限。没有列出来的用户也可能具有对文件或文件夹的访问许可权，因为用户可能属于该选项中列出的某个组。因此，最好不要把对文件的访问许可权分配给各个用户，而应先创建组，把许可权分配给组，然后把用户添加到组中，这样需要更改权限的时候，只需要更改整个组的访问许可权，而不必逐个修改每个用户。

4. 更改文件或文件夹的访问许可权

当用户需要更改文件或文件夹的权限时，必须具有对它的更改权限或拥有权。用户可以在如图 6-1 或图 6-2 所示的对话框中，选择需要设置的用户或组，然后单击"编辑"按钮，打开选定对象的权限项目对话框，如图 6-3 所示。此时，用户可以对选定对象的访问权限进行更加全面的设置。用户可以在如图 6-1 或图 6-2 所示的对话框中，选择需要设置的用户或组，然后单击"高级"按钮，打开如图 6-4 所示的访问控制对话框，针对特殊权限或高级权限进行更详细的设置。

图 6-3　更改访问权限

图 6-4　设置高级访问权限

6.2　新手任务——利用 NTFS 管理文件数据

【任务描述】

在 Windows Server 2016 中，可以很好地利用 NTFS 的各项特性来管理数据，例如，利用 EFS 保护数据安全，在 NTFS 分区上压缩数据，配置 NTFS 分区上的磁盘限额，以及配置卷影副本等，与 FAT32 分区格式相比有较大的优势。

【任务目标】

通过任务掌握加密文件系统、压缩、磁盘限额以及卷影副本等的操作，充分地利用 NTFS 的特性管理好各项文件数据。

6.2.1　加密文件系统

Windows Server 2016 提供的文件/文件夹加密功能是通过加密文件系统（Encrypting File System，EFS）实现的。加密文件系统提供了用于在 NTFS 卷上存储加密文件的核心文件加密技术。由于 EFS 与文件系统集成，因此使管理更方便，使系统难以被攻击，并且对用户是透明的，此技术对于保护计算机上可能易被其他用户访问的数据特别有用。

EFS 对用户是透明的，也就是说，如果用户加密了一些数据，那么用户对这些数据的访问将是完全允许的，并不会受到任何限制。而其他非授权用户试图访问加密过的数据，将会收到"访问拒绝"的错误提示。EFS 加密的用户验证过程是在登录 Windows 时进行的，只要登录到 Windows，就可以打开任何一个被授权的加密文件。

只有 NTFS 分区内的文件或文件夹才能被加密。如果将加密的文件或文件夹复制或移动到非 NTFS 分区内，则该文件或文件夹将会被解密。当用户将未加密的文件或文件夹移动或复制到加密文件夹后，该文件或文件夹会自动加密；然而将一个加密文件或文件夹移动或复制到非加密文件夹后，该文件或文件夹仍然会保持加密状态。这是因为加密过程是把加密密钥存储在文件或文件夹头部的 DDF（Data Decryption Field，数据解密域）和 DRF（Data Recovery Field，数据恢复域）中，与被加密的文件或文件夹形成一个整体，即加密属性跟随文件或文件夹。

例如，"DeepBlue"是公司的网络管理员，公司有一台服务器可供公司所有员工访问。尽管已经在多数文件夹上配置了 NTFS 权限来限制未授权用户查看文件，但仍希望能使"D:\WindowsServer2016Packages"文件夹达到更高级别的安全性，保证只有此文件夹的所有者"DeepBlue"可读，其他用户即使具有完全控制权限（如 Administrator）也无权访问。

1）在域中 Windows 10 计算机上以用户"DeepBlue"身份登录，打开"D:\WindowsServer 2016 Packages"文件夹，右击并在弹出的快捷菜单中选择"属性"命令，打开如图 6-5 所示的"属性"对话框，在"常规"选项卡中单击"高级"按钮。

2）在如图 6-6 所示的"高级属性"对话框中，选中"加密内容以便保护数据"复选框，也可以单击"详细信息"按钮，打开此文件的加密详细信息对话框，如图 6-7 所示，可以将需要授权访问此文件的用户添加进来。

图 6-5 设置文件夹属性

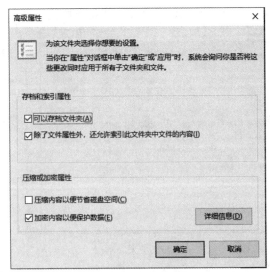

图 6-6 加密文件夹

3）单击"确定"按钮，将出现如图 6-8 所示的"确认属性更改"对话框。这里有两个选项，区别如下。

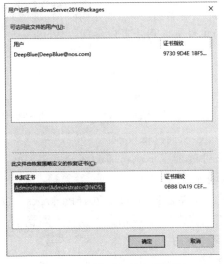

图 6-7 加密详细信息对话框

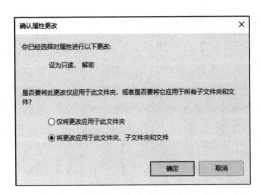

图 6-8 确认属性更改

- 仅将更改应用于此文件夹：以后在此文件夹内添加的文件、子文件夹与子文件夹内的文件都会被自动加密，但不会影响到此文件夹内现有的文件与文件夹。
- 将更改应用于此文件夹、子文件夹和文件：不但以后在此文件夹内新增的文件、子文件夹与子文件夹内的都会被自动加密，而且已经存在于此文件夹内的现有文件、子文件夹与子文件夹的文件都被一并加密。

这里使用默认选项"将更改应用于此文件夹、子文件夹和文件"。

4）单击"确定"按钮，回到"属性"对话框，然后单击"D:\WindowsServer2016Packages"文件夹，加密过的 NTFS 文件或文件夹右上角会有一把黄色的小锁图标，如图 6-9 所示。

5）此时若试图打开文件夹中的文件"key.txt"，将弹出一个拒绝访问的提示框，如图 6-10 所示。注销 Administrator，再以用户"DeepBlue"身份登录，可以直接访问自己加密过的文件，可以看出加密文件对于加密者是透明的，并且仅允许加密者本人访问。

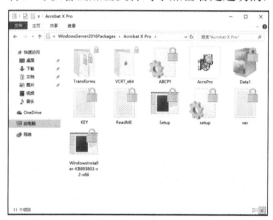
图 6-9 加密后的文件夹显示

图 6-10 拒绝 Administrator 访问

① 利用加密文件系统加密的文件，只有存储在硬盘内才会被加密，通过网络发送时是不加密的，可以通过 IPSec 或 WebDev 等来加密。

② 加密文件或文件夹不能防止被有权限的用户删除或列出文件的目录，因此在加密的同时可以通过设置 NTFS 权限来共同保障文件系统的安全性。

③ 也可以使用 cipher.exe 程序来加密和解密文件与文件夹，用法可以参阅"Windows 帮助和支持"。

6.2.2 NTFS 压缩

NTFS 中的文件和文件夹都具有压缩属性，NTFS 压缩可以节约磁盘空间。当用户或应用程序要读写压缩文件时，系统会自动将文件进行解压和压缩，从而降低性能。

例如，服务器的磁盘空间不足，希望在保留现有文件的情况下，再增加部分可用空间，对"D:\WindowsServer2016Packages"文件夹进行压缩，以增加可用空间。

1）在服务器上以 Administrator 身份登录，打开"D:\WindowsServer2016Packages"文件夹，右击并在弹出的快捷菜单中选择"属性"命令，打开如图 6-11 所示的"属性"对话框，此时观察到"数据"文件夹的大小为 8.42GB，实际占用空间 9GB。

2）在"常规"选项卡中单击"高级"按钮，打开如图 6-6 所示的"高级属性"对话框，勾选"压缩内容以便节省磁盘空间"复选框,单击"确定"按钮,回到"数据 属性"对话框,单击"应用"按钮,出现如图 6-8 所示的"确认属性更改"对话框,这里保持默认选项"将更改应用于此文件夹、子文件夹和文件"。

3)单击"确定"按钮,回到"属性"对话框,如图 6-12 所示,此时观察此文件夹压缩后的大小仍然为 8.42GB,但是占用的空间已经减少至 8.20GB。也就是说通过压缩获得了 0.80GB 的可用空间。单击"确定"按钮,文件夹的图标右上角会有蓝色双箭头,以此来表示已压缩过的 NTFS 文件或文件夹。

图 6-11　压缩前的大小　　　　　　　图 6-12　压缩后的大小

① NTFS 的压缩和 EFS 加密无法同时使用,所以对于需要加密的文件或文件夹最好就不要压缩。
② 当复制或移动 NTFS 分区内的文件或文件夹到另一个位置后,其压缩属性的变化与 NTFS 权限的变化是相同的,此处不再重复描述。
③ ReFS、FAT16、FAT32 文件格式都不支持 NTFS 压缩。
④ 也可以使用 compact.exe 程序来压缩和解压缩文件与文件夹。

6.2.3　磁盘配额

Windows NT 系统的缺陷之一就是没有磁盘配额管理,这样就很难控制网络中用户使用磁盘空间的大小。如果某个用户恶意占用太多的磁盘空间,将导致系统空间不足。Windows Server 2016 的磁盘配额可以限制用户对磁盘空间的无限使用,磁盘配额的工作过程是磁盘配额管理器会根据网络系统管理员设置的条件,监视对受保护的磁盘卷的写入操作。如果受保护的卷达到或超过某个特定的水平,就会有一条消息被发送到向该卷进行写入操作的用户,警告该卷接近配额限制了,或配额管理器会阻止该用户对该卷的写入。

Windows Server 2016 进行配额管理是基于用户和卷,限额的磁盘是 Windows 卷,不论卷跨越几个物理硬盘或者一个物理硬盘有几个卷,而不是各个物理硬盘。要在卷上使用磁盘限额,该卷的文件系统必须是 NTFS。启用磁盘配额对计算机的性能有少许影响,但对合理使用磁盘意义重大。

在 Windows Server 2016 资源管理器中，右击要启动磁盘配额的卷，在快捷菜单中选择"属性"选项，打开"磁盘"属性窗口，选择"配额"选项卡，勾选"启用配额管理"复选框，如图 6-13 所示。各选项的含义如下。

- "拒绝将磁盘空间给超过配额限制的用户"选项：若勾选，超过其配额限制的用户，将收到来自 Windows 的"磁盘空间不足"错误信息，并且无法将额外的数据写入卷中；若没有选中该复选框，则对用户写入数据的大小没有限制。如果不想拒绝用户对卷的访问，但想跟踪每个用户的磁盘空间使用情况，可以启用配额但不限制磁盘空间的使用，也可指定当用户超过配额警告级别或超过配额限制时是否要记录事件。
- "将磁盘空间限制为"选项：输入允许卷的新用户使用的磁盘空间量，以及在将事件写入系统日志前已经使用的磁盘空间量。管理员可以在"事件查看器"中查看这些事件，在磁盘空间和警告级别中可以使用十进制数值（如 100），并从下位列表中选择适当的单位（如 KB、MB、GB 等）。
- "用户超出配额限制时记录事件"选项：如果启用配额，则只要用户超过其配置限制，事件就会写入本地计算机的系统日志中。管理员可以使用"事件查看器"，通过筛选磁盘事件类型来查看这些事件。默认情况下，配额事件每小时都会写入本地计算机的系统日志。
- "用户超过警告等级时记录事件"选项：如果启用配额，则只要用户超过其警告级别，事件就会写入本地计算机的系统日志中。管理员可以使用"事件查看器"，通过筛选磁盘事件类型来查看这些事件。默认情况下，配额每小时都会写入本地计算机的系统日志。

设置完毕，单击"确定"按钮，弹出"磁盘配额"相关的信息提示对话框，如图 6-14 所示，单击"确定"按钮，启用磁盘配额。如果要让某个用户使用更多的空间，可以为用户单独指定磁盘配额。具体的操作步骤如下。

图 6-13 "配额"选项卡

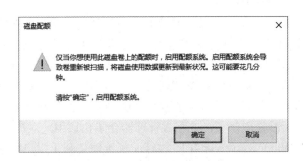

图 6-14 "硬盘配额"提示对话框

1）单击"配额"选项卡中的"配额项"按钮，弹出"配额项"窗口，如图 6-15 所示，单击"配额"下拉菜单中的"新建配额项"选项，或单击工具栏中的"新建配额项"按钮，显示

"选择用户"窗口，单击"高级"按钮，再单击"立即查找"按钮，即可在"搜索结果"列表框中选择当前计算机中的用户。

2）选择要指定配额的用户后，单击"确定"按钮，返回"选择用户"窗口，然后单击"确定"按钮，弹出如图 6-16 所示"添加新配额项"窗口。

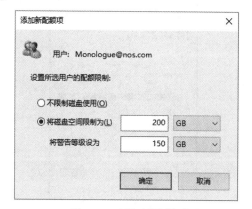

图 6-15　本地卷的磁盘配额项　　　　　　　　图 6-16　添加新配额项

3）选中"将磁盘空间限制"单选按钮，并在其后的文本框中为该用户设置访问磁盘的空间，然后单击"确定"按钮，保存所做设置，至此该磁盘配额的设置工作完成，指定的用户被添加到本地卷配额项列表中，在配额项窗口中可以监视每个用户的磁盘配额使用情况，并可单独设置每个用户可使用的磁盘空间。

① 磁盘配额功能在共享及上传文件时都有效，即不管是在服务器上的共享文件夹中存放文件，还是通过 FTP 来上传文件，所有的文件总尺寸都不能超过磁盘限额所规定的空间大小。

② 磁盘配额默认对系统管理员不起作用。

③ ReFS、FAT16、FAT32 文件格式都不支持磁盘配额。

④ 用户的已用空间是根据文件的所有者来计算的，如果有压缩的文件或文件夹，其已用空间是用未压缩状态来计算的。

6.2.4　卷影副本

共享文件夹的卷影副本提供位于共享资源（如文件服务器）上的实时文件副本。通过使用共享文件夹的卷影副本，用户可以查看在过去某个时刻存在的共享文件和文件夹，访问文件的以前版本或卷影副本非常有用，原因如下：①恢复意外删除的文件，如果意外地删除了某文件，则可以打开前一版本，然后将其复制到安全的位置；②恢复意外覆盖的文件，如果意外覆盖了某个文件，则可以恢复该文件的前一版本；③在处理文件的同时对文件版本进行比较，当希望检查一个文件的两个版本之间发生的更改时，可以使用以前的版本。

启用和设置卷影副本的具体操作步骤如下。

1）在 Windows Server 2016 资源管理器中，右击要启动卷影副本的卷，在快捷菜单中选择"属性"选项，打开"磁盘"属性窗口，选择"卷影副本"选项卡，如图 6-17 所示。

2）选择要启用"卷影复制"的驱动器（例如 E:），单击"启用"按钮，弹出"启用卷影复制"对话框，如图 6-18 所示，单击"是"按钮，此时系统会自动为该磁盘创建第一个"卷影副本"，也就是磁盘内所有共享文件夹内的文件都复制到"卷影副本"存储区内，而且系统默认以后会在星期一至星期五的上午 7：00 与下午 12：00 两个时间点，分别自动添加一个"卷影副本"，也就是在这两个时间到达时，会将所有共享文件夹内的文件复制到"卷影副本"存储区内备用。

图 6-17 "卷影副本"选项卡

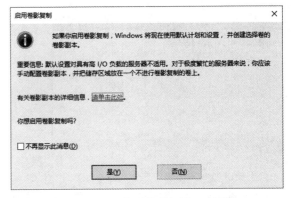
图 6-18 "启用卷影复制"对话框

3）启用卷影复制操作完毕，如图 6-19 所示，E：盘已经有两个"卷影副本"，用户还可以随时单击图中的"创建"按钮，自行创建新的"卷影副本"。用户在还原文件时，可以选择在不同时间点所创建的"卷影副本"内的旧文件来还原文件。

4）系统会以共享文件夹所在磁盘的磁盘空间决定"卷影副本"存储区的容量大小，默认配置是使用磁盘空间的 10% 作为"卷影副本"的存储区，而且该存储区最小需要 100MB。如果要更改其容量，单击"设置"按钮，打开如图 6-20 所示的"设置"对话框，可以在图中的"最大值"处输入数值来更改设置。

图 6-19 "卷影副本"列表对话框

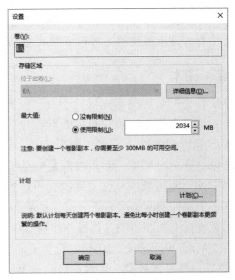
图 6-20 "设置"对话框

5）在图 6-20 中，用户可以通过图中存储区域的"位于此卷"来更改存储"卷影副本"的磁盘，不过必须是在启用"卷影副本"功能前更改，一旦启用后就无法更改了。用户还可以单击"计划"按钮来更改自动创建"卷影副本"的时间点，如图6-21所示。

6）可以测试一下卷影副本的功能：打开位于"卷影副本"存储区的某个文件，对其进行编辑并保存，然后在"卷影副本"存储区选中这个文件，右击，在弹出的快捷菜单中选择"属性"命令，在打开的对话框中，切换到"以前的版本"选项卡，如图6-22所示，可以看到此时文件创建的卷影副本版本有两个，选择其中一个版本，单击"打开"按钮，就可以打开对应版本的文件。

图6-21 设置创建卷影副本的计划

图6-22 查看文件的以前版本

① 只能以卷为单位启用共享文件夹的卷影副本，也就是说不能单独指定要复制或不复制卷上的特定共享文件夹和文件。

② "卷影副本"内的文件只可以读取，不可以修改，而且每个磁盘最多只可以有64个"卷影副本"，如果达到此限制数，则最旧版本也就是最开始创建的第一个"卷影副本"会被删除。

6.3 拓展任务——共享文件夹的管理与使用

【任务描述】

网络最主要的功能就是共享资源，共享文件夹是网络资源共享的一种主要方式，也是其他一些资源共享方式的基础。为了满足网络访问的目标，必须对共享资源进行管理与设置。

【任务目标】

通过任务掌握共享文件夹的创建和访问、共享文件夹的管理，让用户很方便地通过网络访问共享文件或文件夹中的资源。

6.3.1 共享文件夹

Windows通过公用文件夹与共享文件夹两种方式将资源共享给其他用户。

1. 公用文件夹

可将文件复制或移动到公用文件夹中，并通过该位置共享文件。如果打开公用文件夹共享，本地计算机上具有用户账户和密码的任何人，以及网络中的所有人，都可以看到公用文件夹和子文件夹中的所有文件。一个系统只有一个公用文件夹，每一位在本地登录的用户都可以访问此文件夹，用户可以通过"文件资源管理器"→"此电脑"→"本地磁盘 C："→"用户"→"公用"命令，打开公用文件夹，如图 6-23 所示。

系统管理员必须设置允许用户通过网络来访问公用文件夹，操作步骤如下。执行"开始"→"控制面板"→"网络和 Internet"→"网络和共享中心"命令，单击左侧"更改高级共享设置"，如图 6-24 所示。如果是加入域的计算机会自动"启用密码保护共享"，网络用户连接此计算机时必须先输入有效的用户账户与密码，才可以访问公用文件夹。无法只针对特定用户启用公用文件夹共享，如果启用公用文件夹共享，则网络上所有用户都可以访问。

图 6-23　公用文件夹　　　　　　　　　图 6-24　高级共享设置

2．共享文件夹

当将某个文件夹设置为共享文件后，用户就可以通过网络来访问此文件夹的文件、子文件夹等。通过这种方法，可以决定哪些人可以更改共享文件，以及可以做什么类型的更改，可以通过设置共享权限进行操作，将共享权限授予同一网络中的单个用户或一组用户。

在创建共享文件夹之前，首先应该确定用户是否有权利创建共享文件夹。用户必须满足以下两个条件才能创建共享文件夹。

● 用户必须属于 Administrators、Server Operators、Power Users 等用户组的成员。

● 文件夹如果位于 NTFS 分区内，用户还至少需要对此文件夹拥有"读取"的权限。

创建共享文件夹的方法比较简单，具体的操作步骤如下。

1）选择"开始"→"计算机"，进入 D:盘后右击 Packages 文件夹，在弹出的菜单中选择"共享"命令，如图 6-25 所示。

2）进入"文件共享"对话框，可以直接输入有权共享的用户组或用户的名称，也可以通过下拉箭头选择用户组或用户，单击"添加"按钮，然后选择共享用户的身份，如图 6-26 所示，被添加的用户身份有以下三种。

① 读者：表示用户对此文件夹的共享权限为"读取"。

② 参与者：表示用户对此文件的共享权限为"更改"。

③ 共有者：表示用户对此文件的共享权限为"完全控制"。

3）单击"共享"按钮，然后单击"完成"按钮，即可完成创建共享文件夹的操作。注意如果用户"账户控制设置"的更改设置为未选择"从不通知"，并且操作用户不是系统管理员，则单击"共享"按钮后，系统会要求输入系统管理员账户与密码后才可以将文件夹共享。若用户

"账户控制设置"的更改设置为"从不通知",并且操作系统用户不是系统管理员,则系统会直接拒绝将文件夹共享。

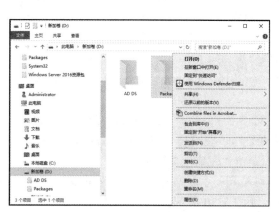

图 6-25 选择"共享"命令

图 6-26 设置共享用户身份

6.3.2 共享文件夹的访问

完成共享文件夹的创建后,就可以在其他计算机上通过网络来对共享资源进行访问。下面就介绍三种利用 Windows Server 2016 访问共享文件的方法。

1. 直接输入共享文件夹地址

可以通过直接输入共享资源地址的方法来连接共享文件夹,有下面两种方法。

- 在浏览器或"开始"→"运行"中输入 UNC 路径,如"\\Ycserver2016\Packages",按〈Enter〉键后会连接到共享文件夹,如图 6-27 所示。
- 在浏览器或"开始"→"运行"中输入数字 IP 地址和路径,如"\\192.168.1.101\Packages",按〈Enter〉键后会连接到共享文件夹,如图 6-28 所示。

图 6-27 UNC 路径访问

图 6-28 数字 IP 地址和路径

2. 网上邻居

利用"网上邻居"可以查看共享文件夹的内容,具体操作步骤如下。

1)选择"开始"→"网络"命令,用鼠标右击提示条,在弹出的菜单中选择"启用网络发现和文件夹共享"命令,开启"网络发现"功能。若"网络发现"已为"开启",则第 1)步可以跳过。

2)在"网络"窗口中双击所选择的计算机名,若有访问权限要求,在弹出的对话框中输入用户名和密码后就可以访问 Ycserver2016 计算机中的共享文件夹了。

3．映射网络驱动器

通过网上邻居使用网络的共享资源是常见的，但如果用户经常需要连接计算机上固定的共享文件夹，那么每次通过网上邻居就显得烦琐。可以使用映射网络驱动器的方法，将网络上的一个共享文件夹当作本地计算机上的一个驱动器来使用，每次使用这个共享文件夹时，只需像使用本地驱动器一样，减少了操作步骤。具体的操作步骤如下。

1）利用"网上邻居"找到共享文件夹\\Ycserver2016\Packages，右击并在弹出的快捷菜单中选择"映射网络驱动器"命令。

2）在如图 6-29 所示的"映射网络驱动器"对话框中，选择一个驱动器盘符，如果经常需要使用该驱动器，则用户还可以勾选"登录时重新连接"复选框，这样当计算机启动并登录到网络时会自动完成映射驱动器的连接，设置完成后单击"完成"按钮。

3）完成设置后，选择"开始"→"计算机"可看到一个新增的映射驱动器图标，双击此图标就可以打开所连接的远程计算机的共享文件夹，如图 6-30 所示。

图 6-29　设置"映射网络驱动器"　　　　图 6-30　使用映射网络驱动器

4）也可以在"命令提示符"中运行 Net Use 命令来映射网络驱动器，例如，输入"net use Z:\\Ycserver2016\Packages"命令后，它就会以驱动器号 Z:来连接共享文件夹。

6.3.3　共享文件夹的管理

共享文件夹创建完成后就可以让用户使用了，但如果需要共享文件夹所提供的服务更有针对性，则还需要对共享文件夹进行一定的管理和设置。

1．高级共享

可以使用共享权限的高级共享进行更多设置，如设置共享名。每个共享文件夹可以有一个或多个共享名，而且每个共享名还可设置共享权限，默认的共享名就是文件夹的名称，如果要更改或添加共享名，则右击共享文件夹，在弹出的菜单中选择"属性"命令，选择"共享"选项卡，如图 6-31 所示。

单击"高级共享"按钮，在弹出的"高级共享"对话框中，如图 6-32 所示，单击"添加"按钮，然后在弹出的"新建共享"对话框中输入新的共享名即可。注意共享名在计算机上必须唯一，不能以相同的名称共享多个文件夹。共享名可以和文件夹名称不一样。单击"权限"和"缓存"按钮，分别可以进行共享权限与脱机文件的设置。

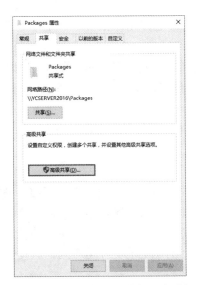
图 6-31 设置共享后"共享"选项卡

图 6-32 "高级共享"对话框

2. 共享文件夹的权限

如果需要修改共享权限,那么可以在输入共享名时单击"权限"按钮,弹出对话框,如图 6-33 所示。用户必须拥有一定的共享权限才可以访问共享文件夹,其中文件夹共享权限和功能如下。

1)读取:可以查看文件名与子文件夹名、查看文件内的数据及运行程序。

2)更改:拥有读取权限所有功能,还可以新建与删除文件和子文件夹、更改其中的数据。

3)完全控制:拥有读取和更改权限的所有功能,还具有更改权限的能力,但更改权限的能力只适用于 NTFS 内的文件夹。

共享文件夹权限只对通过网络访问此共享文件夹的用户有效,本地登录用户不受此权限的限制,因此为了提高资源的安全性,还应该设置相应的 NTFS 权限。NTFS 权限是

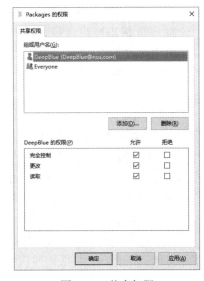
图 6-33 共享权限

Windows Server 2016 文件系统的权限,它支持本地安全性。换句话说,它在同一台计算机上以不同用户名登录,对硬盘上同一文件夹可以有不同的访问权限。共享权限和 NTFS 权限的特点如下。

1)不管是共享权限还是 NTFS 权限都有累加性。

2)不管是共享权限还是 NTFS 权限都遵循"拒绝"权限优先于其他权限。

3)当一个用户通过网络访问一个共享文件夹,而这个文件夹又在一个 NTFS 分区上,那么用户最终的权限是其对该文件的共享权限与 NTFS 权限中最为严格的权限。

共享权限和 NTFS 权限的联系和区别。

1)共享权限是基于文件夹的,也就是说用户只能够在文件夹上而不可能在文件上设置共享权限;NTFS 权限是基于文件的,用户既可以在文件夹上设置也在可以在文件上设置。

2）共享权限只有当用户通过网络访问共享文件夹时才起作用，如果用户是本地登录计算机，则共享权限不起作用；NTFS 权限无论用户是通过网络还是本地登录使用文件都会起作用，只不过当用户通过网络访问文件时它会与共享权限联合起作用，规则是取最严格的权限设置。

3）共享权限与文件系统无关，只要设置共享就能够应用共享权限；NTFS 权限必须是 NTFS，否则不起作用。

4）共享权限只有三种，读者、参与者和共有者；NTFS 权限有许多种，如读、写、执行、修改以及完全控制等，可以进行非常细致的设置。

3. 脱机文件

脱机文件的工作原理是：如果设置了访问的共享文件为可脱机使用，那么在通过网络访问时，这些文件将会被复制一份到用户计算机的硬盘内。在网络正常时，用户访问的是网络上的共享文件，而当用户计算机脱离网络时，用户仍然可以访问这些文件，只是访问的是位于硬盘内的文件缓存版本，用户访问这些缓存版本的权限和访问网络上的文件是相同的。使用脱机文件有以下几个优点。

1）不会因为网络的问题影响网络文件的访问。

2）可以方便地和网络文件进行同步。

3）在网速较慢时可提高工作效率。

如需要使用脱机文件，可以在"高级共享"对话框中，单击"权限"按钮，打开"脱机设置"对话框进行设置，如图 6-34 所示，三个选项的作用分别如下。

1）仅用户指定的文件和程序可以脱机使用：用户可在客户端自行选择需要进行脱机使用的文件，即只有被用户选择的文件才可脱机使用。BranchCache 称为分支缓存，用来控制当前系统缓存于本地子网的网络内容信息。默认情况下该服务没有开启，需要使用时在系统服务中手工开启。

2）该共享文件夹中的文件或程序在脱机状态下不可用：选择此项将关闭脱机文件的功能。

3）用户从该共享文件夹打开的所有文件和程序自动在脱机状态下可用：用户只要访问过共享文件夹内的文件，被访问过的文件就会自动缓存到用户的硬盘供脱机使用。"进行性能优化"主要针对的是应用程序，选择此项后程序会被自动缓存到用户的计算机，当网络上的计算机运行此程序时，用户计算机会直接读取缓存版本，这样可减少网络传输，加快了程序的执行速度，但要注意此程序最好不要设置更改的共享权限。

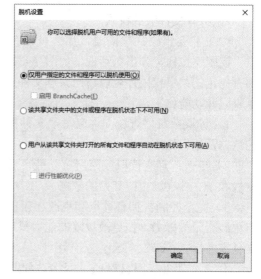

图 6-34　脱机设置

一旦网络计算机内的共享文件夹被设置为可以脱机使用后，客户端的网络用户就可以将其缓存到硬盘内供脱机访问。不同的客户端的脱机文件分别有着不同的默认值，启用的方法不尽相同。以 Windows Server 2016/Windows 10 为例，选择"开始"→"控制面板"→"同步中心"→"管理脱机文件"命令，弹出"脱机文件"对话框，如图 6-35 所示，单击"启用脱机文件"按钮，要注意的是，需要重新启动计算机设置才能生效。启动后"脱机设置"对话框有较大的变化，增加了"磁盘使用情况""加密""网络"三个选项卡，如图 6-36 所示。

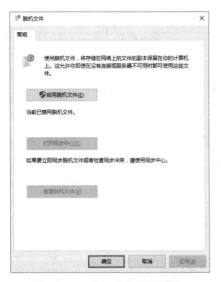
图 6-35 "脱机文件"对话框

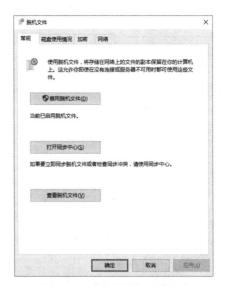
图 6-36 已启用脱机文件功能

1）选择可脱机使用的文件：在客户端计算机可利用网络驱动器连接网络计算机的共享文件夹，假设是利用磁盘驱动器 Z：来连接"\\Ycserver2016\Packages"，选中此驱动器后右击并在弹出的快捷菜单中选择"始终脱机可用"命令，如图 6-37 所示。

2）同步处理：在网络连接正常时，用户所访问的文件仍然是网络计算机中的文件。系统会自动同步用户的脱机文件，当网络内容发生变化时，它会被复制到用户计算机的缓存区，反之亦然。系统并非随时自动同步，如果需要立即手动同步，选中网络驱动器后右击并在弹出的快捷菜单中选择"同步"→"同步所选脱机文件"命令，如图 6-38 所示。

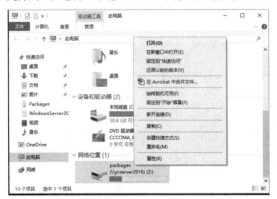
图 6-37 "始终脱机可用"菜单

图 6-38 "同步"菜单

如果客户端计算机与网络计算机处于正常连接状态，但是连接速度却很慢，此时客户端会自动切换到脱机模式，使得用户可以快速地直接编辑本地缓存区的文件副本，而且客户端也会定期自动与网络计算机同步。客户端计算机会定期检查其与网络计算机的连接速度是否恢复正常，如果恢复正常，它会自动切换为在线模式。

如果共享的文件夹无法正常访问，脱机工作的计算机网络驱动器符号会有所反映，如图 6-39 所示，网络驱动器前面有绿色双向箭头代表脱机已完成同步，后面有红叉代表共享文件夹已脱机。此时用户可以在脱机状态下，双击网络驱动器，打开已脱机的共享文件夹，和脱机前显示的内容一致，如图 6-40 所示。

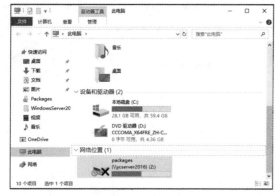
图 6-39 脱机状态

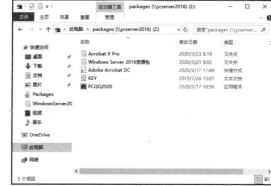
图 6-40 脱机使用共享文件夹

4. 隐藏共享文件夹

如果不希望用户在"网上邻居"中看到共享文件夹，只要在共享名后加上一个"$"符号就可以将它隐藏起来。例如，只要将共享名 Packages 改为 Packages$，就可不在网上邻居中显示此共享文件夹。但隐藏并不表示不可访问，用户可通过"\\计算机名\共享名$"的方式访问被隐藏的共享文件夹。在系统中有许多自动创建的被隐藏的共享文件夹，它们是供系统内部使用或管理系统使用的，如 C$（代表 C:分区）、Admin$（代表安装 Windows Server 2016 的文件夹）、IPC$（Internet Process Connection，共享"命名管道"的资源）。要查看服务器上的所有共享文件夹，包括隐含共享的文件，其步骤如下。选择"开始"→"程序"→"管理工具"→"计算机管理"命令，如图 6-41 所示。

图 6-41 管理服务器所有共享

6.4 拓展任务——创建与访问分布式文件系统

【任务描述】

如果局域网中有多台服务器，并且共享文件夹也分布在不同的服务器上，这就不利于管理员的管理和用户的访问。而使用分布式文件系统，系统管理员就可以把不同服务器上的共享文件夹组织在一起，构建成一个目录树。这在用户看来，所有共享文件仅存储在一个地点，只需访问一个共享的分布式文件系统（Distributed File System，DFS）根目录，就能够访问分布在网络上的共享文件或文件夹，而不必知道这些文件的实际物理位置。

【任务目标】

通过任务掌握分布式文件系统的创建及管理，让用户很方便地通过网络访问共享文件或文件夹中的资源。

6.4.1 创建分布式文件系统

分布式文件系统为整个企业网络上的文件系统资源提供了一个逻辑树结构，用户可以抛开文件的实际物理位置，仅通过一定的逻辑关系就可以查找和访问网络的共享资源。用户能够像访问本地文件一样，访问分布在网络上多个服务器上的文件。分布式文件系统可以实现以下几个功能。

1）确保服务器负载平衡：当文件同时存放到多台服务器上，多个用户同时访问此文件时，在 DFS 中可以避免从一台服务器读取文件数据，它会分散地从不同的服务器上给不同的用户传送数据，因此可以将负载分散到不同的服务器上。

2）提高文件访问的可靠性：即使有一台服务器发生故障，DFS 仍然可以帮助用户从其他的服务器上获取文件数据。

3）提高文件访问的效率：DFS 会自动将用户的访问请求引导到离用户最近的服务器上，以便提高文件的访问效率。

Windows Server 2016 是通过文件和存储服务角色内的 DFS 命名空间与 DFS 复制这两个服务来搭建 DFS 的。DFS 命名空间是组织内共享文件夹的一种虚拟视图，其路径与共享文件夹的通用命名约定（UNC）路径类似，例如，"\\Ycserver2016\Packages"可以通过命名空间来将位于不同服务器内的共享文件夹组合在一起。DFS 支持两种 DFS 命令空间：①基于域的命名空间，与 Active Directory 集成在一起，提供了在域中复制 DFS 拓扑的能力，支持多个命名空间；②独立 DFS 命令空间，未与 Active Directory 集成，因此不能提供基于域的 DFS 的复制功能，适合于在非域环境内建立。DFS 复制服务使用一个远程差异压缩（Remote Differential Compression，RDC）的压缩算法，它能够检测文件差异，因此复制文件时仅会复制有差异的部分，而不是整个文件，从而降低网络的负担。

独立命名空间服务器可以由域控制器、成员服务器或独立服务器来扮演，而基于域的命令空间服务器可以由域控制器或成员服务器来扮演。参与 DFS 复制的服务器必须位于同一个 AD DS 林，被复制的文件夹必须位于 NTFS 磁盘分区内。

在 nos.com 域中，服务器 Ycserver2016 是域控制器兼命名空间服务器，它需要安装 DFS 命名空间服务，同时需要复制服务器 Ycserver2016Y 共享文件夹内的文件，所以还需要安装 DFS 复制服务，另外一台服务器 Ycserver2016Y 只需要安装 DFS 复制服务即可。在域 nos.com 中创建分布式文件系统，具体的操作步骤如下。

1）在服务器 Ycserver2016 上，选择"开始"→"服务器管理器"命令打开服务器仪表板，在左侧选择"添加角色和功能"，持续在"开始之前"→"安装类型"→"服务器选择"等对话框中单击"下一步"按钮，在"服务器角色"对话框的"文件和存储服务"项目中，勾选"DFS 命名空间"和"DFS 复制"角色，如图 6-42 所示。然后在后续多个对话框中单击"下一步"按钮完成安装。

2）在服务器 Ycserver2016Y 上执行同样的操作，只是在"服务器角色"对话框中"文件和存储服务"项目中，只勾选"DFS 复制"角色，如图 6-43 所示。然后在后续多个对话框中单击"下一步"按钮完成安装。

图 6-42　安装 DFS 命名空间和 DFS 复制角色　　　　图 6-43　安装 DFS 复制角色

3）在服务器 Ycserver2016Y 上建立共享文件夹 C:\Picture，共享名称为"Picture"，并将"读取/写入"的共享权限赋予"Everyone"，同时复制一些文件到该文件夹内，以用来验证最后是否能够通过 DFS 机制被自动复制到服务器 Ycserver2016 的 DFS 中。

4）在服务器 Ycserver2016 上选择"开始"→"Windows 管理工具"→"DFS Management"命令，弹出"DFS 管理"窗口，如图 6-44 所示。

5）单击"下一步"按钮，进入"命名空间服务器"对话框，输入服务器"Ycserver2016"作为命名空间服务器，如图 6-45 所示。

图 6-44　"DFS 管理"窗口　　　　　　　　　图 6-45　"命名空间服务器"对话框

6）单击"下一步"按钮，进入"命名空间名称和设置"对话框，设置命名空间名称为"FileServer"，如图 6-46 所示。

7）系统会默认在命名空间服务器的系统盘下建立"DFSRoot\FileServer"共享目录，共享名为"FileServer"，所有用户都只有"只读权限"，若要更改相关设置，可以单击"编辑设置"按钮，进入"编辑设置"对话框，如图 6-47 所示。

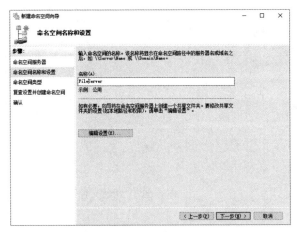
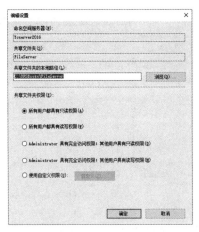

图 6-46 "命名空间名称和设置"窗口　　　　图 6-47 "编辑设置"对话框

8）设置完毕，单击"确定"按钮，然后单击"下一步"按钮，进入"命名空间类型"窗口，选择"基于域的命名空间"，其默认会选择启用 Windows Server 2008 模式，由于域名为 nos.com，因此完整的命名空间名称是\\nos.com\FileServer，如图 6-48 所示。

9）单击"下一步"按钮，进入"复查设置并创建命令空间"对话框，如图 6-49 所示。确认设置无误后单击"创建"按钮，将创建命名空间。

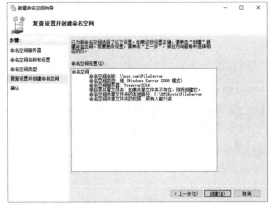

图 6-48 "命名空间类型"窗口　　　　图 6-49 "复查设置并创建命令空间"对话框

10）单击"关闭"按钮，完成命名空间的创建，进入完成操作后的"DSF 管理"窗口，如图 6-50 所示。

11）在"DFS 管理"窗口右侧单击"新建文件夹"按钮，在弹出的"新建文件夹"对话框中单击"添加"按钮，选择命名空间服务器地址为\\nos.com\FileServer，如图 6-51 所示。

12）单击"确定"按钮，回到"DFS 管理"窗口，命名空间"\\nos.com\FileServer"已创建成功，如图 6-52 所示。

13）在"DFS 管理"窗口右侧单击"添加文件夹目标"按钮，在弹出的"新建文件夹目标"对话框中，单击"浏览"按钮，选择文件夹目标的路径为\\YCSERVER2016y\Picture，如图 6-53 所示，将服务器 Ycserver2016Y 共享文件夹 C:\Picture 映射到\\nos.com\FileServer。

151

图 6-50 "DFS 管理"窗口 1

图 6-51 "新建文件夹"对话框

图 6-52 "DFS 管理"窗口 2

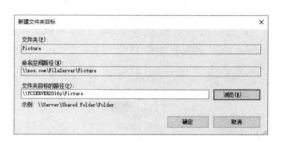

图 6-53 "新建文件夹目标"对话框

14)单击"确定"按钮,弹出"复制"对话框,如图 6-54 所示。如果一个 DFS 文件夹有多个目标,这些目标所映射的共享文件夹内的文件必须同步(相同),可以让这些目标之间自动复制文件以实现同步,不过需要将这些目标服务器设置为同一个复制组,并做适当的配置。

15)单击"是"按钮,系统将自动启动"复制文件来向导",如图 6-55 所示。系统使用默认的复制组名与文件夹,也可以自行设置名称。

图 6-54 "复制"对话框

图 6-55 "复制组和已复制文件夹名"对话框

16)单击"下一步"按钮,进入"复制合格"对话框,如图 6-56 所示,会列出有资格参与复制操作的服务器。

17）单击"下一步"按钮，进入"主要成员"对话框，如图 6-57 所示，当 DFS 第 1 次开始执行复制文件操作时，会将这台主要成员内的文件复制到其他所有目标，单击下拉列表框选择"YCSERVER2016"。

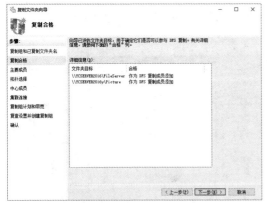

图 6-56 "复制合格"对话框

图 6-57 "主要成员"对话框

18）单击"下一步"按钮，进入"拓扑选择"对话框，如图 6-58 所示，必须有 3（含）台以上的服务器参与复制，才可以选择"集散"拓扑，默认使用"交错"拓扑。

- 集散拓扑：类似于星形拓扑，一台服务器作为中心服务器，其他节点服务器都和它相邻，文件数据只会从中心服务器复制到节点服务器或从节点服务器复制到中心服务器，节点服务器之间不会相互复制。
- 交错拓扑：所有服务器之间都会相互连接，文件数据会从每一台服务器复制到其他所有服务器上。
- 没有拓扑：没有建立复制拓扑，用户根据需要自行指定复制拓扑。

选择拓扑时，可通过有选择地启用或禁用计算机间的连接，进一步自定义该拓扑。可通过完全禁用两台计算机间的关系，从根本上禁止在它们之间复制文件，或者通过禁用从第一台计算机到第二台计算机的连接，同时反方向的连接可用来实现单向的文件复制。同时在选择网络的拓扑类型时，还应考虑包括带宽、安全性、地理位置和组织等因素。

19）单击"下一步"按钮，进入"复制组计划和带宽"对话框，如图 6-59 所示，建议使用全天候，选择"完整"的带宽来复制，也可以选择在指定日期和时间内复制。

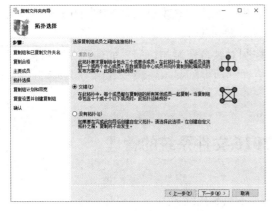

图 6-58 "拓扑选择"对话框

图 6-59 "复制组计划和带宽"对话框

20）单击"下一步"按钮，进入"复制设置并创建复制组"对话框，如图6-60所示。检查设置无误后单击"创建"按钮，在"确认"对话框中，确认所有的设置都正确后，单击"关闭"按钮，参与复制的服务器可能需要一小段时间后才开始执行复制的工作。经过复制操作，DFS复制服务已设置成功并可以开始使用，如图6-61所示。

图6-60 "复制设置并创建复制组"对话框　　　　图6-61 复制完毕的"DFS管理"窗口

6.4.2 访问分布式文件系统

支持DFS的客户端有Windows 9x/2000/ME/XP/7/10及Windows Server 2003/2008/2012/2016等操作系统，当配置好DFS之后，就可以在网络中的计算机上访问DFS。访问DFS可以采用多种方法。

方法一：打开"网上邻居"，浏览并打开宿主服务器（DFS根目录所在计算机），会看到宿主服务器上所有共享的文件夹，打开作为DFS根目录的共享文件夹（如前面建立的FileServer），就可以看到在创建DFS时添加的所有共享文件夹。

方法二：可以使用6.3.2节介绍的方法，将DFS根目录文件夹映射为网络驱动器。

方法三：使用浏览器访问DFS目录，在浏览器地址栏中，输入DFS根目录共享文件夹的正确路径，格式为"\\计算机名\共享文件夹名"，如\\nos.com\FileServer，就能直接访问DFS目录。

方法四：打开"开始"菜单，在"运行"对话框中，输入DFS根目录共享文件夹的正确路径，单击"确定"按钮即可。

在访问DFS时，访问共享文件夹的权限由该文件所在计算机设定。例如，在服务器Ycserver2016Y中有一个名为"Picture"的共享文件夹，那么将该文件夹添加到DFS中后，其他用户对它的访问权限完全由名为Ycserver2016Y的计算机设定。

在设置DFS访问权限时，可通过多种方法来控制对共享资源的访问，如使用共享权限进行简单的应用和管理，使用NTFS中的访问控制，更详细地控制共享资源及其内容，也可以将这些方法结合起来使用，应用更为严格的权限。

6.5 项目实训——Windows Server 2016文件系统的管理

1. 实训目标

1）熟悉Windows Server 2016的加密文件系统与NTFS压缩。

2）熟悉 Windows Server 2016 的磁盘限额与卷影副本功能。

3）熟悉 Windows Server 2016 共享文件夹的管理与使用。

4）掌握 Windows Server 2016 创建与访问分布式文件。

2. 实训设备

1）网络环境：已建好的千兆以太网络，包含交换机、五类（或超五类）UTP 直通线若干、三台或以上数量的计算机（计算机配置要求 CPU 最低 1.6GHz 以上 64 位，内存不小于 4096MB，硬盘空间不低于 120GB，有光驱和网卡）。

2）软件：①Windows Server 2016 安装光盘，或硬盘中有全部的安装程序；②Windows 10 安装光盘，或硬盘中有全部的安装程序；③VMWare Workstation 15.5 安装程序。

3. 实训内容

在项目 5 实训的基础上完成本实训，在域中的计算机上设置以下内容。

1）在域控制器 teacher.com 的本地 D:盘（分区格式为 NTFS）上新建一个文件夹 ShareTest，并将其设为共享文件夹。

2）设置用户对共享文件夹 ShareTest 的访问权限：Eye、Ear 的访问权限为"完全控制"，Mouth、Eyebrow、Nose 的访问权限仅为"读取"。

3）启动域控制器 teacher.com 的"卷影副本"功能，计划从当前时间开始，每周日 18：00 这个时间点，自动添加一个"卷影副本"，将所有共享文件夹内的文件复制到"卷影副本"存储区备用。

4）在域内的计算机 RSDZClient2016 上，将域控制器上的共享文件夹 ShareTest 映射为该计算机的 K:盘。

5）对域控制器 teacher.com 上磁盘"D:"做磁盘配额操作，设置用户 Eye 的磁盘配额空间为 1000MB，随后分别将 Windows Server 2016 安装源程序和 VMWare Workstation 15.5 安装程序复制到 D:盘，看是否成功。

6）在域控制器 teacher.com 安装"DFS 命名空间"和"DFS 复制"角色，设置 D:\ShareTest 为 DFS 服务的本地文件夹路径，并在文件夹中建立三个文件夹 TestA、TestB、TestC。

7）在域中 student.com 子域控制器上安装"DFS 复制"角色，并在硬盘上创建一个名为"ShareDFS"的共享文件夹并允许"Everyone"能"读取"，在文件夹中建立两个文件夹 TestD、TestE。

8）在域控制器 teacher.com 上创建"基于域的命名空间"，地址为\\nos.com\FileServer，它指向域控制器上的共享文件夹 ShareTest。

9）将在 student.com 子域控制器上的共享文件夹 Picture 映射到\\nos.com\FileServer，并设置它们的复制拓扑为环形拓扑，同时只允许从域控制器向客户机进行复制，在星期六和星期日不进行复制。

10）在 student.com 子域控制器上检查"ShareDFS"文件夹中是否有内容被复制过来，同时在文件夹中添加文件夹 TestF，检查能否被复制到域控制器的"ShareDFS"文件夹中。

6.6 项目习题

一、填空题

（1）加密文件系统（EFS）提供了用于在_____卷上存储加密文件的核心文件加密技术。

（2）共享权限分_____、_____、_____。

（3）创建共享文件夹的用户必须属于_____、Server Operators、Power Users 等用户组的成员。

（4）分布式文件系统（Distributed File System，DFS）为整个企业网络上的文件系统资源提供了一个_____结构。

（5）共享用户身份有以下三种：读者、参与者、_____。

（6）复制拓扑用来描述 DFS 各服务器之间复制数据的逻辑连接，一般有_____、_____、_____。

二、选择题

（1）下列（　　）不属于 Windows Server 2016 DFS 复制拓扑。
　　　A．交错拓扑　　　　　B．集散拓扑　　　C．环状拓扑　　　D．自定义拓扑

（2）目录的可读意味着（　　）。
　　　A．可以在该目录下建立文件　　　　B．可以从该目录中删除文件
　　　C．可以从一个目录转到另一个目录　　D．可以查看该目录下的文件

（3）（　　）属于共享命名管道的资源。
　　　A．driveletter$　　　B．ADMIN$　　　C．IPC$　　　D．PRINT$

（4）"卷影副本"内的文件只可以读取，不可以修改，而且每个磁盘最多只可以有（　　）个"卷影副本"，如果达到此限制数，则最旧版本也就是最开始创建的第一个"卷影副本"会被删除。
　　　A．256　　　　　B．64　　　　　C．1024　　　　　D．8

（5）要启用磁盘配额管理，Windows Server 2016 驱动器必须（　　）文件系统。
　　　A．使用 FAT16 或 FAT32　　　　　B．只使用 NTFS
　　　C．使用 NTFS 或 FAT32　　　　　D．只使用 FAT32

三、问答题

（1）在 Windows Server 2016 桌面上创建一个文件夹，设为共享，在共享权限中设置为 Everyone 可读、可写，从其他客户计算机以非域用户、域用户身份分别访问此文件夹，能否浏览、读取、写入数据？说明原因。

（2）比较对文件、文件夹设置访问权限的不同点。

（3）什么是分布式文件系统？它有什么特点和好处？

（4）怎样创建、添加 DFS 根目录？用户如何访问 DFS？

（5）在 Windows Server 2016 中怎么限制某个用户使用服务器上的磁盘空间？

项目 7　打印机的管理

项目情境：

如何组织与管理网络打印系统？

瑞思达智是一家主营计算机系统集成、软件开发与测试、信息化设计与咨询等业务的网络科技公司，2012 年为三峡环坝旅游发展集团建设了内部管理信息系统，2018 年对该集团内部管理信息系统进行了云办公系统改造，各项事务的效率得到了较大的提高。集团内部有三四十台各种型号档次的打印机，还有部分门票打印机及取票机，打印服务器少部分用于打印办公日常文档，大部分用于网络打印，主要是各部门的驻外员工、导游以及合作伙伴，将电子门票、票据以及其回单通过网络打印出来。作为公司的技术人员，如何利用 Windows Server 2016 组织与管理各种形式的网络打印系统？

项目描述：对一个信息化的企业网来说，网络打印不仅是一个资源共享的技术问题，更是一个组织和管理的问题。因此，对于管理和组织一个打印系统来说，首先应明确地了解企业打印机的硬件结构，其次应了解网络中打印设备的各种组织方式，这样才能正常地组织与管理企业网络中的打印系统。

项目目标：
- 熟悉 Windows Server 2016 的打印机相关基本术语。
- 熟悉 Windows Server 2016 中打印机的安装与共享。
- 掌握 Windows Server 2016 中打印机的管理配置。

7.1　知识导航——打印机基本概述

7.1.1　Windows Server 2016 打印概述

用户使用 Windows Server 2016 的产品，可以在整个网络范围内共享打印资源。各种计算机和操作系统上的客户端，可以通过 Internet 将打印作业发送到运行 Windows Server 2016 操作系统的打印服务器所连接的本地打印机，或者发送到使用内置网卡连接内部网络或因特网其他服务器的打印机。

Windows Server 2016 中的产品支持多种高级打印功能。例如，无论运行 Windows Server 2016 操作系统的打印服务器位于网络中的哪个位置，管理员都可以对其进行管理。另一项高级功能是，客户不必在 Windows 10 客户端计算机上安装打印机驱动程序就可以使用打印机。当客户端连接运行 Windows Server 2016 操作系统的打印服务器计算机时，驱动程序将自动下载，不需要手动安装。

为了建立 Windows Server 2016 网络打印服务环境，首先需要掌握以下基本概念。

- 打印设备：实际执行打印的物理设备，可以分为本地打印设备和带有网络接口的打印设备。根据使用的打印技术，可以分为针式打印设备、喷墨打印设备和激光打印设备。
- 打印机：即逻辑打印机，打印服务器上的软件接口。当发出打印作业时，作业在发送到实际的打印设备之前先在逻辑打印机上进行后台打印。
- 打印服务器：连接本地打印机，并将打印机设备共享出来。网络中的打印机客户端会将作业发送到打印服务器处理，因此打印服务器需要有较高的内存以处理作业，对于较频繁的或大尺寸文件的打印环境，还需要打印服务器上有足够的磁盘空间以保存打印机脱机文件。
- 打印机驱动程序：打印服务器接收到用户发送来的打印文件后，打印机驱动程序负责将文件转换为打印设备能够辨识的格式，然后送往打印设备打印。不同型号的打印设备的驱动程序不尽相同。

7.1.2 共享打印机的类型

在网络中共享打印机时，主要有两种不同的连接模式，即"打印服务器+打印机"模式和"打印服务器+网络打印机"模式。

1．打印服务器+打印机

此模式就是将一台普通打印机安装在打印服务器上，然后通过网络共享该打印机，供局域网上的授权用户使用。打印服务器既可以由通用计算机担任，也可以由专门的打印服务器担任。如果网络规模较小，则可采用普通计算机来担任服务器，操作系统可以用 Windows 95/98/XP/Vista/7/10 等。如果网络规模较大，则应当采用专门的服务器，操作系统也应当采用 Windows Server 2003/2008/2012/2016，添加"打印和文件服务"角色，从而便于打印权限和打印队列的管理，适应繁重的打印任务。

2．打印服务器+网络打印机

此模式是将一台带有网卡的网络打印设备通过网线接入局域网，给定网络打印设备的 IP 地址，使网络打印设备成为网络上的一个不依赖于其他 PC 的独立节点，然后在打印服务器上对该网络打印设备进行管理，用户就可以使用网络打印机进行打印了。网络打印设备通过 EIO 插槽直接连接网络适配卡，能够以网络的速度实现高速打印输出。打印设备不再是 PC 的外设，而是成为一个独立的网络节点。由于计算机的端口有限，因此采用普通打印设备时，打印服务器所能管理的打印机数量也就较少。而由于网络打印设备采用以太网端口接入网络，因此一台打印服务器可以管理数量非常多的网络打印机，更适合于大型网络的打印服务。

7.2 新手任务——打印服务器的安装与共享

【任务描述】

提供网络打印服务，必须先将计算机安装为打印服务器，安装并设置共享打印机，然后再为不同操作系统安装驱动程序，使得网络客户端在安装共享打印机时，不再需要单独安装驱动程序。

【任务目标】

正确理解打印服务器相关的基本概念，掌握打印服务器安装与配置相关操作步骤。

7.2.1 安装打印服务角色

安装打印服务器，首先利用"添加角色"向导安装打印服务，具体操作步骤如下。

1）在"服务器管理器"仪表板中单击"添加角色和功能"选项来安装角色，和前面介绍的其他角色安装操作一样，通过"开始之前"→"安装类型"→"服务器选择"等对话框，在"服务器角色"对话框中，勾选"打印和文件服务"角色，如图7-1所示，系统会要求添加"打印和文件服务"角色所需要的管理工具等。

2）单击"添加功能"按钮，然后单击"下一步"按钮，依次在"功能"→"打印和文件服务"对话框中进行设置，如图7-2所示。该对话框对打印和文件服务进行了简要介绍，并强调了Windows Server 2016安装"打印和文件服务"角色的注意事项。

图7-1 选择角色

图7-2 打印和文件服务简介

3）单击"下一步"按钮，进入"选择角色服务"对话框，选择"打印服务器""Internet打印""LPD服务""分布式扫描服务器"复选框，在弹出的对话框中，单击"添加必要的角色服务"按钮，如图7-3所示。

打印管理用于管理多个打印机或打印服务器，它是"打印服务"角色一项必需的子角色服务，并从其他Windows打印服务器迁移打印机或向这些打印服务器迁移打印机，根据需要还可以添加另外两种子服务。

① LPD（Line Printer Daemon）服务：该服务使基于UNIX的计算机或其他使用LPR服务的计算机可以通过此服务器上的共享打印机进行打印，还会在具有高级安全性的Windows防火墙中为端口515创建一个入站例外。

② Internet打印：创建一个由Internet信息服务（IIS）托管的网站，用户可以管理服务器上的打印作业，还可以使用Web浏览器，通过Internet打印协议连接到此服务器上的共享打印机并进行打印。

③ 分布式扫描服务器：随着越来越多的扫描设备可以提供网络应用和支持，微软为其提供了一个全新的分布式管理界面，提供自动方式来启动文档自动处理工作流程。

4）单击"下一步"按钮，进入如图 7-4 所示的"Web 服务器角色（IIS）"对话框，其中有 Web 服务器（IIS）的简单介绍。

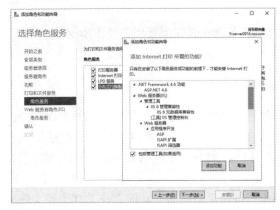

图 7-3　添加必要的角色

图 7-4　安装 IIS 角色

5）单击"下一步"按钮，进入如图 7-5 所示的"选择角色服务"对话框。由于"Internet 打印"需要"Web 服务器"等的支持，但并不需要安装所有的组件，这里使用默认设置即可。

6）单击"下一步"按钮，进入如图 7-6 所示的"确认安装选择"对话框，对选择的角色进行确认，单击"安装"按钮，系统将开始安装，显示安装的进度等相关信息，安装完之后单击"关闭"按钮，即完成打印服务角色的安装。

图 7-5　选择角色服务

图 7-6　确认安装选择

7.2.2　服务器添加打印机

服务器添加"打印和文件服务"的角色后，可以为服务器添加打印机。请将打印机连接到服务器的 USB、IEEE 1394U 端口，然后打开打印机电源，如果系统支持此打印机的驱动程序的话，就会自动检测与安装打印机，如图 7-7 所示。

经过系统自动检测与安装，服务器上添加了"Samsung CLX-3300 Series""Samsung ML-1610 Series"两台打印机，如图 7-8 所示。

由于 Samsung ML-1610 Series 是一款型号较老的黑白激光打印机，驱动程序之前最高支持到 Windows 7。虽然 Windows Server 2016 系统自动检测与安装了此型号的打印机，但还是不能使用，可以将此打印机删除，然后手动添加"Samsung ML-1630 Class Series"的驱动程序来解决，具体步骤如下。

图 7-7 系统自动安装打印机　　　　　　　　图 7-8 系统自动添加的打印机

1）运行"系统"→"控制面板"→"硬件"→"查看设备和打印机"命令，弹出相应对话框，单击上方的"添加打印机"按钮来添加打印机。

2）在"添加设备"对话框中，系统会列出查询到的打印机，如图 7-9 所示。此时系统并未列出想要添加的打印机"Samsung ML-1610 Series"。

3）单击下方"我所需的打印机未列出"按钮，进入"按其他选项查找打印机"对话框，如图 7-10 所示。可以选择"我的打印机有点老。请帮我找到它"这个选项尝试搜索一下打印机，如果在系统中还未找到"Samsung ML-1610 Series"打印机，可以选择"通过手动设置添加本地打印机或网络打印机"选项来手动添加打印机。

图 7-9 "添加设备"对话框　　　　　　　图 7-10 "按其他选项查找打印机"对话框

4）单击"下一步"按钮，进入"选择打印机端口"对话框，如图 7-11 所示。可以创建新端口，也可以使用现有的端口，如"USB001"。

5）单击"下一步"按钮，进入"安装打印机驱动程序"对话框，如图 7-12 所示。手动选择打印机制作商与打印机的型号"Samsung ML-1630 Series Class Driver"。

6）单击"下一步"按钮，进入"键入打印机名称"对话框，如图 7-13 所示。可以手动输入打印机的名称，也可以使用系统的默认值。

7）单击"下一步"按钮，进入"打印机共享"对话框，如图 7-14 所示。为方便其他用户使用，建议选择"共享此打印机以便网络中其他用户可以找到并使用它"选项，设置共享名称为"Samsung-1630",然后单击"下一步"按钮。

8)最后单击"完成"按钮或者单击"打印机测试页"按钮来测试是否可以正常打印。

图 7-11 "选择打印机端口"对话框　　　　图 7-12 "安装打印机驱动程序"对话框

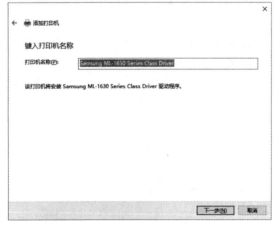

图 7-13 "键入打印机名称"对话框　　　　图 7-14 "打印机共享"对话框

7.2.3 共享打印机

在 Windows Server 2016 上安装了"打印和文件服务"时,会同时安装"打印管理"管理工具,可以通过它来安装、管理、发布共享打印机。执行菜单"开始"→"Windows 管理工具"→"打印管理"命令,如图 7-15 所示,图中共有两台已安装的打印服务器。

共享后的打印机和未共享的打印机区别在于图标左下角有两个人头像,如图 7-16 所示。7.2.2 节添加的打印机默认被共享了,可以在"控制面板"中选择刚才添加的打印机,然后右击并在弹出的快捷菜单中选择"打印机属性"命令,在"共享"选项卡查看并设置共享信息。将共享打印机发布到 AD DS 后,便可以让域用户很容易地通过 AD DS 来查找、使用这台打印机。将共享打印机发布到 AD DS 的前提是,一定要在"共享"选项卡中选择"列入目录"选项,如图 7-17 所示。"Samsung CLX-3300 Series"设置后可以在域中发布打印机。

- 共享这台打印机:选中此按钮,表示该打印机可以提供给网络中的其他客户机使用,并可以更改打印机的共享名。

图 7-15 打印管理

图 7-16 共享打印机

- 在客户端计算机上呈现打印作业：客户端在将打印作业发送到打印服务器之前可以在本地呈现它们，这样可减少服务器负载，提高其可用性。
- 列入目录：若选择了此复选框，可以将打印机列入活动目录。

"其他驱动程序"按钮是灰色的，不可使用，原因是微软公司考虑到安全及系统性能，已经停止了对 Windows XP 的支持，部分用户使用 32 位操作系统的时候，在客户端添加打印机会出现报错，此时再重新部署一个新的打印机服务器比较浪费资源，可以通过在服务器中添加其他架构的驱动共享来实现：执行菜单"开始"→"Windows 管理工具"→"打印管理"命令，依次展开"打印服务器"→"Ycserver2016（本地）"→"驱动程序"，右击并在弹出的快捷菜单中选择"添加驱动程序"命令，在"添加打印机驱动程序向导"中进行设置，其中"处理器选择"一定要勾选"x86"选项，如图 7-18 所示，在添加向导中完成相应设置，即可在客户端使用 32 位操作系统的打印机驱动程序。

图 7-17 "共享"选项卡

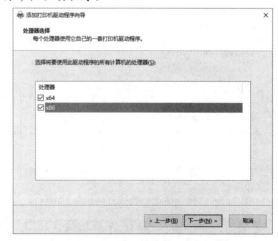
图 7-18 "处理器选择"对话框

7.2.4 客户端添加打印机

在域中的 Windows 10 等客户端要使用共享的打印机，必须首先在客户端添加打印机，和服务器添加打印机操作一样。可以使用"添加打印机向导"连接共享打印机，具体的操作步骤如下。

163

1）在 Windows 10 等客户端计算机上执行"系统"→"控制面板"→"硬件"→"查看设备和打印机"命令，单击上方的"添加打印机"按钮来添加打印机，在"添加设备"对话框中，系统会列出查询到的打印机，此时系统会显示已经被发布到 AD DS 的打印机"Samsung CLX-3300 Series"。

2）假设没有任何打印机出现在"添加设备"对话框，单击下方"我所需要的打印机未列出"按钮，弹出"按其他选项查找打印机"对话框，进行手工添加打印机操作，如图 7-19 所示。可以通过以下 5 种自动方式来添加共享打印机。

- "我的打印机有点老。请帮我找到它。"：让系统帮忙查找比较陈旧的打印机型号。
- "根据位置或功能在目录中查找一个打印机"：可以查找发布到 AD DS 的打印机，未加入域的计算机不会出现此选项。
- "按名称选择共享打印机"：利用 UNC 路径，例如图 7-19 中 "\\Ycserver2016\Samsung-1630"，其中 "Ycserver2016" 为打印服务器的计算机名，"Samsung-1630" 为服务器打印机的共享名，此处 UNC 路径也可以输入 "\\nos.com\Samsung-1630"。
- "利用 TCP/IP 地址或主机名添加打印机"：允许用户能够连接某些网络接口的打印机，输入打印机主机名或 IP 地址即可。
- "添加可检测到蓝牙、无线或网络的打印机"：通过蓝牙、无线等发现查找打印机。

3）此处利用第 2 种方式。选择此选项后，系统会自动在当前所在的域 nos.com 中查找打印机，如图 7-20 所示，在域中查找到了"Samsung CLX-3300 Series"打印机，而"Samsung ML-1630 Class Series"打印机的"共享"选项卡设置中，未选择"列入目录"选项，所以在域中看不到此打印机，只能利用第 3 种方式进行添加。

图 7-19 "按其他选项查找打印机"对话框

图 7-20 域中查找打印机

4）单击"下一步"按钮，后续的操作和服务器添加打印机操作一样，在此不再介绍。

7.3 拓展任务——打印服务器的管理

【任务描述】

在打印服务器上安装共享打印机后，可通过设置打印机的属性来进一步管理打印机，例如设置打印优先级、设置打印机池、设置打印机权限、管理打印队列、设置 Internet 打印等，以方便用户更好地使用打印机资源。

【任务目标】
通过任务熟练掌握打印服务器的基本设置与方法，重点掌握 Internet 打印的设置。

7.3.1 设置打印权限

将打印机安装在网络上后，系统会为它指派默认的打印机权限，该权限允许所有用户访问打印机并进行打印，也允许管理员选择组来对打印机和发送给它的打印文档进行管理。由于打印机可用于网络上的所有用户，因此可能需要管理员通过指派特定的打印机权限来限制某些用户的访问权。Windows Server 2016 提供了三种等级的打印安全权限。

- 打印：使用打印权限，用户可以连接到打印机，并将文档发送到打印机。在默认情况下，打印权限将指派给 Everyone 组中所有成员。
- 管理打印机：使用管理打印机权限，用户可以执行与打印权限相关联的任务，并且具有对打印机的完全管理控制权。用户可以暂停和重新启动打印机、更改打印后台处理程序设置、共享打印机、调整打印机权限，还可以更改打印机属性。默认情况下，管理打印机权限将指派给 Administrators 组和 Power Users 组的成员。
- 管理文档：使用管理文档权限，用户可以暂停、继续、重新开始和取消由其他用户提交的文档，还可以重新安排这些文档的顺序。但是，用户无法将文档发送到打印机或控制打印机的状态。默认情况下，管理文档权限指派给 Creator Owner 组的成员。

可以通过以下步骤来为服务器管理打印机访问设置权限：选择"开始"→"Windows 管理工具"→"打印管理"命令，在"打印管理"窗口中鼠标右击打印机，在弹出的快捷菜单中选择"属性"命令，弹出打印机属性对话框，选择"安全"选项卡，如图 7-21 所示。

当共享打印机被安装到网络上时，默认的打印机权限将允许所有的用户可以访问该打印机并进行打印。为了保证安全性，管理员可以选择指定的用户组来管理发送到打印机的文档，可以选择指定的用户组来管理打印机，也可以明确地拒绝指定的用户或组对打印机的访问。

管理员可能想通过授予明确的打印机权限来限制一些用户对打印机的访问。例如，管理员可以给部门中所有无管理权的用户设置打印权限，而给所有管理人员设置打印和管理文档权限，这样所有用户和管理人员都能打印文档，但只有管理人员能更改发送给打印机的任何文档的打印状态。有些情况下，管理员可能想给某个用户组授予访问打印机的权限，但同时又想限制该组中的若干成员对打印机的访问。在这种情况下，管理员可以先为整个用户组授予可以访问打印机的权限（允许权限），再为该组中指定的用户授予拒绝权限。

单击"添加"按钮可以给用户授权或解除授权。要查看或更改打印操作、管理打印机和管理文档的基本权限，可以单击"高级"按钮。

7.3.2 设置打印优先级

一个部门的普通员工经常打印一些文档，但不着急用，而部门的经理经常打印一些短小但是急着用的文件。如果普通员工已经向打印机发送了打印任务，如何让经理的文件优先打印呢？在打印机之间设置优先权可以优化到同一台打印设备的文档打印，即可以加速需要立即打印的文档。高优先级的用户发送来的文档可以越过等候打印的低优先级的文档队列。如果两个逻辑打印机都与同一打印机相关联，则 Windows Server 2016 操作系统首先将优先级最高的文档发送到该打印设备。

要利用打印优先级系统，必须为同一打印设备创建多个逻辑打印机，为每个逻辑打印机指派不同的优先等级，然后创建与每个逻辑打印机相关的用户组。例如，Group1 中的用户拥有访问优先级为 1 的打印机的权利，Group2 中的用户拥有访问优先级为 2 的打印机的权利，以此类推。1 代表最低优先级，99 代表最高优先级。

设置打印机优先级的方法为：选择"开始"→"Windows 管理工具"→"打印管理"命令，在"打印管理"窗口中鼠标右击打印机，在弹出的快捷菜单中选择"属性"命令，弹出打印机属性对话框，选择"高级"选项卡，如图 7-22 所示。

图 7-21 "安全"选项卡　　　　　　图 7-22 "高级"选项卡

其中相关设置功能如下。
- 始终可以使用：系统默认选中该单选按钮，表示此打印机全天 24 小时都提供服务。
- 使用时间从：如果选中了该单选按钮，则可以进一步设置此打印机允许使用的时间区间，例如一般的上班时间为 8:00～18:00。
- 优先级：可以设置此打印机的打印优先级，默认值为 1，这是最低的优先级，最高的优先级为"99"。
- 使用后台打印，以便程序更快地结束打印：选中该单选按钮，可以先将打印文件保存到硬盘中，然后再将其送往打印设备进行打印。文件送往打印设备的操作是由 spooler（后台缓冲器）在后台执行并完成的，有两个单选按钮可供选择，可以选择"在后台处理完最后一页时开始打印"单选按钮，也可以选择"立即开始打印"单选按钮，表示在用户文件无法使用 spooler 打印时（即后台缓冲器无法正常运行），使用这种方式可以将打印文件直接送往打印设备上。该选项只适合本机送出的文件，不适合网络客户送来的文件。
- 直接打印到打印机：文件直接送到打印设备，而不会先送到打印服务器的多任务缓冲区进行处理。
- 挂起不匹配文档：如果文件的格式设置与打印机不匹配，此文件会被挂起不打印，例如将打印设备设置为使用 A4 纸张，但是文件格式设置却不是 A4 纸张，则打印机收到此文件后，并不会将其送往打印设备。

- 首先打印后台文档：首先打印已完整发送到打印服务器后台的文件，而尚未完整收齐的文件会晚一点打印，即使这份不完整文件的优先级较高或者先收到但未收完。如果未勾选此选项，则打印顺序取决于优先级与送到打印机的先后顺序。
- 保留打印的文档：当打印文件被送往打印服务器时，它会先被暂时存储到服务器的磁盘内排队等待打印，这个动作被称为 spooling（而此缓存文件就被称为 spool file），等轮到时再将其送到打印设备打印。此选项就是决定是否在文件发送到打印设备后将 spool file 在磁盘内删除。
- 启用高级打印功能：此时文件会采用增强型图元文件（Enhanced Metafile）的格式来转换打印的文件，并且支持一些其他高级打印功能（视打印设备型号而定）。
- 打印默认值：单击此按钮，在弹出的对话框中有"布局""纸张/质量" 2 个选项卡，通过设置可以改变打印机的系统默认参数。
- 打印处理器：单击此按钮，在弹出的对话框中可以选择不同的数据类型，每种处理器对应不同的数据类型，计算机在处理数据时常用的两种数据类型为 RAW 和 EMF。由于两种数据类型的处理方式不同，有可能会造成软件和系统之间的兼容性问题。
- 分隔页：由于共享打印机可供多人使用，因此在打印设备上可能有多份已经打印完成的文件，但是对于已打印完成的文件属于哪个用户却不容易分辨，此时可以利用分隔页来分隔每一份文件，也就是在打印每一份文件之前，先打印分隔页，这个分隔页内可以包含拥有该文件的用户的名称、打印日期等数据。

使打印机得到最大限度利用的一个有效方法是为长文档或特定类型的文档安排轮流打印时间。管理员在计划打印时间时，应考虑以下建议：①使用安全设置来限制在可用时间段内访问打印机的用户。②告诉用户打印机什么时候可用，什么时候不可用，可以帮助用户正确使用有时间计划限制的打印机。③配置两台指向同一打印设备的打印机，并且分别为这两台打印机设置不同的计划备用打印时间。④确保磁盘空间足够大，以便能够存储等待打印的后台打印作业。

7.3.3 设置打印机池

用户可以通过创建打印机池将打印作业自动分发到一台可用的打印机。打印机池是多台打印设备组织的一种典型形式，它是一台逻辑打印机，通过打印服务器的多个端口连接到多台打印机，处于空闲状态的打印机可以接收发送到逻辑打印机的下一份文档。

这对于打印量很大的网络非常有用，因为它可以减少用户等待文档打印的时间。当企业内部有多个相同或相似的打印设备时，使用打印机池可以自动均衡打印负荷，而不会出现某台打印设备十分繁忙，而一些设备却十分空闲的现象。同时使用打印机池可以简化管理，管理员可以从服务器上的同一台逻辑打印机来管理多台打印机。

使用创建的打印机池，用户在打印文档时不再需要查找哪一台打印机目前可用。逻辑打印机将检查可用的端口，并按端口的添加顺序将文档发送到各个端口。应首先添加连接到快速打印机上的端口，这样可以保证发送到打印机的文档在被分配给打印机池中的慢速打印机前以最快的速度打印。用户应了解打印池相关的特性和管理方法。

- 打印机池是一个"打印机"对应多台物理打印设备的组织方式，所以暂停"打印机"即意味着暂停"打印机池"。

- 由于打印机池中的所有打印设备都使用同一个"打印机"名称,因此要求打印机池中的多台物理打印设备应当是相同或兼容的,即多台打印设备必须使用同一个打印驱动程序。
- 当打印文件送往"打印机"时,"打印机池"会先检查哪一台打印设备处于空闲状态,并使该文件通过"空闲"的打印设备输出,检查空闲的顺序为"先安装的端口先检查"。"打印机池"是通过建立"打印机"时,为它指定多个输出端口而实现的,可以通过计算机的串行口(COM)、并行口(LPT)或网络端口与打印设备相连,也可以创建各种端口。
- 如果"打印机池"中有一台打印设备因故暂停,并不影响其他打印设备的使用。例如一台打印设备卡纸,那么目前正在打印设备上打印的文件就会被暂停,而其他的打印文件还可以由其他的打印设备继续打印。

管理员可以通过以下操作来启用打印机池:选择"开始"→"Windows 管理工具"→"打印管理"命令,在"打印管理"窗口中鼠标右击打印机,在弹出的快捷菜单中选择"属性"命令,弹出打印机属性对话框,选择"端口"选项卡,如图 7-23 所示。选中"启用打印机池"复选框,选择连接打印设备的端口,单击"确定"按钮,即可启用打印机池。

7.3.4 与 UNIX 系统对接打印

可以通过以下两个组件来让 Windows Server 2016 与 UNIX 计算机对接打印。
- LPD(Line Printer Daemon)服务:它让 Windows Server 2016 能够提供 TCP/IP 打印服务器的服务,因此可接收由 UNIX 客户端所发送过来的打印文件,前面已安装此组件。
- LPR 端口监视器(Line Printer Remote Monitor)服务:它让 Windows Server 2016 可以将文件发送到执行 LPD 的 UNIX 服务器(TCP/IP 打印器)打印。

Windows Server 2016 中"LPR 端口监视器"功能组件默认未安装,需要在服务器内添加此项功能。如图 7-24 所示,在"选择功能"对话框中,需要勾选"LPR 端口监视器"选项,然后可以在服务器内添加可以连接到 UNIX 打印服务器(支持 LPD 的 TCP/IP 打印服务器)的打印机。具体的操作步骤如下。

图 7-23 "端口"选项卡

图 7-24 "LPR 端口监视器"角色

1）在服务器上执行"系统"→"控制面板"→"硬件"→"查看设备和打印机"命令，弹出相应对话框，单击上方的"添加打印机"按钮来添加打印机，在"添加设备"对话框中，单击下方"我所需要的打印机未列出"按钮，弹出"按其他选项查找打印机"对话框，选择"通过手动设置添加本地打印机或网络打印机"选项，进行手工添加打印机操作。

2）单击"下一步"按钮，进入"选择打印机端口"对话框，选择"创建新端口"的类型为"LPR Port"，如图 7-25 所示。

3）确定打印机端口类型后，单击"下一步"按钮，弹出"添加 LPR 兼容打印机"对话框，如图 7-26 所示。输入 UNIX 打印服务器的名称或 IP 地址、输入打印机名称或打印队列（如果打印服务器是支持 LPD 的 Windows Server 2016，则此处应输入打印机共享名）。

图 7-25 "选择打印机端口"对话框

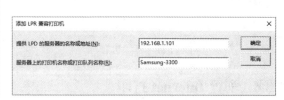

图 7-26 "添加 LPR 兼容打印机"对话框

4）单击"确定"按钮，后续的操作和服务器添加打印机操作一样，在此不再介绍。

7.3.5 管理打印作业

在 Windows 网络中，无论哪种组织方式，管理员通常使用"打印机"管理器进行打印作业的管理。打印机的管理器常规操作如下。选择"开始"→"控制面板"→"打印机"命令，弹出相应对话框，双击需要管理的"打印机"图标，即可打开选定的打印机管理器，如图 7-27 所示。

双击"查看正在打印的内容"按钮，弹出打印机队列窗口，可以管理打印作业，如图 7-28 所示，主要有如下三个方面的操作。

1. 删除打印文档

选中拟删除的打印文档，有 3 种方法可以删除选定的打印文档：①选中文档后，选择"文档"→"取消"命令。②选中文档后，右击并在快捷菜单中选择"取消"命令。③选中文档后，直接按〈Delete〉键，即可删除选中的文档。如果选择"打印机"→"取消所有文档"命令，可以删除所有的文档。

2. 暂停打印文档

选中拟暂停的打印文档，右击并在弹出的快捷菜单中选择"暂停"命令。打印文档被暂停之后需要恢复时，右击并在弹出的快捷菜单中选择"继续"命令，即可恢复该文档的打印。

3. 改变打印文档的执行顺序

用户打印的文档输出到网络打印机后，若此时的打印机空闲，则输出的文档可以立即打印。但是如果用户的打印文档很多，则需要排队等候。如果某用户的文档急于输出，网络管理员可以采用如下步骤进行调整：在"打印机队列"窗口中，从多个等待打印的文档中选择需要改变打印顺序的文档后，选择"文档"→"属性"命令，打开属性对话框，在该对话框中，可以更改选中打印文档的优先级，以此改变原有的打印顺序，之后单击"确定"按钮，即可改变打印文档的执行顺序。

图 7-27　打印机管理

图 7-28　打印机队列窗口

7.3.6　配置 Internet 打印

局域网、Internet 或 Intranet 中的用户，如果出差在外，或在家办公，是否能能够使用网络中的打印机呢？如果能够像浏览网页那样实现 Internet 打印，无疑会给远程用户带来极大的方便。这种方式就是基于 Web 浏览器方式的打印。这样，对于局域网中的用户来说可以避免登录到"域控制器"的烦琐设置与登录过程；对于 Internet 中的用户来说，基于 Internet 技术的 Web 打印方式可能是其使用远程打印机的唯一途径。

Internet 打印服务系统是基于 B/S 方式工作的，因此在设置打印服务系统时，应分别设置打印服务器和打印客户端两部分。配置 Internet 打印，首先得检查打印服务器是否已经配置好了对 Internet 打印的支持，操作步骤为：在打印服务器上，选择"开始"→"Windows 管理工具"→"Internet 信息服务（IIS）管理器"命令，如图 7-29 所示。

展开"网站"→"Default Web Site"→"Printers"节点，单击"浏览*:80(http)"按钮，如图 7-30 所示，或者直接在地址栏输入："http://nos.com/Printers/"，在浏览器中能够看到打印服务器上共享的打印机，说明打印服务器支持 Internet 打印。

在客户端的计算机使用 Internet 打印时要注意，Windows 10 默认已经安装了 Internet 打印客户端，其他操作系统没有安装 Internet 打印客户端，例如，Windows Server 2016 必须安装 Internet 打印客户端才能连接 Internet 打印机。客户端配置 Internet 打印操作步骤如下。

1）在安装 Windows Server 2016 的计算机上选择"开始"→"服务器管理器"命令打开服务器管理器，在左侧选择"功能"一项之后，单击右部区域的"添加功能"链接，并且在如图 7-31 所示的对话框中选择"Internet 打印客户端"复选框。

2）单击"下一步"按钮，按照提示完成"Internet 打印客户端"功能的安装，并重新启动客户端计算机。登录后启动 IE 浏览器，选择"工具"→"Internet 选项"命令，在"安全"选项卡中，单击"站点"按钮，如图 7-32 所示，在弹出的"受信任的站点"对话框中输入"http://nos.com"，单击"添加"按钮。

图 7-29　浏览 Printers 目录

图 7-30　查看打印服务器上的打印机

图 7-31　安装 Internet 打印客户端

图 7-32　添加可信站点

3）执行"系统"→"控制面板"→"硬件"→"查看设备和打印机"命令，弹出相应对话框，单击上方的"添加打印机"按钮来添加打印机，在"添加设备"对话框中，单击下方"我所需要的打印机未列出"按钮，弹出"按其他选项查找打印机"对话框，如图 7-33 所示。因为这台计算机没有安装域控制器，所以添加打印机的方式和前面略有不同。

4）在对话框中单击"按名称选择共享打印机"单选按钮，并在文本框中输入"http://nos.com/Printers/Samsung-3300/.printer"，单击"下一步"按钮，搜索到可用的打印机，然后根据需要进行配置，完成打印机的添加。

在图 7-33 中输入的 URL 地址中，nos.com 是打印服务器的域名，使用 Internet 打印机的客户端必须能够解析到该打印服务器的 IP 地址，同时该域名在前面的设置中，要确保被添加到受信站点列表中，因为要通过网站下载打印机的驱动程序。"Samsung-3300"是打印服务器上打印机的共享名称，其他都是固定的格式。

5）在客户端计算机浏览器中输入 http://nos.com/Printers/Samsung-3300/.printer，可以查看 Internet 打印机相关的信息，如图 7-34 所示。

图 7-33　添加 Internet 打印机

图 7-34　Internet 打印机属性

7.4　项目实训——Windows Server 2016 打印机管理

1．实训目标

1）熟悉 Windows Server 2016 打印服务器的安装。

2）掌握 Windows Server 2016 打印服务器的管理与配置。

3）掌握打印客户端的管理与配置。

2．实训设备

1）网络环境：已建好的千兆以太网络，包含交换机、五类（或超五类）UTP 直通线若干、三台或以上数量的计算机（计算机配置要求 CPU 最低 1.6GHz 以上 64 位，内存不小于 4096MB，硬盘空间不低于 120GB，有光驱和网卡）。

2）软件：①Windows Server 2016 安装光盘，或硬盘中有全部的安装程序；②Windows 10 安装光盘，或硬盘中有全部的安装程序；③VMWare Workstation 15.5 安装程序。

3．实训内容

在项目 6 实训的基础上完成本实训，在域中的计算机上设置以下内容。

1）在域控制器 teacher.com 上安装"打印和文件服务"角色，使其成为打印服务器，并添加本地打印机 HP LaserJet 1100，共享使其成为网络打印机。

2）在 student.com 子域控制器上安装"打印和文件服务"角色，使其成为打印服务器，并添加一台本地打印机 Samsung ML-1650，共享使其成为网络打印机。

3）在域控制器 teacher.com 上添加用户"PrinterG"和"PrinterL"，设置"PrinterG"的权限为打印，设置"PrinterL"的权限为打印、管理打印机和管理文档，然后分别设置"PrinterG"的打印优先级为 1，"PrinterL"的打印优先级为 99。

4）添加另外一台 Samsung ML-1650 到打印机池中，分别使用并行口（LPT2），并启用打印机池打印测试文档 10 份。

5）管理打印机池内的打印文档，删除要打印的第五个测试文档，暂停第十个测试文档的打印，改变第十个测试文档的打印顺序，立即打印。

6）配置 teacher.com 上的打印服务器以及打印机客户端，使打印服务器具有 Internet 打印功能，并配置打印机客户端，使用 Internet 打印功能打印测试文档。

7.5 项目习题

一、填空题

（1）根据使用的打印技术，打印设备可以分为_____、_____和激光打印设备。

（2）在 Windows Server 2016 中，默认情况下，添加打印机向导会_____并在 Active Directory 中发布，除非在向导的"打印机名称和共享设置中"对话框中不选择"共享打印机"复选框。

（3）使用管理文档权限，用户可以暂停、继续、重新开始和取消由其他用户提交的文档，还可以_____。

（4）要利用打印优先级系统，必须为同一打印设备创建多个逻辑打印机。为每个逻辑打印机指派不同的优先等级，然后创建与每个逻辑打印机相关的用户组，_____代表最低优先级，99 代表最高优先级。

（5）管理打印作业，主要有如下三个方面的内容：_____、暂停打印文档、改变打印文档的执行顺序。

二、选择题

（1）下列权限（　　）不是打印安全权限。
　　A．打印　　　　B．浏览　　　　C．管理打印机　　　D．管理文档

（2）Internet 打印服务系统是基于（　　）方式工作的文件系统。
　　A．B/S　　　　B．C/S　　　　C．B2B　　　　　　D．C2C

（3）不能通过计算机的（　　）端口与打印设备相连。
　　A．串行口（COM）　B．并行口（LPT）　C．网络端口　　D．RS232

（4）下列（　　）不是 Windows Server 2016 支持添加的打印机端口。
　　A．LPR Port　　B．Local Port　　C．UDP Port　　D．TCP/IP Port

（5）下列（　　）服务让 Windows Server 2016 可以将文件发送到执行 LPD 的 UNIX 服务器（TCP/IP 打印器）打印。
　　A．LPR　　　　B．LPD　　　　C．NFS　　　　　D．MultiPoint

三、问答题

（1）在 Microsoft 操作系统中"打印机"和"打印设备"分别指什么？两者有什么区别？

（2）什么情况下选择"打印机池"的连接方式？优点有哪些？

（3）什么是 Internet 打印？它有何优点，适用于什么场合？

（4）如何启动打印管理器？如何改变打印文档的输出顺序？

项目 8　磁盘系统的管理

项目情境：

如何提高磁盘的性能、可用性及容错性？

　　瑞思达智是一家主营计算机系统集成、软件开发与测试、信息化设计与咨询等业务的网络科技公司，2018 年对湖北省宜昌市人力资源和社会保障局信息中心的社会保障信息管理系统进行了改造升级，管理着宜昌市四百万人口的养老、医疗、工伤、生育、失业保险等数据，拥有 IBM、HP、SUN、浪潮专业服务器二十余台。在社会保障信息管理系统改造的初期，经常出现服务器硬盘发生故障甚至磁盘空间不足的情况，导致服务器罢工或系统停摆，造成重要数据丢失的情况。作为公司的技术人员，如何利用 Windows Server 2016 的磁盘管理，提高磁盘的性能、可用性及容错性？

　　项目描述：无论文件服务器还是数据库服务器，都需要磁盘有很好的 I/O 吞吐量，能够有好的性能来快速响应大量并发用户的请求。硬盘崩溃、病毒或自然灾难都可能导致服务器重要的数据丢失。为了避免由于故障导致服务器停止工作，甚至丢失数据的情况发生，本项目对 Windows Server 2016 的磁盘管理进行介绍。

　　项目目标：
- 掌握 Windows Server 2016 的基本磁盘管理。
- 熟悉 Windows Server 2016 的动态磁盘管理。
- 重点掌握 Windows Server 2016 中的 RAID5 的创建与管理。

8.1　知识导航——磁盘概述

8.1.1　磁盘分区表

　　在数据能够被存储到磁盘之前，该磁盘必须被分割成一个或数个磁盘分区。同时在磁盘内有一个被称为磁盘分区表的区域，用来存储磁盘分区的相关数据，例如每一个磁盘分区的起始地址、结束地址、是否为活动的磁盘等信息。

　　磁盘按分区表的格式可以分为 MBR 磁盘和 GPT 磁盘两种。

- MBR 磁盘：使用的是旧的磁盘分区表格式，其磁盘分区表存储在 MBR 内（Master Boot Record，主引导记录）。MBR 位于磁盘最前端，计算机启动时，使用传统 BIOS 的计算机，其 BIOS 会先读取 MBR，并将控制权交给 MBR 内的程序代码，然后由此程序代码来引导后续的启动工作。MBR 磁盘所支持硬盘最大容量为 2.2TB。
- GPT 磁盘：一种新的磁盘分区表格式，其磁盘分区表存储在 GPT 内（GUID Partition Table，全局唯一标识分区表），位于磁盘的前端，而且它有主分区表和备份分区表，可提供容错功能。使用新式的 UEFI BIOS 的计算机，其 BIOS 会读取 GPT，并将控制权交给 GPT 内的程序代码，然后由此程序代码来继续后续的启动工作。GTP 磁盘所支持的硬盘可以超过 2.2TB。

可以利用图形界面的"磁盘管理工具"或"Diskpart"命令将空的 MBR 磁盘转换成 GPT 磁盘或将空的 GPT 磁盘转换成 MBR 磁盘。为了兼容起见，GPT 磁盘内提供了 Protective MBR，让仅支持 MBR 的程序仍然可以正常运行。

8.1.2 磁盘的分类

从 Windows 2000 Server 开始，Windows 系统将磁盘存储类型分为基本磁盘和动态磁盘两种。
- 基本磁盘：旧式的传统磁盘系统，新安装的硬盘默认是基本磁盘。
- 动态磁盘：它支持多种特殊的磁盘分区，其中有的可以提高系统访问效率，有的可以提供容错，有的可以扩大磁盘的使用空间。

磁盘系统可以包含任意的存储类型组合，但是同一个物理磁盘上所有卷必须使用同一种存储类型。在基本磁盘上，使用分区来分割磁盘，在动态磁盘上，将存储分为卷而不是分区。

基本磁盘是指包含主磁盘分区、扩展磁盘分区或逻辑驱动器的物理磁盘，它是 Windows Server 2016 中默认的磁盘类型，是与 Windows 98/NT/2000 兼容的磁盘操作系统。如果一个磁盘上同时安装 Windows 98/NT/2000，则必须使用基本磁盘，因为这些操作系统无法访问动态磁盘上存储的数据。

基本磁盘上的分区和逻辑驱动器称为基本卷，只能在基本磁盘上创建基本卷。对于"主启动记录（MBR）"基本磁盘（磁盘第一个引导扇区包括分区表和引导代码），最多可以创建四个主磁盘分区，或最多三个主磁盘分区加上一个扩展分区。在扩展分区内，可以创建多个逻辑驱动器。对于 GUID 分区表（GPT）基本磁盘，最多可创建 128 个主磁盘分区。由于 GPT 磁盘并不限制四个分区，因而不必创建扩展分区或逻辑驱动器。

一个基本磁盘有以下三种分区形式。
- 主磁盘分区：当计算机启动时，会到被设置为活动状态的主磁盘分区中读取系统引导文件，以便启动相应的操作系统。
- 扩展磁盘分区：扩展磁盘分区只能够用来存储数据，无法启动操作系统。
- 逻辑分区：扩展磁盘分区无法直接使用，必须在扩展磁盘分区上创建逻辑分区才能够存储数据，而在每个磁盘上创建的逻辑分区的数目可以达到 24 个。

动态磁盘可以提供一些基本磁盘不具备的功能，例如创建可跨越多个磁盘的卷（跨区卷和带区卷）和创建具有容错能力的卷（镜像卷和 RAID-5 卷），所有动态磁盘上的卷都是动态卷。动态卷有五种类型：简单卷、跨区卷、带区卷、镜像卷和 RAID-5 卷。不管动态磁盘使用"主启动记录（MBR）"还是"GUID 分区表（GPT）"分区样式，都可以创建最多 2000 个动态卷，推荐值是 32 个或更少。多磁盘的存储系统应该使用动态存储，磁盘管理支持在多个硬盘有超过一个分区的遗留卷，但不允许创建新的卷，不能在基本磁盘上执行创建卷、带、镜像和带奇偶校验的带，以及扩充卷和卷设置等操作。基本磁盘和动态磁盘之间可以相互转换，可以将一个基本磁盘升级为动态磁盘，也可以将动态磁盘转化为基本磁盘。

基本磁盘中的每一个主磁盘分区和逻辑分区又被称为"基本卷"，在 Windows Server 2016 系统中还定义了"系统卷"和"引导卷"这两个和分区有关的概念，这两个卷的概念如下。

- 系统卷：此卷中存放着一些用来启动操作系统的引导文件，系统通过这些引导文件，再到引导卷中读取启动 Windows Server 2016 系统所需文件。如果计算机安装了多操作系统，系统卷的程序会在启动时显示操作系统选择菜单供用户选择。系统卷必须是处于活动状态的主磁盘分区。
- 引导卷：此卷中存放着 Windows Server 2016 系统的文件，引导卷可以是主磁盘分区，也可以是逻辑分区。

使用 UEFI BIOS 的计算机可以选择 UEFI 模式或传统模式（BIOS 模式）来启动 Windows Server 2016。若是 UEFI 模式，则启动磁盘须为 GPT 磁盘，且此磁盘最少需要 3 个 GPT 磁盘分区。

- EFI 系统分区（ESP）：其文件系统为 FAT32，可用来存储 BIOS/OEM 厂商所需要的文件、启动操作系统所需要的文件等（UEFI 的前版被称为 EFI）、Windows 修复环境（Windows RE）。
- Microsoft System Reserved 磁盘分区（MSR）：保留供操作系统使用的区域。若磁盘的容量少于 16GB，此区域约占用 32MB；若磁盘的容量大于或等于 16GB，则此区域约占用 128MB。MSR 分区在 Windows "磁盘管理"工具中不可见，在 Diskpart、Diskgenius 等磁盘工具里可见，但是用户无法在 MSR 分区上存储或删除数据。
- Windows 磁盘分区：其文件系统为 NTFS，用来存储 Windows 操作系统文件的磁盘分区，操作系统文件通常放在 Windows 文件夹内。

在 UEFI 模式之下，如果是将 Windows Server 2016 安装到一个空硬盘，则除了以上 3 个磁盘分区之后，安装程序还会自动多建一个恢复分区，这实际上是将 Windows 修复环境（RE）从 EFI 系统分区中独立出来形成一个恢复分区，其中包含一些恢复工具，相当于一个微型操作系统环境，64 位系统下这个分区大小在 450MB 左右，而 EFI 系统分区一般占用 100MB 左右的空间。

8.2 新手任务——基本磁盘的管理

【任务描述】

在 Windows Server 2016 中，新安装的硬盘默认类型为基本磁盘，基本磁盘上的管理任务包括磁盘分区的建立、删除、查看以及分区的挂载和磁盘碎片整理等，必须熟悉基本操作之后才能为动态磁盘的管理打下基础。

【任务目标】

通过任务掌握基本卷的管理，例如安装新的磁盘、创建磁盘分区、格式化、添加卷标、扩展卷、压缩卷等常用操作。

在安装 Windows Server 2016 时，硬盘将自动初始化为基本磁盘。基本磁盘上的管理任务包括磁盘分区的建立、删除、查看以及分区的挂载和磁盘碎片整理等。在 Windows Server 2016 中，磁盘管理任务是以一组磁盘管理实用程序的形式提供给用户的，它们位于"计算机管理"

控制台中,都是通过基于图形界面的"磁盘管理"控制台来完成的。要启动"磁盘管理"应用程序,可选择"开始"→"Windows 管理工具"→"计算机管理"命令,或者右击"我的电脑",在弹出的快捷菜单中选择"管理",也可以执行"开始"→"运行"命令,输入"diskmgmt.msc",并单击"确定"按钮,打开如图 8-1 所示的"计算机管理"控制台窗口。

如图 8-1 所示,中间底端窗口中,分别以文本和图形方式显示了当前计算机系统安装的两个物理磁盘,以及各个磁盘的物理大小和当前分区的结果与状态;顶端窗口以列表的方式显示了磁盘的属性、状态、类型、容量、空闲

图 8-1 "计算机管理"控制台

等详细信息。注意,图中以不同的颜色表示不同的分区(卷)类型,利于用户区别不同的分区(卷)。

8.2.1 安装新磁盘

在计算机内所安装的新磁盘(硬盘)必须经过初始化才能使用:执行"开始"→"Windows 管理工具"→"计算机管理"→"存储"→"磁盘管理"命令,弹出"初始化磁盘"对话框,如图 8-2 所示。勾选欲初始化的新磁盘,选择 GPT 或 MBR 分区形式,单击"确定"按钮,就可以在安装的新磁盘内建立磁盘分区。

如果没有自动弹出"初始化磁盘"对话框,请在磁盘管理中选中安装的新磁盘,右击并在弹出的快捷菜单中选择"联机"命令,如图 8-3 所示,再选中此新磁盘并右击,在弹出的快捷菜单中选择"初始化磁盘"命令,就可以使用安装的新磁盘。如果在图 8-3 界面中看不到新磁盘,可以选中"磁盘管理"项目,然后右击并在弹出的快捷菜单中选择"重新扫描磁盘"命令。

图 8-2 "初始化磁盘"对话框

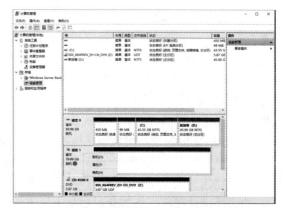

图 8-3 "计算机管理"控制台

8.2.2 创建主磁盘分区

对于 MBR 磁盘来说,一个基本磁盘内最多可以有四个主磁盘分区,而对于 GPT 磁盘来说,一个基本磁盘内最多可以有 128 个主磁盘分区。创建主磁盘分区的具体操作步骤如下。

1）执行"开始"→"Windows 管理工具"→"计算机管理"→"存储"→"磁盘管理"命令，在"磁盘管理"控制台右侧的磁盘列表中，右击一块未指派的磁盘空间，选择"新建简单卷"命令，弹出"新建简单卷向导"对话框。此处对创建简单卷做了简单介绍。

2）单击"下一步"按钮，进入"指定卷大小"对话框，显示了磁盘分区可选择的最大值和最小值，如图 8-4 所示，根据实际情况确定主分区的大小。

3）单击"下一步"按钮，进入"分配驱动器号和路径"对话框，选择"分配以下驱动器号"单选按钮，指派驱动器盘符为"E:"，如图 8-5 所示，三个选项作用如下。

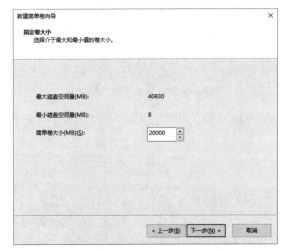 

图 8-4 "指定卷大小"对话框　　　　图 8-5 "指派驱动器号和路径"对话框

- "分配以下驱动器号"单选按钮：表示系统为此卷分配的驱动器号，系统会按 26 个字母顺序分配，一般不需要更改。
- "装入以下空白 NTFS 文件夹中"单选按钮：表示指派一个在 NTFS 文件系统下的空文件夹来代表该磁盘分区。例如，用 C:\bak 表示该分区，则以后所有保存到 C:\bak 的文件都被保存到该分区中，该文件夹必须是空的文件夹，且位于 NTFS 卷内，这个功能特别适用于 26 个磁盘驱动器号（A:~Z:）不够使用时的网络环境。
- "不分配驱动器号或驱动器路径"单选按钮：表示可以事后再指派驱动器号或指派某个空文件夹来代表该磁盘分区。

4）单击"下一步"按钮，进入"格式化分区"界面，如图 8-6 所示，首先选择是否格式化，如果格式化要进行如下设置。

- 文件系统：可以将该分区格式化成 NTFS、ReFS 或 FAT32 的文件系统，建议格式化为 NTFS 的文件系统，因为该文件系统提供了权限、加密、压缩以及可恢复的功能。
- 分配单元大小：磁盘分配单元大小即磁盘簇的大小。Windows Server 和使用的文件系统都根据簇的大小组织磁盘。簇的大小表示一个文件所需分配的最小空间，簇越小，磁盘的利用率就越高。格式化时如果未指定簇的大小，系统就自动根据分区的大小来选择簇的大小，推荐使用默认值。
- 卷标：为磁盘分区起一个名字。
- 执行快速格式化：在格式化的过程中不检查坏扇区，一般在确定没有坏扇区的情况下才选择此项。
- 启用文件和文件夹压缩：将该磁盘分区设为压缩磁盘，以后添加到该磁盘分区中的文件和文件夹都自动进行压缩,且该分区只能是 NTFS 类型。

5)单击"下一步"按钮,进入"正在完成新建简单卷向导"对话框,如图 8-7 所示,显示以上步骤的设置信息。单击"完成"按钮,系统开始对磁盘分区格式化,格式化完后就可以使用该分区。

 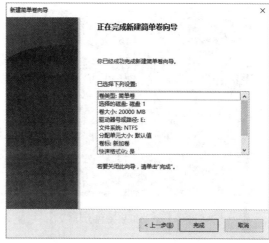

图 8-6 "格式化分区"对话框　　　　　图 8-7 正在完成新建简单卷向导

8.2.3 创建扩展磁盘分区

针对 MBR 格式的磁盘,可以在基本磁盘中尚未使用的空间内建立扩展磁盘分区。一个基本磁盘内只可以建立一个扩展磁盘分区,但是在这个分区内可以建立多个逻辑驱动器。

在创建主磁盘分区的操作中,在 40GB 的未分配的空间内已建立了一个 20GB 的简单卷,同样的操作再建立两个 5GB 的简单卷。在已经有三个主分区的情况下,新建第四个简单卷时,它会自动被设置为扩展磁盘分区,因此在图 8-3 所示的"磁盘 1"中的未分配空间建立一个 5GB 的简单卷时,它会先将此未分配空间设置为扩展磁盘分区,然后在其中建立一个 5GB 的简单卷,并赋予一个逻辑驱动器号,剩余的可用空间(5GB)可以再建立多个简单卷,如图 8-8 所示。

只有在建立第 4 个磁盘分区时,才会自动被设置为扩展磁盘分区。如果不希望受限于 4 个磁盘分区,需要使用 Diskpart.exe 命令来创建扩展磁盘分区,具体操作步骤如下。

1)执行"开始"→"命令提示符"命令,打开"命令提示符"窗口,输入"diskpart"命令后按〈Enter〉键。

图 8-8 创建扩展磁盘分区

2)在交互式命令中继续输入"select disk 2"命令后按〈Enter〉键用来选择"磁盘 2"。

3)在输入"create partition extended size=5000"命令后按〈Enter〉键,就可在选定的"磁盘 2"上创建一个大小为 5GB 的扩展磁盘分区,如图 8-9 所示。

4)扩展磁盘分区无法直接使用,必须在扩展磁盘分区上划分出逻辑分区才可使用,因此在"磁盘管理"控制台中,右击刚才创建的扩展磁盘分区(绿色区域),在弹出的菜单中选择"新建简单卷"命令,按照创建主磁盘分区的方法在"新建简单卷向导"对话框创建一个 5GB 的逻辑分区,即可完成扩展磁盘分区的创建工作,如图 8-10 所示。

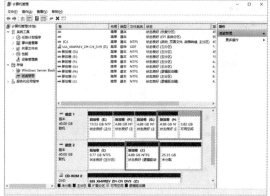

图 8-9　创建扩展磁盘分区　　　　　　　　图 8-10　创建逻辑分区

8.2.4　磁盘分区的常用操作

对已经创建好的磁盘分区可以进行多种维护工作,下面介绍几个常用的操作。

1. 指定"活动"的磁盘分区

如果安装了多个无法直接相互访问的不同操作系统,如 Windows Server 2016、Linux 等,则计算机在启动时,会启动被设为"活动"的磁盘分区内的操作系统。假设当前第一个磁盘分区中安装的是 Windows Server 2016,第二个磁盘分区中安装的是 Linux,如果第一个磁盘分区被设为"活动",则计算机启动时就会启动 Windows Server 2016。若要下一次启动时启动 Linux,只需将第二个磁盘分区设为"活动"即可。

由于用来启动操作系统的磁盘分区必须是主磁盘分区,扩展磁盘分区内的逻辑驱动器无法被设置为活动分区,因此只能将主磁盘分区设为"活动"的磁盘分区。要指定"活动"的磁盘分区,可右击要修改的主磁盘分区,选择"将磁盘分区标为活动"菜单项。

2. 格式化

如果创建磁盘分区时没有进行格式化,则可通过右击该磁盘分区,在弹出菜单中选择"格式化",然后在弹出的对话框中做相应设置,单击"开始"即可。如果要格式化的磁盘分区中包含数据,则格式化之后该分区内的数据都将被毁掉。另外,不能直接对系统磁盘分区和引导磁盘分区进行格式化,但可以在安装操作系统过程中,通过安装程序对它们删除或格式化。

3. 加卷标

为磁盘分区设置一个易于识别的卷标,右击磁盘分区,选择菜单中的"属性"选项,然后在"常规"选项卡中的"卷标"文本框处设置即可。

4. 更改磁盘驱动器号及路径

要更改磁盘驱动器或磁盘路径,右击磁盘分区或光驱,选择"更改驱动器号和路径",弹出对话框,单击"更改"按钮,即可在对话框中更改驱动器号,如图 8-11 所示。

若在图 8-11 中单击"添加"按钮,会出现类似的对话框,如图 8-12 所示,不同的是,"分配以下驱动器号（A）："选项不可用，只可使用"装入以下空白NTFS文件夹中（M）："选项。用户可以利用此选项将一个空文件夹映射到此磁盘分区，则以后所有存储到"d:\DataBase"的文件都会被存储到此磁盘分区内。

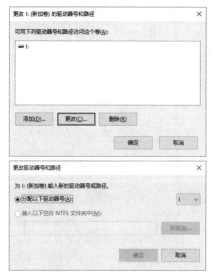

图8-11　更改驱动器号

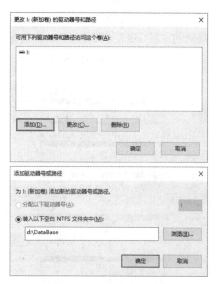

图8-12　装入空白NTFS文件夹

另外，系统磁盘分区与正在使用的引导磁盘分区磁盘驱动器号是无法更改的，对其他的磁盘分区最好也不要随意更改磁盘驱动器号，因为有些应用程序会直接参照驱动器号来访问磁盘内的数据，如果更改了磁盘驱动器号，可能造成这些应用程序无法正常运行。

5．扩展卷

如果创建的磁盘分区空间不够，可以将未分配的空间合并到磁盘分区中，但必须满足以下条件：①只有NTFS、ReFS文件系统的磁盘分区才可以扩展，而FAT16和FAT32无法实现此功能；②扩展的空间，必须是紧跟着此基本卷之后的未分配空间。

FAT16和FAT32磁盘分区是无法扩展的，可以通过命令"convert"转换成NTFS磁盘分区后使用扩展卷的操作。操作方法是首先进入MS-DOS命令提示符环境，然后运行以下命令（假设要将磁盘F：转换为NTFS）：convert F：/FS：NTFS。

假设要扩展图8-13中的磁盘H的容量4.88GB，该磁盘后面还有5.82GB的可用空间，可以将此空间合并到磁盘H：。

具体的操作步骤为：用鼠标选中磁盘卷"新加卷（H：）"，右击并在弹出的快捷菜单中选择"扩展卷"命令，进入"扩展卷向导"对话框，如图8-14所示。系统已自动将"磁盘1"中5956MB的可用空间添加至已选的空间区域，单击"下一步"按钮，系统将进行扩展卷的操作，单击"关闭"按钮，在"磁盘管理"控制台中可以发现，经过扩展操作后"新加卷（H：）"的大小已变为10.70GB。

6．压缩卷

可以对原始磁盘分区进行压缩分割操作，获取更多的可用空间。如图8-15所示，是磁盘经过压缩卷操作前后的一个对比。

假设磁盘卷"新加卷（J：）"目前的容量为9.77GB，但实际使用才不到3GB，如果想从该磁盘卷尚未使用的空间中划出7GB，就将其变成另外一个未划分的可用空间。

具体的操作步骤：用鼠标选中磁盘卷"新加卷（J:）"，右击并在弹出的快捷菜单中选择"扩展卷"命令，进入"压缩 J"对话框，如图 8-16 所示，在该对话框中，能直观地看到被分割出去的磁盘空间容量以及原始磁盘分区的总容量，正确输入要分割出去的磁盘空间容量大小，单击对应对话框中的"压缩"按钮，即可完成压缩卷的操作。完成压缩卷的操作后，"新加卷（J:）"容量由原来的 9.77GB 变成 3.05GB，未分配的分区大小由原来的 10.58GB，变成 17.29GB。

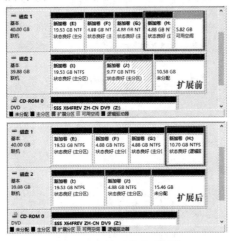

图 8-13　扩展卷前后对比

图 8-14　"扩展卷向导"对话框

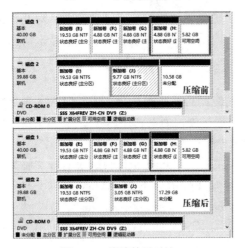

图 8-15　压缩前后对比

图 8-16　压缩对话框

7．删除卷

要删除磁盘卷，只要右击该磁盘卷，选择"删除卷"命令，弹出确认对话框，若真的删除卷，单击"是"按钮即可。

8.3　拓展任务——动态磁盘的创建与管理

【任务描述】

动态磁盘可以提供基本磁盘所不具备的一些功能，例如创建可跨越多个磁盘的卷和创建具有容错能力的卷，所有动态磁盘上的卷都是动态卷。在动态磁盘中可以创建五种类型的动态卷：简单卷、跨区卷、带区卷、镜像卷和 RAID-5 卷，其中镜像卷和 RAID-5 卷是容错卷。

【任务目标】

通过任务掌握创建和删除简单卷、跨区卷、带区卷、镜像卷和 RAID-5 卷，扩展一个简单卷或跨区卷，修改镜像卷和 RAID-5 卷等动态磁盘的相关操作。

8.3.1　升级为动态磁盘

基本磁盘是 Windows Server 2016 默认的磁盘类型，包含主磁盘分区、扩展磁盘分区或逻辑驱动器的物理磁盘。基本磁盘上的分区和逻辑驱动器称为基本卷，只能在基本磁盘上创建基本卷。使用基本磁盘的好处在于，它可以提供单独的空间来组织数据。

目前 Windows Server 2016 服务器中很多使用的是动态磁盘，支持多种特殊的动态卷，包括简单卷、跨区卷、带区卷、镜像卷和磁盘阵列卷，它们提供容错、提高磁盘利用率和访问效率的功能。要创建上述这些动态卷，必须先保证磁盘是动态磁盘，如果是基本磁盘，则可先将其升级为动态磁盘。

可以在任何时间将基本磁盘转换成动态磁盘，而不会丢失数据。当将一个基本磁盘转换成动态磁盘时，在基本磁盘上的分区将变成卷。也可以将动态磁盘转换成基本磁盘，但是在动态磁盘上的数据将会丢失。为了将动态磁盘转换成基本磁盘，要先删除动态磁盘上的数据和卷，然后从未分配的磁盘空间上重新创建基本分区。将基本磁盘转换为动态磁盘之后，基本磁盘上已有的全部分区或逻辑驱动器都将变为动态磁盘上的简单卷。

下面将在 Windows Server 2016 中做动态磁盘的实验。为了学习和实验的方便，在前面已安装好的虚拟机中添加 5 块虚拟硬盘，可组成实验环境，具体的操作步骤如下。

1）将已安装好的 Windows Server 2016 虚拟机关闭电源，单击"编辑虚拟机设置"按钮，在打开的"虚拟机设置"对话框中，单击"添加"按钮，添加新硬件。

2）在打开的添加硬件向导"硬件类型"对话框中，如图 8-17 所示，选中"硬盘"选项，单击"下一步"按钮，打开"选择磁盘类型"对话框，如图 8-18 所示，可以设置选择磁盘控制器的类型，默认使用推荐设置"SCSI"。

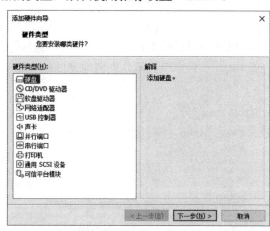
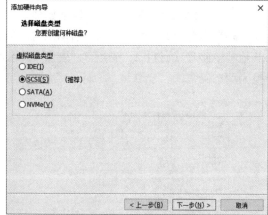

图 8-17　添加新硬盘　　　　　　　　图 8-18　选择磁盘类型

3）单击"下一步"按钮，弹出"选择磁盘"对话框，如图 8-19 所示，设置虚拟硬盘，建议建立新的.VMDK 虚拟硬盘文件，使用"创建新虚拟磁盘"选项。

4）单击"下一步"按钮，弹出"指定磁盘容量"对话框，如图 8-20 所示，在此窗口中指定虚拟硬盘的容量，输入磁盘容量数值 40GB。

183

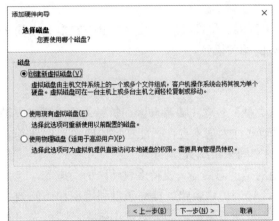
图 8-19 选择磁盘

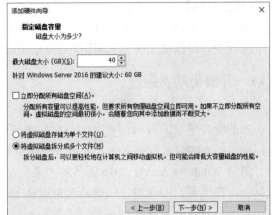
图 8-20 指定磁盘容量

5）单击"下一步"按钮，弹出"指定磁盘文件"对话框，在此对话框中可以指定虚拟镜像文件的名称及所在位置，单击"完成"按钮，即完成虚拟硬盘的添加。按照以上方法再依次添加 4 块大小容量均相同的硬盘。

在创建动态磁盘的卷时，必须对新添加的硬盘进行联机、初始化磁盘和转换为动态磁盘工作，否则将不能使用该磁盘，具体的操作步骤如下。

1）启动实验用的虚拟机，登录 Windows Server 2016 系统后，选择"开始"→"Windows 管理工具"→"计算机管理"命令，进入"计算机管理"控制台。

2）右击"计算机管理"窗口左侧的"磁盘 1"（这是添加的第一块虚拟硬盘），在弹出的菜单中选择"联机"命令，以同样的方法将另外四块磁盘"联机"。

3）右击"计算机管理"窗口左侧的"磁盘 1"，在弹出的菜单中选择"初始化磁盘"命令，在如图 8-21 所示的"初始化磁盘"对话框中确认要转换的基本磁盘（磁盘 2、磁盘 3、磁盘 4、磁盘 5），磁盘选择完成后单击"确定"按钮。

4）在"计算机管理"窗口左侧初始化后的"磁盘 1"上右击，在弹出的菜单中选择"转换到动态磁盘"命令，在如图 8-22 所示的"转换为动态磁盘"对话框中，还可选择同时需要转换的其他基本磁盘（磁盘 2、磁盘 3、磁盘 4、磁盘 5），单击"确定"按钮，即将原来的基本磁盘转换为动态磁盘。

图 8-21 初始化磁盘

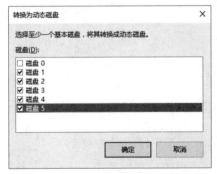
图 8-22 转换为动态磁盘

升级完成后在"计算机管理"控制台中可以看到，磁盘的类型已被更改为动态磁盘。如果升级的基本磁盘中包括系统磁盘分区或引导磁盘分区，则升级之后需要重新启动计算机。

8.3.2 创建简单卷

简单卷由单个物理磁盘上的磁盘空间组成,它可以由磁盘上的单个区域或者连接在一起的相同磁盘上的多个区域组成。可以在同一磁盘中扩展简单卷或把简单卷扩展到其他磁盘。如果跨多个磁盘扩展简单卷,则该卷就是跨区卷。

只能在动态磁盘上创建简单卷,如果想在创建简单卷后增加它的容量,则可通过磁盘上剩余的未分配空间来扩展这个卷。要扩展简单卷,该卷必须使用 Windows Server 2016 中所用的 NTFS 版本格式化,不能扩展基本磁盘上作为以前分区的简单卷。

也可将简单卷扩展到同一计算机的其他磁盘的区域中,当将简单卷扩展到一个或多个其他磁盘时,它会变为一个跨区卷。在扩展跨区卷之后,不删除整个跨区卷便不能将它的任何部分删除,跨区卷不能是镜像卷或带区卷。

在如图 8-23 所示的环境中,创建和扩展简单卷,要求如下。在"磁盘 1"上分别创建一个 16000MB 容量的简单卷 E:和一个 4000MB 容量的简单卷 F:,使"磁盘 1"拥有两个简单卷,然后再从该磁盘未分配的空间中划分一个 8000MB 的空间添加到简单卷 E:中,使简单卷 E:容量扩展到 24000MB,创建和扩展简单卷后效果如图 8-24 所示。具体的操作步骤如下。

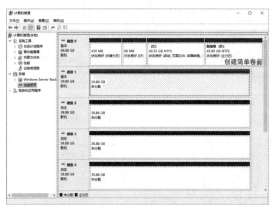

图 8-23 创建简单卷前

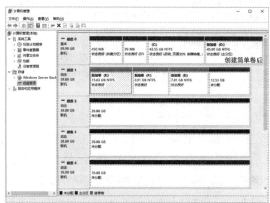

图 8-24 创建简单卷后

1)启动"计算机管理"控制台,选择"磁盘管理"选项,如图 8-23 所示,在右边窗口的底端,右击"磁盘 1",在弹出菜单中选择"新建简单卷"。

2)在弹出的"欢迎使用新建简单卷向导"对话框中,单击"下一步"按钮,然后在"指定卷大小"对话框中创建简单卷的磁盘容量为 16000MB,分配的驱动器符号为"E:",因为过程和创建基本磁盘的主磁盘分区一样,可以参考图 8-4~图 8-7 的过程。

3)以同样的方法创建简单卷 F:,磁盘容量为 4000MB。

4)右击简单卷 E:,在弹出的菜单中选择"扩展卷"命令,进入"扩展卷向导"对话框,单击"下一步"按钮,进入"选择磁盘"对话框,在"选择空间量"文本框中输入扩展空间容量 8000MB,如图 8-25 所示。

5)单击"下一步"按钮,进入"完成扩展卷向导"对话框,如图 8-26 所示,对扩展卷空间容量信息再次进行确认,单击"完成"按钮,完成创建扩展卷的操作。扩展完成后的结果如图 8-24 所示,可看到整个简单卷 E:的物理空间是不连续的两个部分,总的容量为 24000MB,同时简单卷的颜色变为"橄榄绿"。

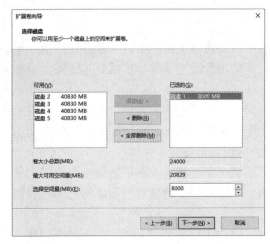

图 8-25　设置扩展容量　　　　　　　图 8-26　完成扩展卷向导

①简单卷可以是 FAT、FAT32 或 NTFS、ReFS，但若要扩展简单卷就必须使用 NTFS、ReFS；②只有 Windows 2000 Server、Windows XP/Vista/7/10、Windows Server 2003/2008/2012/2016 操作系统才能访问简单卷；③系统卷和引导卷无法被扩展；④扩展的空间可以是同一块磁盘上连续或不连续的空间；⑤简单卷与分区相似，但与分区不同，简单卷既没有大小限制，也没有在一块磁盘上可创建卷的数目的限制。

8.3.3　创建跨区卷

跨区卷将来自多个磁盘的未分配空间合并到一个逻辑卷中，这样可以更有效地使用多个磁盘系统上的所有空间和所有驱动器号。如果需要创建卷，但又没有足够的未分配空间分配给单个磁盘上的卷，则可通过将来自多个磁盘的未分配空间的扇区合并到一个跨区卷，来创建足够大的卷。用于创建跨区卷的未分配空间区域的大小可以不同。

跨区卷的组织方式是：先将一个磁盘上为卷分配的空间充满，然后从下一个磁盘开始，再将该磁盘上为卷分配的空间充满，依次类推。虽然利用跨区卷可以快速增加卷的容量，但是，跨区卷既不能提高对磁盘数据的读取性能，也不提供容错功能，当跨区卷中的某个磁盘出现故障，那么存储在该磁盘上的所有数据将全部丢失。

跨区卷可以在不使用装入点的情况下，获得更多磁盘上的数据，通过将多个磁盘使用的空间合并为一个跨区卷，从而可以释放驱动器号用于其他用途，并可创建一个较大的卷用于文件系统。增加现有卷的容量称作"扩展"，使用 NTFS 格式化的现有跨区卷，可由所有磁盘上未分配空间的总量进行扩展。但是，在扩展跨区卷之后，不删除整个跨区卷便无法删除它的任何部分。"磁盘管理"将格式化新的区域，但不会影响原跨区卷上现有的任何文件。不能扩展使用 FAT 文件系统格式化的跨区卷。

在如图 8-27 所示环境中，创建跨区卷，要求如下。在"磁盘 2"中取一个 4000MB 的空间，在"磁盘 3"中取一个 4000MB 的空间，在"磁盘 4"中取一个 3200MB 的空间，创建一个容量为 11200MB 的跨区卷 G：创建跨区卷后效果如图 8-28 所示。具体的操作步骤如下。

1）启动"计算机管理"控制台，选择"磁盘管理"选项，如图 8-27 所示，在右边窗口的底端，右击"磁盘 2"，在弹出菜单中选择"新建跨区卷"。

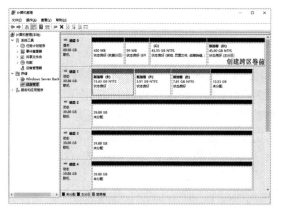
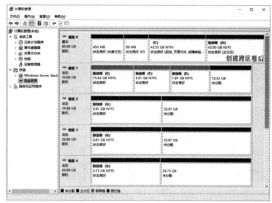

图 8-27 创建跨区卷前 　　　　　　　　图 8-28 创建跨区卷后

2）在弹出的"欢迎使用新建跨区卷向导"对话框中，单击"下一步"按钮，在"选择磁盘"对话框中，通过"添加"按钮选择"磁盘 2""磁盘 3"和"磁盘 4"，分别选择这三块磁盘，并在"选择空间量"中设置容量大小为 4000MB、4000MB、3200MB，设置完后可在"卷大小总数"中看到总容量为 11200MB，如图 8-29 所示。

3）接下来的过程就是设置驱动器号和确定格式化文件系统，这些设置可以参考图 8-5 和图 8-6。最后进入"正在完成新建跨区卷向导"对话框，如图 8-30 所示，对跨区卷的设置再次进行确认，单击"完成"按钮，完成创建跨区卷的操作。跨区卷完成后的结果如图 8-28 所示，可看出整个跨区卷 G：的物理空间分别在"磁盘 2""磁盘 3"和"磁盘 4"上，用户看到的是一个容量为 11200MB 的分区，同时跨区卷的颜色变为"玫红"。

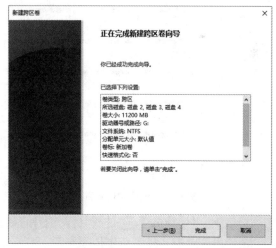

图 8-29 设置跨区卷容量 　　　　　　　　图 8-30 完成新建跨区卷向导

①跨区卷可以是 FAT、FAT32 或 NTFS、ReFS，但若要扩展跨区卷就必须使用 NTFS；②只有 Windows 2000 Server、Windows XP/Vista/7/10、Windows Server 2003/2008/2012/2016 操作系统才能访问简单卷；③跨区卷不能包含系统卷和引导卷；④可以在 2~32 块磁盘上创建跨区卷，同时组成跨区卷的空间容量可以不同；⑤一个跨区卷的所有成员被视为一个整体，无法将其中的一个成员独立出来，除非将整个跨区卷删除；⑥跨区卷

187

在磁盘空间的利用率上比简单卷高，但它不能成为其他动态卷的一部分。

8.3.4 创建带区卷

带区卷是通过将两个或更多磁盘上的可用空间区域，合并到一个逻辑卷而创建的。带区卷使用 RAID-0，从而可以在多个磁盘上分布数据。带区卷不能被扩展或镜像，并且不提供容错。如果包含带区卷的其中一个磁盘出现故障，则整个卷无法工作。

创建带区卷时，最好使用相同大小、型号和制造商的磁盘。创建带区卷的过程与创建跨区卷的过程类似，唯一的区别就是在选择磁盘时，参与带区卷的空间必须大小一样，并且最大值不能超过最小容量的参与该卷的未指派空间。

利用带区卷，可以将数据分块并按一定的顺序在阵列中的所有磁盘上分布数据，与跨区卷类似。带区卷可以同时对所有磁盘进行写数据操作，从而可以以相同的速率向所有磁盘写数据。尽管不具备容错能力，但带区卷在所有 Windows 磁盘管理策略中的性能最好，同时它通过在多个磁盘上分配 I/O 请求从而提高了 I/O 性能。例如，带区卷在以下情况下性能会得到提高。

- 从（向）大的数据库中读（写）数据。
- 以极高的传输速率从外部源收集数据。
- 装载程序映像、动态链接库（Dynamic Link Library，DLL）或运行时库。

在如图 8-31 所示环境中，创建带区卷，要求如下。在磁盘 3、磁盘 4 和磁盘 5 中创建一个容量为 12000MB 的带区卷 H；创建后效果如图 8-32 所示。具体的操作步骤如下。

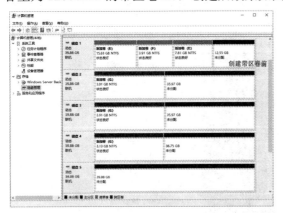

图 8-31 创建带区卷前　　　　　　　　　图 8-32 创建带区卷后

1) 启动"计算机管理"控制台，选择"磁盘管理"选项，在右边窗口的底端，右击"磁盘 3"，在弹出菜单中选择"新建带区卷"。

2) 在弹出的"欢迎使用新建带区卷向导"对话框中，单击"下一步"按钮，在"选择磁盘"对话框中，通过"添加"按钮选择"磁盘 3""磁盘 4"和"磁盘 5"，分别选择这三块磁盘，并在"选择空间量"中设置容量大小均为 4000MB，设置完后可在"卷大小总数"中看到总容量为 12000MB，如图 8-33 所示。

3) 设置驱动器号和确定格式化文件系统。这些设置可以参考图 8-5 和图 8-6。最后进入"正在完成新建带区卷向导"对话框，如图 8-34 所示，对带区卷的设置再次进行确认，单击"完成"按钮，完成创建带区卷的操作。带区卷完成后的结果如图 8-32 所示，可看出整个带区卷 H：的物理空间分别在"磁盘 3""磁盘 4"和"磁盘 5"上，用户看到的是一个容量为 12000MB 的分区，同时带区卷的颜色变为"海绿色"。

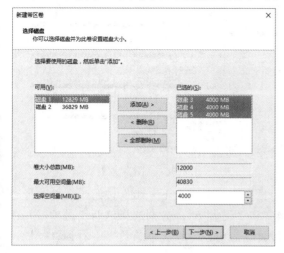

图 8-33　设置带区卷容量

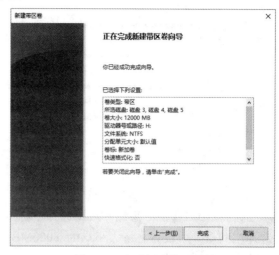

图 8-34　完成新建带区卷向导

①带区卷可以是 FAT、FAT32 或 NTFS、ReFS；②只有 Windows 2000 Server、Windows XP/Vista/7/10、Windows Server 2003/2008/2012/2016 操作系统才能访问带区卷；③带区卷不能包含系统卷和引导卷，并且无法扩展；④可以在 2～32 块磁盘上创建带区卷，至少需要两块磁盘，同时组成带区卷的空间容量必须相同；⑤一个带区卷的所有成员被视为一个整体，无法将其中的一个成员独立出来，除非将整个带区卷删除。

8.3.5　创建镜像卷

利用镜像卷即 RAID-1 卷，可以将用户的相同数据同时复制到两个物理磁盘中，如果一个物理磁盘出现故障，虽然该磁盘上的数据将无法使用，但系统能够继续使用尚未损坏而仍继续正常运转的磁盘进行数据的读写操作，从而通过另一磁盘上保留完全冗余的副本，保护磁盘上的数据免受介质故障的影响。镜像卷的磁盘空间利用率只有 50%，所以镜像卷的花费相对较高。不过对于系统和引导分区而言，稳定是压倒一切的，一旦系统瘫痪，所有数据都将随之而消失，所以这些代价还是非常值得的，因此，镜像卷被大量应用于系统和引导分区。

要创建镜像卷，必须使用另一磁盘上的可用空间。动态磁盘中现有的任何卷（甚至是系统卷和引导卷），都可以使用相同的或不同的控制器，镜像到其他磁盘上大小相同或更大的另一个卷。最好使用大小、型号和制造厂家都相同的磁盘创建镜像卷，避免可能产生的兼容性错误。镜像卷可以增强读性能，因为容错驱动程序同时从两个成员中读取数据，所以读取数据的速度会有所增加。当然，由于容错驱动程序必须同时向两个成员写数据，所以磁盘的写性能会略有降低。

在如图 8-35 所示的环境中创建镜像卷，要求如下。在"磁盘 4"和"磁盘 5"中创建一个容量为 8000MB 的镜像卷 I，创建后效果如图 8-36 所示。具体的操作步骤如下。

1）启动"计算机管理"控制台，选择"磁盘管理"选项，如图 8-35 所示，在右边窗口的底端，右击"磁盘 4"，在弹出菜单中选择"新建镜像卷"。

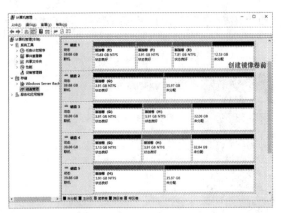
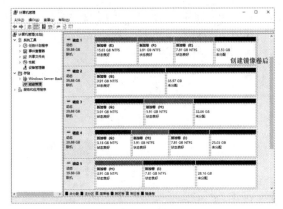

图 8-35　创建镜像卷前　　　　　　　　图 8-36　创建镜像卷后

2）在弹出的"欢迎使用新建镜像卷向导"对话框中，单击"下一步"按钮，在"选择磁盘"对话框中，通过"添加"按钮选择"磁盘 4"和"磁盘 5"，分别选择这两块磁盘，并在"选择空间量"中设置容量大小均为 8000MB，设置完后可在"卷大小总数"中看到总容量为 8000MB，如图 8-37 所示。

3）接下来的过程就是设置驱动器号和确定格式化文件系统，这些设置可以参考图 8-5 和图 8-6。最后进入"正在完成新建镜像卷向导"对话框，如图 8-38 所示，对镜像卷的设置再次进行确认，单击"完成"按钮，完成创建镜像卷的操作。镜像卷完成后的结果如图 8-36 所示，可看出整个镜像卷 I: 的物理空间分别在"磁盘 4"和"磁盘 5"上，用户看到的是一个容量为 8000MB 的分区，同时镜像卷的颜色变为"褐色"。

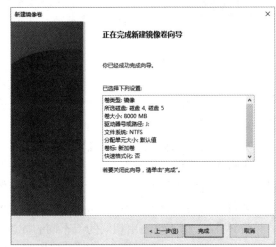

图 8-37　设置镜像卷容量　　　　　　　图 8-38　完成新建镜像卷向导

①镜像卷可以是 FAT、FAT32 或 NTFS、ReFS；②只有 Windows 2000 Server、Windows XP/Vista/7/10、Windows Server 2003/2008/2012/2016 操作系统才能访问镜像卷；③组成镜像卷的空间容量必须相同，并且无法扩展；④只能在两块磁盘上创建镜像卷，用户可通过一块磁盘上的简单卷和另一块磁盘上的未分配空间组合成一个镜像卷，也可直接将两块磁盘上的未分配空间组合成一个镜像卷；⑤一个镜像卷的所有成员被视为一个整体，无法将其中的一个

成员独立出来，除非将整个镜像卷删除。

8.3.6 创建 RAID-5 卷

在 RAID-5 卷中，Windows Server 2016 通过给该卷的每个硬盘分区中添加奇偶校验信息来实现容错，如果某个硬盘出现故障，Windows Server 2016 便可以用其余硬盘上的数据和奇偶校验信息，重建发生故障的硬盘上的数据。

RAID-5 卷至少要由三个磁盘组成，系统在写入数据时，以 64KB 为单位。例如，由四个磁盘组成 RAID-5 卷，则系统会将数据拆分成每三个 64KB 为一组，写数据时每次将一组三个 64KB 和它们的奇偶校验数据分别写入四个磁盘，直到所有数据都写入磁盘为止，并且奇偶校验数据不是存储在固定的磁盘内，而是依序分布在每个磁盘内，例如第一次写入时存储在磁盘 0、第二次写入时存储在磁盘 1，存储到最后一个磁盘后，再从磁盘 0 开始存储。

由于要计算奇偶校验信息，RAID-5 卷的写入效率相对镜像卷较差。但是，RAID-5 卷提供比镜像卷更好的读性能，Windows Server 2016 可以从多个盘上同时读取数据。与镜像卷相比，RAID-5 卷的磁盘空间有效利用率为 $(n-1)/n$（其中 n 为磁盘的数目），硬盘数量越多，冗余数据带区的成本越低，所以 RAID-5 卷的性价比较高，广泛应用于数据存储领域。

在如图 8-39 所示环境中创建镜像卷，要求在"磁盘 3""磁盘 4"和"磁盘 5"中创建容量为 18000MB 的 RAID-5 卷 J:，创建后效果如图 8-40 所示。具体的操作步骤如下。

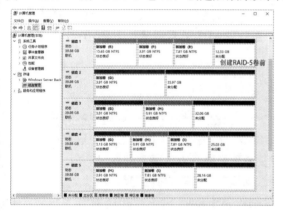

图 8-39 创建 RAID-5 卷前　　　　　　　　图 8-40 创建 RAID-5 卷后

1）启动"计算机管理"控制台，选择"磁盘管理"选项，如图 8-39 所示，在右边窗口的底端，右击"磁盘 3"，在弹出菜单中选择"新建 RAID-5 卷"。

2）在弹出的"欢迎使用新建 RAID-5 卷向导"对话框中，单击"下一步"按钮，在"选择磁盘"对话框中，通过"添加"按钮选择"磁盘 3""磁盘 4""磁盘 5"，分别选中这三块磁盘，并在"选择空间量"中设置容量大小均为 9000MB，设置完后可在"卷大小总数"中看到总容量为 18000MB，如图 8-41 所示。

3）设置驱动器号和确定格式化文件系统，如图 8-5 和图 8-6 所示。最后进入"正在完成新建镜像卷向导"对话框，如图 8-42 所示，对镜像卷的设置再次进行确认，单击"完成"按钮，完成创建 RAID-5 卷的操作。RAID-5 卷完成后的结果如图 8-40 所示，可看出整个 RAID-5 卷 J:的物理空间分别在"磁盘 3""磁盘 4"和"磁盘 5"上，用户看到的是一个容量为 18000MB 的分区，同时 RAID-5 的颜色变为"青绿色"。

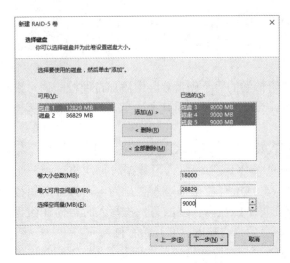
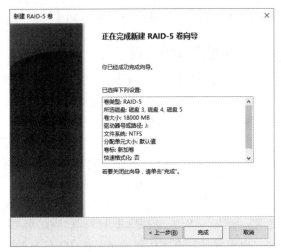

图 8-41　设置 RAID-5 卷容量　　　　图 8-42　完成新建 RAID-5 卷向导

①RAID-5 卷可以是 FAT、FAT32 或 NTFS、ReFS；②只有 Windows 2000 Server、Windows XP/Vista/7/10、Windows Server 2003/2008/2012/2016 操作系统才能访问 RAID-5 卷；③组成 RAID-5 卷的空间容量必须相同，并且无法扩展；④可以在 3～32 块磁盘上创建 RAID-5 卷，至少需要 3 块磁盘；⑤一个 RAID-5 卷的所有成员被视为一个整体，无法将其中的一个成员独立出来，除非将整个 RAID-5 卷删除；⑥RAID-5 卷不包含系统卷和引导卷。

8.3.7　使用数据恢复功能

镜像卷和 RAID-5 卷都有数据容错能力，所以当组成卷的磁盘中有一块出现故障时，仍然能够保证数据的完整性，但此时这两种卷的数据容错能力已失效或下降，若卷中再有磁盘发生故障，那么保存的数据就可能丢失，因此应尽快修复或更换磁盘以恢复卷的容错能力。

利用虚拟机来模拟硬盘损坏，并模拟如何使用数据恢复功能，具体的操作步骤如下。

1）在前面已创建 RAID-5 卷等的虚拟机中，分别在 Windows Server 2016 操作系统硬盘上进行如下操作：①新建文件夹 G:\Spanning-Volume-TestData，复制一些测试文件及文件夹到此文件夹；②新建文件夹 H:\RAID-0-TestData，复制一些测试文件及文件夹到此文件夹；③新建文件夹 I:\RAID-1-TestData，复制一些测试文件及文件夹到此文件夹；④新建文件夹 J:\RAID-5-TestData，复制一些测试文件及文件夹到此文件夹，如图 8-43 所示，然后关闭虚拟机的 Windows Server 2016 操作系统。

2）将已安装好的 Windows Server 2016 虚拟机关闭电源，单击"编辑虚拟机设置"按钮，在打开的"虚拟机设置"对话框中，单击"删除"按钮，将"硬件"选项卡中选中的第 5 块硬盘（实际为 8.3.1 节添加的第 4 块虚拟硬盘）删除，从而模拟硬盘损坏，重新启动 Windows Server 2016 虚拟机，此时发现 G：盘和 H：盘盘符丢失，如图 8-44 所示。

3）启动"计算机管理"控制台，选择"磁盘管理"选项，如图 8-45 所示，发现第 5 块硬盘上的带区卷、跨区卷出现数据丢失图标，镜像卷、RAID-5 卷出现数据失败重复图标。

4）关闭虚拟机的 Windows Server 2016 操作系统，单击"编辑虚拟机设置"按钮，在打开的"虚拟机设置"对话框中，单击"添加"按钮，添加一块新硬盘，大小为 40G。然后启动虚拟机的操作系统 Windows Server 2016，打开"计算机管理"控制台，系统会要求对新磁盘进行初始化。单击"确定"按钮，对新磁盘进行初始化操作。初始化完成后，如图 8-46 所示，"磁盘 4"为新安装的磁盘，无任何分区和数据，而发生故障的原"磁盘 4"此时显示为"丢失"。

图 8-43　复制文件及文件夹

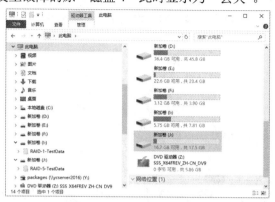

图 8-44　删除第 5 块硬盘

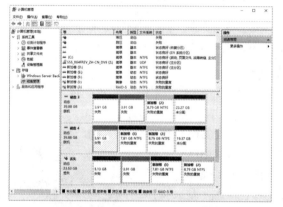

图 8-45　数据丢失及数据失败重复

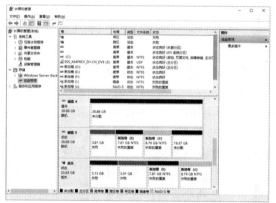

图 8-46　添加一块新硬盘

5）右击"磁盘 5"或"丢失"磁盘上有"失败的重复"标识的镜像卷 I，在弹出的菜单中选择"删除镜像"命令，弹出"删除镜像"对话框，如图 8-47 所示。

6）选择标识为"丢失"的磁盘，单击"删除镜像"按钮，在弹出的警告框中单击"是"按钮，镜像卷 I 经过操作之后，发现"磁盘 5"中原先失败的镜像卷，已经被系统转换成了简单卷，如图 8-48 所示。

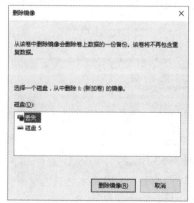

图 8-47　删除丢失的镜像

图 8-48　失败的镜像卷被转换成简单卷

193

7)将"磁盘 4"转换为动态磁盘之后,右击"磁盘 5"中经过上一个步骤已转换为简单卷的镜像卷I,在弹出的菜单中选择"添加镜像"命令,弹出"添加镜像"对话框,如图8-49所示。

8)选择"磁盘 4",单击"添加镜像"按钮,经过系统重新同步之后,即可恢复由"磁盘 4"和"磁盘 5"组成的镜像卷I,如图 8-50 所示。

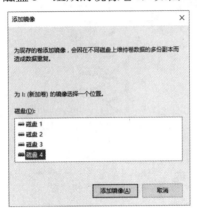

图 8-49　添加镜像　　　　　　　　　图 8-50　失败的镜像卷被转换成简单卷

9)在图 8-50 中右击有"失败的重复"标识的 RAID-5 卷 J:,在弹出的菜单中选择"修改卷"命令,进入"修复 RAID-5 卷"对话框,如图 8-51 所示。

10)选择新更新的"磁盘 4",以便重新创建 RAID-5 卷 J:,单击"确定"按钮,完成后 RAID-5 卷将被恢复,如图 8-52 所示。

①镜像卷恢复后,数据会自动从没有发生故障的磁盘复制到新磁盘上,这样数据又恢复了镜像,保证了数据的安全性;②RAID-5 卷恢复时,系统会利用没有发生故障的 RAID-5 卷将数据恢复到新磁盘上,保证了数据的安全性;③磁盘 4 上的带区卷、跨区卷数据不支持容错,不能恢复。

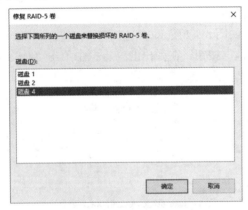

图 8-51　"修复 RAID-5 卷"对话框　　　　图 8-52　修复 RAID-5 卷

11)可以右击"丢失"的磁盘,在弹出的菜单中选择"删除卷"命令,分别将故障磁盘信息在系统中删除,数据恢复后的"计算机管理"控制台如图 8-53 所示。

12)可以在计算机资源管理器中查看数据恢复后的情况。G:盘和 H:盘因为不支持容错,不能恢复,I:盘和 J:盘支持容错,可以恢复,恢复数据情况如图 8-54 所示。

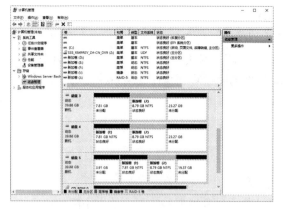
图 8-53 数据恢复完成

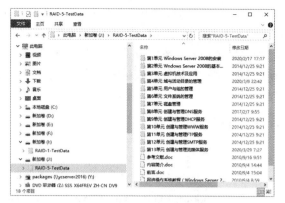
图 8-54 恢复的数据

8.4 项目实训——Windows Server 2016 磁盘系统管理

1．实训目标

1）熟悉 Windows Server 2016 基本磁盘管理的相关操作。

2）掌握 Windows Server 2016 动态磁盘创建各种类型的卷。

2．实训设备

1）网络环境：已建好的千兆以太网络，包含交换机、五类（或超五类）UTP 直通线若干、三台或以上数量的计算机（计算机配置要求 CPU 最低 1.6GHz 以上 64 位，内存不小于 4096MB，硬盘空间不低于 120GB，有光驱和网卡）。

2）软件：①Windows Server 2016 安装光盘，或硬盘中有全部的安装程序；②Windows 10 安装光盘，或硬盘中有全部的安装程序；③VMWare Workstation 15.5 安装程序。

3．实训内容

在项目 7 实训的基础上完成本实训，在域中的计算机上设置以下内容。

1）在域控制器 teacher.com 上添加五块虚拟硬盘（磁盘 1、磁盘 2、磁盘 3、磁盘 4、磁盘 5），类型为 SCSI，大小为 40GB，并初始化新添加的硬盘。

2）利用 Windows Server 2016 "磁盘管理"在磁盘 1、磁盘 2 创建磁盘镜像（RAID 1），大小为 10GB，盘符为 G：。

3）利用 Windows Server 2016 "磁盘管理"在磁盘 3、磁盘 4、磁盘 5 创建 RAID 5，大小为 20GB，盘符为 H：。

4）利用 Windows Server 2016 "磁盘管理"在磁盘 1、磁盘 2、磁盘 3、磁盘 4、磁盘 5 创建带区卷，每个硬盘使用了 1GB 空间，总大小为 5GB，盘符为 J：。

5）利用 Windows Server 2016 "磁盘管理"，对 C：盘在磁盘 1、磁盘 3 上进行扩展，在磁盘 1 上扩展 5GB，在磁盘 3 上扩展 8GB 空间。

6）编辑虚拟机的配置文件，将虚拟硬盘磁盘 3 删除来模拟硬盘损坏，同时添加一块新硬盘（大小为 10GB），恢复 RAID 5 卷的数据。

4．实训注意事项

1）对于磁盘阵列、RAID0、RAID5，一般的高校很少有条件做实验，这些实验需要专业的服务器或者专用的硬盘，如 SCSI 卡、RAID 卡、多个 SCSI 硬盘，当然也有 IDE 的 RAID，但大多数只支持 RAID 0 和 RAID 1，很少有支持 RAID 5 的。

2）本实训内容是使用 Windows Server 2016 实现的"软件"磁盘阵列，虽然与硬件的磁盘阵列效果类似，但对于实现专用服务器的"硬件"磁盘阵列来说，实现的操作步骤是不同的。硬件的磁盘阵列需要在安装操作系统之前创建，而软件的磁盘阵列是在安装系统之后实现的。

8.5 项目习题

一、填空题

（1）Windows Server 2016 将磁盘存储类型分为两种：_____和_____。

（2）Windows 2000 Server 和 Windows XP 使用的文件系统都根据_____的大小组织磁盘。

（3）基本磁盘是指包含_____、_____或_____的物理磁盘，它是 Windows Server 2016 中默认的磁盘类型。

（4）镜像卷的磁盘空间利用率只有_____，所以镜像卷的花费相对较高。与镜像卷相比，RAID-5 卷的磁盘空间有效利用率为_____，硬盘数量越多，冗余数据带区的成本越低，所以 RAID-5 卷的性价比较高，广泛应用于数据存储领域。

（5）带区卷又称为_____技术，RAID-1 又称为_____卷，RAID-5 又称为_____卷。

二、选择题

（1）一个基本磁盘上最多有（　　）主分区。
  A．一个　　　　B．二个　　　　C．三个　　　　D．四个

（2）镜像卷不能使用（　　）文件系统。
  A．FAT　　　　B．NTFS　　　　C．FAT 32　　　　D．EXT3

（3）主要的系统容错和灾难恢复方法不包括（　　）
  A．对重要数据定期存盘　　　　B．配置不间断电源系统
  C．利用 RAID 实现容错　　　　D．数据的备份和还原

（4）下列（　　）支持容错技术。
  A．跨区卷　　　　B．镜像卷　　　　C．带区卷　　　　D．简单卷

（5）UEFI 模式启动磁盘需为 GPT 磁盘，（　　）不是此磁盘所需要的磁盘分区。
  A．ESP　　　　　　　　　　　　B．MSR
  C．Windows 磁盘分区　　　　　D．BIOS

三、问答题

（1）磁盘管理主要做哪些工作？磁盘管理在 Windows Server 2016 中有哪些新特性？

（2）如何在 MBR 磁盘中创建扩展磁盘分区？

（3）讲述几种动态卷的工作原理及创建方法。

（4）如果 RAID-5 卷中某一块磁盘出现了故障，怎样恢复？

项目 9　创建与管理 DNS 服务

项目情境：

如何使用域名的方式访问公司的业务系统？

瑞思达智是一家主营计算机系统集成、软件开发与测试、信息化设计与咨询等业务的网络科技公司，2015 年对稻花香酒业集团销售业务信息系统进行了改造升级，同时利用互联网专线接入 Internet，集团二十几个分公司、上百个办事处都通过集团销售业务信息系统进行网上办公。系统改造升级以前，集团销售业务信息系统服务器都是通过使用 IP 地址的方式访问，感觉非常麻烦，员工和客户都容易遗忘这些服务器的数字 IP 地址。作为公司的技术人员，如何让集团员工和客户访问销售业务信息系统时，不再使用 IP 地址，而是使用域名方式访问，让人们更方便地访问集团的销售业务系统？

项目描述：在网络管理中，DNS 服务器是最重要和最基本的服务器之一，它不仅担负着 Internet、Intranet、Extranet 等网络的域名解析的任务，在域方式组建的局域网中，它还承担着用户账户名、计算机名、组名及各种对象的名称解析服务。

项目目标：
- 熟悉 DNS 基本概念和原理。
- 熟悉 Windows Server 2016 中安装 DNS 服务器。
- 掌握 Windows Server 2016 中配置与管理 DNS。
- 掌握 DNS 客户端的测试。

9.1　知识导航——DNS 基本概念和原理

众所周知，在网络中唯一能够用来标识计算机身份和定位计算机位置的方式就是 IP 地址，但网络中往往存在许多服务器，如 Web 服务器、FTP 服务器等，记忆数字形式的 IP 地址不仅枯燥无味，而且容易出错。通过 DNS 服务器，将这些 IP 地址与形象易记的域名一一对应，使得网络服务的访问更加简单，而且可以完美地实现与 Internet 的融合，对于一个网站的推广发布起到极其重要的作用。而且许多重要网络服务（如 E-mail 服务）的实现，也需要借助于 DNS 服务。因此，DNS 服务可视为网络服务的基础。

197

9.1.1 域名空间与区域

域名系统（DNS）是一种采用客户/服务器机制，实现名称与 IP 地址转换的系统，是由名字分布数据库组成的，它建立了叫作域名空间的逻辑树结构，是负责分配、改写、查询域名的综合性服务系统，该空间中的每个结点或域都有唯一的名字。

1. DNS 的域名空间规划

要在 Internet 上使用自己的 DNS，将企业网络与 Internet 能够很好地整合在一起，实现局域网与 Internet 的相互通信，用户必须先向 DNS 域名注册颁发机构申请合法的域名，获得至少一个可在 Internet 上有效使用的 IP 地址，这项业务通常可由 ISP 代理。如果准备使用 Active Directory，则应从 Active Directory 设计着手，并用适当的 DNS 域名空间支持它。若要实现其他网络服务（如 Web 服务、E-mail 服务等），DNS 服务是必不可少的。没有 DNS 服务，就无法将域名解析为 IP 地址，客户端也就无法享受相应的网络服务。若欲实现服务器的 Internet 发布，就必须申请合法的 DNS 域名。

2. DNS 服务器的规划

确定网络中需要的 DNS 服务器的数量及其各自的作用，根据通信负载、复制和容错问题，确定 DNS 服务器在网络中的位置。为了实现容错，至少应该对每个 DNS 区域使用两台服务器，一个是主服务器，另一个是辅助服务器。在单个子网环境中的小型局域网上仅使用一台服务器时，可以配置该服务器扮演区域的主服务器和辅助服务器两种角色。

- 主服务器：当在一台 DNS 服务器上建立一个区域后，如果可以直接在此区域内创建、删除与修改记录，那么这台服务器就被称为是此区域的主服务器，这台服务器内存储着此区域的正本数据。
- 辅助服务器：当在一台 DNS 服务器内建立一个区域后，如果这个区域内的所有记录都是从另外一台 DNS 服务器复制过来的，也就是说它存储的是这个区域内的副本记录，这些记录是无法修改的，此时这台服务器被称为该区域的辅助服务器。可以为一个区域设置多台辅助服务器，除了提供容错能力、分担主服务器的负担外，还可以加快 DNS 查询的速度。

3. DNS 域名空间

组成 DNS 系统的核心是 DNS 服务器，它的作用是回答域名服务查询，它允许为私有 TCP/IP 网络和连接公共 Internet 的用户服务器保存包含主机名和相应 IP 地址的数据库。例如，如果提供了域名 www.sanxia.net.cn，DNS 服务器将返回网站的 IP 地址 61.136.143.142。

图 9-1 显示了顶级域名字空间及下一级子域之间的树形结构关系，每一个结点以及其下的所有结点叫作一个域，域可以有主机（计算机）和其他域（子域）。在图中，www.sanxia.net.cn 就是一个主机，而 sanxia.net.cn 则是一个子域。一般在子域中会含有多个主机，sanxia.net.cn 子域下就含有 mail.sanxia.net.cn、www.sanxxia.net.cn 以及 ftp.sanxia.net.cn 三台主机。

DNS 是一种看起来与磁盘文件系统的目录结构类似的命名方案，域名也通过使用英文句点"."分隔每个分支来标识一个域在逻辑 DNS 层次中相对于其父域的位置。但是，当定位一个文件位置时，是从根目录到子目录再到文件名，如 c:\windows\win.exe；而当定位网络中一个主机名时，是从最终位置到父域再到根域，如 www.microsoft.com。

域名和主机名只能用字母"a~z"（在 Windows 服务器中大小写等效，而在 UNIX 中则不同）、数字"0-9"和连线"－"组成，其他公共字符如连接符"&"、斜杠"／"、句点"."和下画线"＿"都不能用于表示域名和主机名。

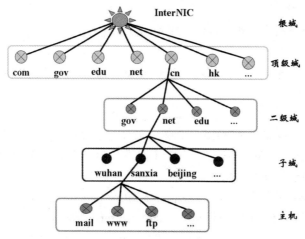

图 9-1 DNS 的组成

- 根域：代表域名命名空间的根，这里为空。
- 顶级域：直接处于根域下面的域，代表一种类型的组织或一些国家。在 Internet 中，顶级域由 InterNIC（Internet Network Information Center）进行管理和维护。
- 二级域：在顶级域下面，用来标明顶级域以内的一个特定的组织。在 Internet 中，二级域也是由 InterNIC 负责管理和维护。
- 子域：在二级域的下面所创建的域，它一般由各个组织根据自己的需求与要求，自行创建和维护。
- 主机：是域名命名空间中的最下面一层，它被称为完全合格域名（Fully Qualified Domain Name，FQDN），例如，www.sanxia.net.cn 就是一个完全合格的域名。

4．Zone

区域（Zone）是一个用于存储单个 DNS 域名的数据库，它是域名称空间树状结构的一部分，它将域名空间分为较小的区段，DNS 服务器是以 Zone 为单位来管理域名空间的，Zone 中的数据保存在管理它的 DNS 服务器中。在现有的域中添加子域时，该子域既可以包含在现有的 Zone 中，也可以为它创建一个新 Zone 或包含在其他的 Zone 中。一个 DNS 服务器，可以管理一个或多个 Zone，一个 Zone 也可以由多个 DNS 服务器来管理。用户可以将一个域划分成多个区域分别进行管理，以减轻网络管理的负担。

5．启动区域传输和复制

用户可以通过多个 DNS 服务器提高域名解析的可靠性和容错性，当一台 DNS 服务器发生问题时，用其他 DNS 服务器提供域名解析。这就需要利用区域复制和同步方法，保证管理区域的所有 DNS 服务器中域的记录相同。在 Windows Server 2016 服务器中，DNS 服务支持增量区域传输（Incremental Zone Transfer），也就是在更新区域中的记录时，DNS 服务器之间只传输发生改变的记录，因此提高了传输的效率。

区域传输在以下情况启动：管理区域的辅助 DNS 服务器启动、区域的刷新时间间隔过期、在主 DNS 服务器记录发生改变并设置了 DNS 通告列表。在这里，所谓 DNS 通告是利用"推"的机制，当 DNS 服务器中的区域记录发生改变时，它将通知选定的 DNS 服务器进行更新，被通知的服务器启动区域复制操作。

9.1.2 名称解析与地址解析

在网络系统中，计算机一般存在着以下三种形式的名称。

1. 计算机名

通过计算机"系统属性"对话框或"hostname"命令，可以查看和设置本地计算机名（Local Host Name）。

2. NetBIOS 名

NetBIOS（Network Basic Input/Output System）使用长度限制在十六个字符的名称来标识计算机资源，这个标识也称为 NetBIOS 名。在一个网络中 NetBIOS 名是唯一的，在计算机启动、服务被激活、用户登录到网络时，NetBIOS 名将被动态地注册到数据库中。

该名字主要用于 Windows 早期的客户端，NetBIOS 名可以通过广播方式或者查询网络中的 WINS 服务器进行解析。伴随着 Windows 2000 Server 的发布，网络中的计算机不再需要 NetBIOS 名称接口的支持，Windows Server 2003/2008/2012/2016 也是如此，只要求客户端支持 DNS 服务就可以了，不再需要 NetBIOS 名。

3. FQDN

FQDN 是指主机名加上全路径，全路径中列出了序列中所有域成员。完全合格域名可以从逻辑上准确地表示出主机在什么地方，也可以说它是主机名的一种完全表示形式。该名字不可超过 256 个字符，平时访问 Internet 使用的就是完整的 FQDN，例如：www.sina.com，其中 www 就是 sina.com 域中一台计算机的 NetBIOS 名。

实际上在客户端计算机上输入地址提交查询请求之后，计算机相关名称的解析会遵循以下的顺序来依次进行。

1）查看是不是自己（Local Host Name）。

2）查看 NetBIOS 名称缓存。通常在本地会保存最近与自己通信过的计算机的 NetBIOS 名和 IP 地址的对应关系，可以在 Windows 命令行下使用 nbtstat -c 命令查看缓存区中的 NetBIOS 记录。

3）查询 WINS 服务器。WINS（Windows Internet Name Server）的原理和 DNS 有些类似，可以动态地将 NetBIOS 名和计算机的 IP 地址进行映射，它的工作过程为：每台计算机开机时，先在 WINS 服务器注册自己的 NetBIOS 名和 IP 地址，其他计算机需要查找 IP 地址时，只要向 WINS 服务器提出请求，WINS 服务器就将已经注册了 NetBIOS 名的计算机的 IP 地址反馈给它。当计算机关机时，也会在 WINS 服务器中把该计算机的记录删除。

4）在本网段广播中查找。

5）lmhosts 文件。该文件与 hosts 文件的位置和内容都相同，但是要从 lmhosts.sam 模板文件复制过来。

6）hosts 文件。在本地的%systmeroot%\system32\drivers\etc 目录下有一个系统自带的 Hosts 文件，用户可以在 Hosts 文件中自主定制一些最常用的主机名和 IP 地址的映射关系，以提高上网效率。

7）查询 DNS 服务器。

Internet 利用地址解析的方法将用户使用的域名方式的地址解析为最终的物理地址，中间经历了两层地址的解析工作。

1. **FQDN 与 IP 地址之间的解析**

DNS 的域名解析包括正向解析和逆向解析两个不同方向的解析。
- 正向解析：是指从主机域名到 IP 地址的解析。
- 逆向解析：是指从 IP 地址到域名的解析。

例如，正向解析是将用户习惯使用的域名，如 www.sina.com，解析为其对应的 IP 地址；反向解析将新浪网站的 IP 地址解析为主机域名。DNS 中的正向区域存储着正向解析需要的数据，而反向区域存储着逆向解析需要的数据。无论是 DNS 服务器、客户端，还是服务器中的区域，只有经过管理员配置后才能完成 FQDN 到 IP 之间的解析任务。

2. **IP 地址与物理地址之间的解析**

在 TCP/IP 网络中，IP 地址统一了各自为政的物理地址；这种统一仅表现在自 IP 层以上使用了统一形式的 IP 地址。然而，这种统一并非取消了设备实际的物理地址，而是将其隐藏起来。因此在使用 Internet 技术的网络中必然存在着两种地址，即 IP 地址和各种物理网络的物理地址。若想把这两种地址统一起来，就必须建立两者之间的映射关系。
- 正向地址解析：是指从 IP 地址到物理地址之间的解析，在 TCP/IP 中，正向地址解析协议（ARP）完成正向地址解析的任务。
- 逆向地址解析：是指从物理地址到 IP 地址的解析，逆向地址解析协议（RARP）完成逆向地址的解析任务。

与 DNS 不同的是，用户只要安装和设置了 TCP/IP，就可以自动实现 IP 地址与物理地址之间的转换工作。TCP/IP 及 DNS 服务器与客户端配置完成之后，计算机名字的查找过程是完全自动的。

9.1.3 查询模式

当客户机需要访问 Internet 上某一主机时，首先向本地 DNS 服务器查询对方的 IP 地址，往往本地 DNS 服务器继续向另外一台 DNS 服务器查询，直到解析出需访问主机的 IP 地址，这一过程称为查询。DNS 查询模式有三种，即递归查询、迭代查询和反向查询。

1. **递归查询（Recursive Query）**

递归查询，是指 DNS 客户端发出查询请求后，如果 DNS 服务器内没有所需的数据，则 DNS 服务器会代替客户端向其他的 DNS 服务器进行查询。在这种方式中，DNS 服务器必须向 DNS 客户端做出回答。DNS 客户端的浏览器与本地 DNS 服务器之间的查询通常是递归查询，客户端程序送出查询请求后，如果本地 DNS 服务器内没有需要的数据，则本地 DNS 服务器会代替客户端向其他 DNS 服务器进行查询。本地 DNS 会将最终结果返回给客户端程序。因此从客户端来看，它是直接得到了查询的结果。

2. **迭代查询（Iterative Query）**

迭代查询多用于 DNS 服务器与 DNS 服务器之间的查询方式。它的工作过程是：当第一台 DNS 服务器向第二台 DNS 服务器提出查询请求后，如果在第二台 DNS 服务器内没有所需要的数据，则它会提供第三台 DNS 服务器的 IP 地址给第一台 DNS 服务器，让第一台 DNS 服务器直接向第三台 DNS 服务器进行查询。依此类推，直到找到所需的数据为止。如果到最后一台 DNS 服务器中还没有找到所需的数据，则通知第一台 DNS 服务器查询失败。

例如，在 Internet 中的 DNS 服务器之间的查询就是迭代查询，客户端浏览器向本地服务器查询 www.sina.com 的迭代查询过程如下。①客户端向本地 DNS 服务器提出查询请求；②本地服务器内没有客户端请求的数据，因此本地 DNS 服务器就代替客户端，向其他 DNS 服务器查询，假定使用"根提示"的方法，会向根域的 DNS 服务器查询，即向默认的 13 个根域的 DNS 服务器之一提出请求。根域的 DNS 服务器将返回顶级域服务器的 IP 地址，例如 com 的 IP 地址；③本地服务器随后向该 IP 地址所对应的 com 顶级域的 DNS 服务器提出请求，该顶级域服务器返回二级域的 DNS 服务器的 IP 地址，例如 sina.com 的 IP 地址；④本地服务器向该 IP 地址对应的二级域服务器提出请求，由二级域服务器对请求做出最终的回答，例如 www.sina.com 的 IP 地址。

3．反向查询（Reverse Query）

反向查询的方式与递归型和迭代型两种方式都不同，它是让 DNS 客户端利用自己的 IP 地址查询它的主机名称。反向查询是依据 DNS 客户端提供的 IP 地址来查询它的主机名。由于 DNS 名字空间中域名与 IP 地址之间无法建立直接对应关系，所以必须在 DNS 服务器内创建一个反向查询的区域，该区域名称的最后部分为 in-addr.arpa。由于反向查询会占用大量的系统资源，因而会影响网络安全，通常均不提供反向查询。

9.1.4　Active Directory 与 DNS 服务的关联

在域模式的网络中，DNS 服务器是其中一个最重要的服务器，也是活动目录实现的一个最重要的支持部件。在 Windows Server 2016 操作系统的活动目录内，集成了两个最重要的 Internet 技术标准，就是 DNS 和 LDAP。DNS 是活动目录资源定位服务所必需的服务，而 LDAP 是 Internet 的标准目录访问协议。

1．DNS 与活动目录的区别

DNS 与活动目录集成，并且共享相同的名称空间结构，但是这两者之间存在如下差异。

1）DNS 是一种独立的名称解析服务。DNS 的客户端向 DNS 服务器发送 DNS 名称查询的请求，DNS 服务器接收名称查询后，先向本地存储的文件解析名称进行查询，有结果则返回，没有则向其他 DNS 服务器进行名称解析的查询。由此可见，DNS 服务器并没有查询活动目录就能够运行。因此，使用 Windows 2000/Server 2003/2008/2012/2016 服务器各个版本的计算机，无论是否建立了域控制器或活动目录，都可以单独建立 DNS 服务器。

2）AD 活动目录是一种依赖 DNS 的目录服务。活动目录采用了与 DNS 一致的层次划分和命名方式。当用户和应用程序进行信息访问时，活动目录提供信息存储库及相应的服务。AD 的客户使用"轻量级目录访问协议（LDAP）"向 AD 服务器发送各种对象的查询请求时，都需要 DNS 服务器来定位 AD 所在的域控制器。因此，活动目录的服务必须有 DNS 的支持才能工作。

2．DNS 与活动目录的联系

1）活动目录与 DNS 具有相同的层次结构：虽然活动目录与 DNS 具有不同的用途，并分别独立地运行，但是 AD 集成的 DNS 的域名空间与活动目录具有相同的结构，例如域控制器 AD 中的"nos.com"既是 DNS 的域名，也是活动目录的域名。

2）DNS 区域可以在活动目录中直接存储：当用户需要使用 Windows Server 2016 域中的 DNS 服务器时，其主要区域的文件可以在建立活动目录时一并生成，并存储在 AD 中，这样才能方便地复制到其他域控制器的活动目录中。

3）活动目录的客户需要使用 DNS 服务定位域控制器：活动目录的客户端查询时，需要使用 DNS 服务来定位指定的域控制器，即活动目录的客户会把 DNS 作为查询定位的服务工具来使用，通过与活动目录集成的 DNS 区域将域中的域控制器、站点和服务的名称解析为所需要的 IP

地址。例如，当活动目录的客户要登录到 AD 所在的域控制器时，首先向网络中的 DNS 服务器进行查询，获得指定域的"域控制器"上运行的 LDAP 主机的 IP 地址之后，才能完成其他工作。

9.2 新手任务——DNS 服务器的安装与配置管理

【任务描述】

当某个用户需要以域名的方式来访问网络中各种服务器资源时，就需要安装 DNS 服务器，把 DNS 的主机名称自动解析为 IP 地址，同时需要配置 DNS 服务器，设置一些信息，才能实现具体的网络管理目标。

【任务目标】

通过任务做好安装 DNS 服务器前的准备，熟悉 DNS 服务器的安装步骤，熟悉 DNS 服务器的正向区域、反向区域的配置，掌握主机、别名和邮件交换等记录的管理方法，正确理解转发器或根提示服务器的作用。

9.2.1 安装 DNS 服务器

默认情况下，Windows Server 2016 系统中没有安装 DNS 服务器，因此管理员需要进行 DNS 服务器的安装操作。如果服务器已经安装了活动目录，则 DNS 服务器已经自动安装，不必进行本小节的操作。如果希望该 DNS 服务器能够将域名解析到 Internet 上，还需保证该 DNS 服务器能正常接入 Internet。安装 DNS 服务器的具体操作步骤如下。

1）在"服务器管理器"仪表板中单击"添加角色和功能"选项来安装角色，和前面介绍的其他角色安装操作一样，通过"开始之前"→"安装类型"→"服务器选择"等对话框，如图 9-2 所示，在"服务器角色"对话框中，勾选"DNS 服务器"角色，系统会要求添加"DNS 服务器"角色所需要的管理工具等。

2）单击"添加功能"按钮，然后单击"下一步"按钮，依次在"功能"→"DNS 服务器"对话框中进行设置，如图 9-3 所示。该对话框对打印和文件服务进行了简要介绍，并强调了 Windows Server 2016 安装 DNS 服务器的注意事项。

图 9-2 选择角色 　　　　　　　　　图 9-3 DNS 服务简介及安装注意事项

3）单击"下一步"按钮，进入如图 9-4 所示的"确认安装所选内容"对话框，对选择的角色进行确认，单击"安装"按钮，系统将开始安装，显示安装的进度等相关信息，安装完之后单击"关闭"按钮，即完成 DNS 服务角色的安装。

4）返回"服务器管理器"仪表板，可以在"角色"中查看到当前服务器中已经安装了 DNS 服务器，可以执行"开始"→"Windows 管理工具"→"DNS 服务器"命令，查看"DNS 服务器"管理控制台，如图 9-5 所示。

图 9-4　确认安装所选内容

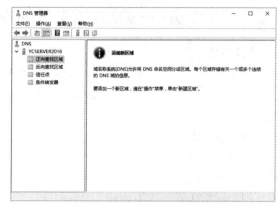

图 9-5　"DNS 服务器"管理控制台

DNS 服务器安装成功后会自动启动，并且会在系统目录%systemroot%\system32\下生成一个 dns 文件夹，其中默认包含了缓存文件、日志文件、模板文件夹、备份文件夹等与 DNS 相关的文件，如果创建了 DNS 区域，还会生成相应的区域数据库文件。

9.2.2　配置 DNS 服务器

完成安装 DNS 服务器的工作后，可以通过 Windows 管理工具的"DNS 服务器"控制台，完成 DNS 服务器的前期设置与后期的运行管理工作，具体的操作步骤如下。

1）执行"开始"→"Windows 管理工具"→"DNS 服务器"命令，在 DNS 管理器控制台中右击当前计算机名称（YCSERVER2016），如图 9-5 所示，并从弹出的快捷菜单中选择"配置 DNS 服务器"命令，激活 DNS 服务器配置向导。

2）进入"欢迎使用 DNS 服务器配置向导"对话框，如图 9-6 所示。

3）单击"下一步"按钮，进入"选择配置操作"对话框，可以设置网络查找区域的类型，如图 9-7 所示，在默认的情况下，系统自动选择"创建正向查找区域（适合小型网络使用）"单选按钮，如果用户设置的网络属于大型网络，则可以选择"创建正向和反向查找区域（适合大型网络使用）"选项，三个选项之间的区别如下。

- "创建正向查找区域（适合小型网络使用）"：此方式无法将在本地查询的 DNS 名称转发给 ISP 的 DNS 服务器。
- "创建正向和反向查找区域（适合大型网络使用）"：在大型网络环境中，可以选择此选项，同时提供正向和反向 DNS 查询。
- "只配置根提示（只适合高级用户使用）选项"：可以使非根域的 DNS 服务器查找到根域 DNS 服务器。

4）单击"下一步"按钮，进入"正向查找区域"对话框，正向查找区域里可以记录依据名称来查找对应的 IP 地址等，如图 9-8 所示，推荐选择"是，创建正向查找区域"按钮。

5）单击"下一步"按钮，进入"区域类型"对话框，如图 9-9 所示，可以在 DNS 服务器上建立以下三种类型的 DNS 区域。

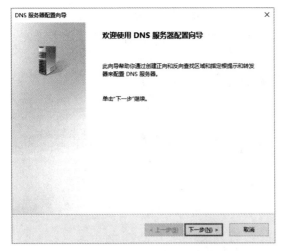

图 9-6 欢迎使用 DNS 服务器配置向导

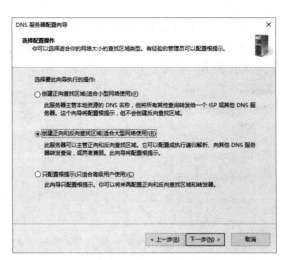

图 9-7 选择配置操作

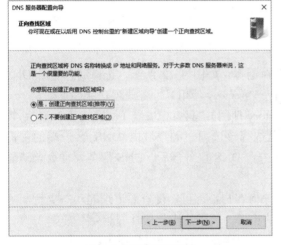

图 9-8 正向查找区域

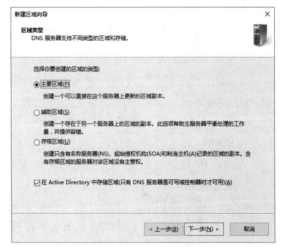

图 9-9 区域类型

- 主要区域：用来存储此区域的正本记录，在 DNS 服务器内建立主要区域后，便可以直接在此区域内新建、修改或删除记录。如果 DNS 服务器是独立或成员服务器，那么区域内的记录是存储在区域文件内的，文件默认是区域名称.dns，例如：nos.com.dns 建立在%Systemroot%\System32\dns 文件夹内，是标准的 DNS 格式的文本文件。如果 DNS 服务器是域控制器，就可以将记录存储在区域文件或 Active Directory 数据库。若将其存储到 Active Directory 数据库，此区域就被称为 Active Directory 集成区域，可以新建、删除与修改每一台控制器的 Active Directory 集成区域内的记录。
- 辅助区域：此区域内的记录存储在区域文件内，不过它是存储此区域的副本记录，此副本是利用区域转送方式从其主服务器复制过来的。辅助区域内的记录是只读的，不可以修改。
- 存根区域：它也存储着区域的副本记录，不过它与辅助区域不同，存储区域内只包含少数记录（如 SOA、NS 与 A 记录），利用这些记录可以找到此区域的授权服务器。

6）单击"下一步"按钮，进入"Active Directory 区域传送作用域"对话框，如图 9-10 所示，根据网络管理的需要选择在网络上如何复制 DNS 区域数据，如果需要管理域林中所有的

DNS 服务器，则要选择"至此林中的域控制器上运行的所有 DNS 服务器"选项。

7）单击"下一步"按钮，进入"区域名称"对话框，如图 9-11 所示，在文本框中输入一个区域的名称，建议输入正式的域名，例如"nos.com"。

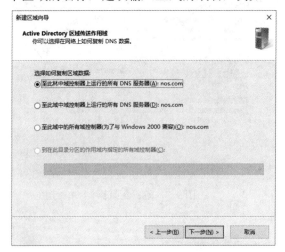

图 9-10 Active Directory 区域传送作用域

图 9-11 区域名称

8）单击"下一步"按钮，进入"动态更新"对话框，如图 9-12 所示，选择动态更新 DNS 记录方式为"只允许安全的动态更新（适合 Active Directory 使用）"，各选项功能如下。

- 只允许安全的动态更新（适合 Active Directory 使用）：只有在安装了 Active Directory 集成的区域才能使用该项，建议域控制器上选择该选项。如果域内 DNS 客户端的主机名、IP 地址发生变动，当这些变动数据发送到 DNS 服务器后，DNS 服务器便会自动更新 DNS 区域内的相关记录。
- 允许非安全和安全动态更新：如果要使用任何客户端都可接受资源记录的动态更新，可选择该项，但由于可以接受来自非信任源的更新，所以使用此项时可能会不安全。
- 不允许动态更新：可使此区域不接受资源记录的动态更新，使用此项比较安全。

9）单击"下一步"按钮，进入"反向查找区域"对话框，如图 9-13 所示，一般情况下大部分服务器不提供反向查询，此处暂时不创建反向查找区域，后面相关章节会详细介绍如何创建反向查找区域。

10）单击"下一步"按钮，进入"转发器"对话框，如图 9-14 所示，保持"是，应当将查询转发到有下列 IP 地址的 DNS 服务器上"默认设置，可以在 IP 地址编辑框中输入 ISP 或者上级 DNS 服务器提供的 DNS 服务器 IP 地址，如果没有上级 DNS 服务器则可以选择"否，不向前转发查询"单选按钮。

这里给出的 202.103.24.68 和 202.103.44.150 是湖北电信的 DNS 服务器，这与服务器所在的地区、所选用的网络运营商有关。在配置 DNS 服务器时，网络运营商的 DNS 服务器地址一定要询问清楚后填写，有时使用同一城市同一个网络运营商的网络时，不同类型客户的 DNS 服务器也有可能不一样。

11）单击"下一步"按钮，进入"正在完成 DNS 服务器配置向导"对话框，如图 9-15 所示，可以查看有关 DNS 配置的信息。

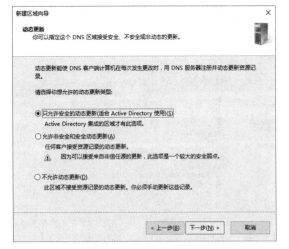
图 9-12　动态更新

图 9-13　反向查找区域

图 9-14　转发器

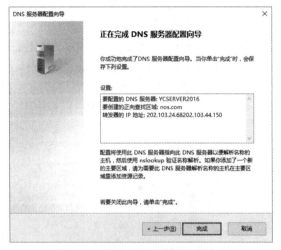
图 9-15　正在完成服务器配置向导

12）单击"完成"按钮关闭向导，此时可能会出现如图 9-16 所示的对话框，单击"确定"按钮，因为在服务器安装域控制器时，已安装 DNS 服务器，可能已经配置过 DNS 服务器的正向查找区域"nos.com"。

13）在服务器上选择"开始"→"所有程序"→"Windows 管理工具"→"DNS"命令，打开如图 9-17 所示的窗口，选择"正向查找区域"选项，图中的"nos.com"就是本任务建立的正向查找区域，此时已基本完成 DNS 服务器的配置。

9.2.3　添加 DNS 记录

创建新的主区域后，"域服务管理器"会自动创建起始机构授权、名称服务器等记录。除此之外，DNS 数据库还包含其他的资源记录，用户可根据需要，自行向主区域或域中添加资源记录，常用记录类型如下。

1. 主机（A 类型）记录

主机记录在 DNS 区域中，用于记录在正向搜索区域内建立的主机名与 IP 地址的关系，以供从 DNS 的主机域名、主机名到 IP 地址的查询，即完成计算机名到 IP 地址的映射。在实现虚拟机技术时，管理员通过为同一主机设置多个不同的 A 类型记录，来达到同一 IP 地址的主机对应不同主机域名的目的。

图 9-16　警告对话框

图 9-17　DNS 管理控制台

主机记录的创建步骤如下。在 DNS 管理控制台中，选择要创建主机记录的区域（如 nos.com），右击并选择快捷菜单中的"新建主机"选项，弹出如图 9-18 所示窗口，在"名称"文本框中输入主机名称"www"，这里应输入相对名称，而不能是全称域名（输入名称的同时，域名会在"完全合格的域名"中自动显示出来）。在"IP 地址"框中输入主机对应的 IP 地址，然后单击"添加主机"按钮，弹出图 9-19 所示的提示框，则表示已经成功创建了主机记录。

图 9-18　新建主机

图 9-19　创建主机记录

并非所有计算机都需要主机资源记录，但是在网络上以域名来提供共享资源的计算机，都需要该记录。一般为具有静态 IP 地址的服务器创建主机记录，也可以为分配静态 IP 地址的客户端创建主机记录。当 IP 配置更改时，运行 Windows 2000 及以上版本的计算机，使 DHCP 客户服务在 DNS 服务器上动态注册和更新自己的主机资源记录。如果运行更早版本的 Windows 系统，且启用 DHCP 的客户机从 DHCP 服务器获取它们的 IP 租约，则可通过代理来注册和更新其主机资源记录。

按照上述方法可以建立起 WWW、FTP、Mail 等多个虚拟主机的记录；如果在"新建主机"对话框中，选择了"创建相关的指针（PTR）记录"复选框，则在"反向查找区域"刷新后，会自动生成相应的指针记录，以供反向查找时使用；若选择了"允许所有经过身份验证的用户用相同的所有者名称来更新 DNS 记录"复选框，则允许动态更新资源记录。

2．起始授权机构（SOA）记录

起始授权机构（Start of Authority，SOA）用于记录此区域中的主要名称服务器以及管理此 DNS 服务器的管理员的电子邮件信箱名称。在 Windows Server 2016 操作系统中，每创建一个区域就会自动建立一个 SOA 记录，因此这个记录就是所建区域内的第一条记录。

修改和查看该记录的方法如下。在 DNS 管理控制台中，选择要创建主机记录的区域（如 nos.com），在窗口右侧，右击"起始授权机构"类型记录，在快捷菜单中选中"属性"命令，打开如图 9-20 所示的"nos.com 属性"对话框。

3．名称服务器（NS）记录

名称服务器的英文全称是"Name Server"，英文缩写为"NS"。它用于记录管辖此区域的名称服务器，包括主要名称和辅助名称服务器。在 Windows Server 2016 操作系统的 DNS 管理控制台中，每创建一个区域就会自动建立一个 NS 记录。如果需要修改和查看该记录的属性，可以在图 9-20 所示的对话框中，选择"名称服务器"选项卡，如图 9-21 所示，单击其中的项目即可修改 NS 记录。

图 9-20 "起始授权机构"选项卡

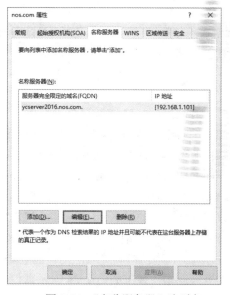

图 9-21 "名称服务器"选项卡

4．别名（CNAME）记录

别名用于将 DNS 域名映射为另一个主要的或规范的名称。有时一台主机可能担当多个服务器，这时需要给这台主机创建多个别名。例如，一台主机既是 Web 服务器，也是 FTP 服务器，这时就要给这台主机创建多个别名，也就是根据不同的用途所起的不同名称，如 Web 服务器和 FTP 服务器分别为 www.nos.com 和 ftp.nos.com，而且还要知道该别名是由哪台主机所指派的。

在 DNS 管理窗口中右击已创建的主要区域（nos.com），选择快捷菜单中的"新建别名"选项，显示"新建资源记录"窗口，如图 9-22 所示。输入主机别名（ftp）和指派该别名的主机名称，如（www.nos.com），或单击"浏览"按钮来选择，如图 9-23 所示。

图 9-22 "新建资源记录"对话框　　　　图 9-23 "浏览"对话框

"别名"必须是主机名，而不能是全称域名 FQDN，而"目标主机的完全合格的名称"文本框中的名称，必须是全称域名 FQDN，不能是主机名。如果当前 DNS 服务器同时也是域控制器（安装有 Active Directory 服务），则该对话框中还会显示"允许任何经过身份验证的用户用相同的名称来更新所有 DNS 记录。这个设置只适用于新名称的 DNS 记录"复选框，忽略即可。

5. 邮件交换器（MX）记录

邮件交换器（Mail Exchanger，ME）记录为电子邮件服务专用，它根据收信人地址后缀来定位邮件服务器，使服务器知道该邮件将发往何处。也就是说，根据收信人邮件地址中的 DNS 域名，向 DNS 服务器查询邮件交换器资源记录，定位到要接收邮件的邮件服务器。

例如，将邮件交换器记录所负责的域名设为 nos.com，发送"admin@nos.com"信箱时，系统对该邮件地址中的域名 nos.com 进行 DNS 的 MX 记录解析。如果 MX 记录存在，系统就根据 MX 记录的优先级，将邮件转发到与该 MX 相应的邮件服务器上。

在 DNS 管理窗口中选取已创建的主要区域（nos.com），右击并在快捷菜单中选择"新建邮件交换器"选项，弹出如图 9-24 所示窗口，相关选项的功能如下。

- 主机或子域：邮件交换器（一般是指邮件服务器）记录的域名，也就是要发送邮件的域名，例如 mail，得到的用户邮箱格式为 user@mail.nos.com，但如果该域名与"父域"的名称相同，则可以不填或为空，得到的邮箱格式为 user@nos.com。
- 邮件服务器的完全限定的域名：设置邮件服务器的全称域名 FQDN（如 mail.nos.com），也可单击"浏览"按钮，在如图 9-25 所示"浏览"窗口列表中选择。
- 邮件服务器优先级：如果该区域内有多个邮件服务器，可以设置其优先级，数值越低优先级越高（0 最高），范围为 0～65535。当一个区域中有多个邮件服务器时，其他的邮件服务器向该区域的邮件服务器发送邮件时，它会先选择优先级最高的邮件服务器。如果传送失败，则会再选择优先级较低的邮件服务器。如果有两台以上的邮件服务器的优先级相同，系统会随机选择一台邮件服务器。

图 9-24 "新建资源记录"对话框

图 9-25 "浏览"对话框

设置完成以上选项以后单击"确定"按钮，一个新的邮件交换器记录便添加成功。

6．创建其他资源记录

在区域中可以创建的记录类型还有很多，例如 HINFO、PTR、MINFO、MR、MB 等，用户需要的话，可以查询 DNS 管理窗口的帮助信息或有关书籍。

具体的操作步骤为：在 DNS 管理窗口中选取已创建的主要区域（nos.com），右击并选择快捷菜单中的"其他新记录"选项，弹出如图 9-26 所示窗口。

从中选择所要建立的资源记录类型，例如：ATM 地址（ATM），单击"创建记录"按钮，即可打开的记录定义窗口，如图 9-27 所示，同样需要指定主机名称和值。在建立资源记录后，如果还想修改，可右击该记录，选择快捷菜单中的"属性"选项。

图 9-26 查看记录类型

图 9-27 添加其他记录

9.2.4 添加反向查找区域

反向查找是和正向查找对应的一种 DNS 解析方式。在网络中，大部分 DNS 搜索都是正向查找。但为了实现客户端对服务器的访问，不仅需要将一个域名解析成 IP 地址，还需要将 IP

地址解析成域名，这就需要使用反向查找功能。在 DNS 服务器中，通过主机名查询其 IP 地址的过程称为正向查找，而通过 IP 地址查询其主机名的过程叫作反向查找。

1．反向查找区域

DNS 提供了反向查找功能，可以让 DNS 客户端通过 IP 地址来查找其主机名称，例如，DNS 客户端可以查找 IP 地址为 192.168.1.3 的主机名称。反向区域并不是必需的，可以在需要时创建，例如若在 IIS 网站利用主机名称来限制联机的客户端，则 IIS 需要利用反向查找来检查客户端的主机名称。当利用反向查找将 IP 地址解析成主机名时，反向区域的前半部分是其网络 ID（Network ID）的反向书写，而后半部分必须是 in-addr.arpa。in-addr.arpa 是 DNS 标准中为反向查找定义的特殊域，并被保留在 Internet DNS 名称空间中，以便提供切实可靠的方式执行反向查找。例如，如果要针对网络 ID 为 192.168.1 的 IP 地址来提供反向查找功能，则此反向区域的名称必须是 1.168.192.in-addr.arpa。

2．创建反向查找区域

这里创建一个 IP 地址为 192.168.1 的反向查找区域，和创建正向查找区域的操作有些相似，具体的操作步骤如下。

1）选择"开始"→"Windows 管理工具"→"DNS 服务器"命令，在 DNS 管理器控制台中，依次单击当前计算机名称"YCSERVER2016"→"反向查找区域"，右击并从弹出的快捷菜单中选择"新建区域"命令激活新建区域配置向导。

2）和新建正向查找区域操作步骤操作很多是一样的，在此仅列举出不同。分别进入"新建区域向导"→"区域类型"→"Active Directory 区域传送作用域"对话框，选择区域的类型为"主要区域"，选择复制区域数据为"至此林中的域控制器上运行的所有 DNS 服务器"选项，单击"下一步"按钮，进入"反向查找区域名称"对话框，如图 9-28 所示，根据目前网络的状况，IPv6 还未大规模使用，一般建议选择"IPv4 反向查找区域"。

3）单击"下一步"按钮，进入如图 9-29 所示的"反向查找区域名称"对话框，输入网络 ID 为"192.168.1"，同时它会在"反向查找区域名称"文本框中显示为 1.168.192.in-addr.arpa。

图 9-28　反向查找区域名称　　　　　图 9-29　反向查找区域网络 ID

4）单击"下一步"按钮，进入"动态更新"窗口，因为本机为域控制器，所以建议选择"只允许安全的动态更新（适合 Active Directory 使用）"，以减少来自网络的攻击。

5）继续单击"下一步"按钮即可完成"新建区域向导"，当反向区域创建完成以后，该反向主要区域就会显示在 DNS 管理控制台的"反向查找区域"项中，且区域名称显示为"1.168.192.in-addr.arpa"，如图 9-30 所示。

3. 创建反向记录

当反向标准主要区域创建完成以后，还必须在该区域内创建记录数据，只有这些记录数据在实际的查询中才是有用的。具体的操作步骤为：右击反向主要区域名称"1.168.192.in-addr.arpa"，选择快捷菜单中的"新建指针（PTR）"选项，弹出如图 9-31 所示"新建资源记录"窗口，在"主机 IP 地址"文本框中，输入主机 IP 地址的最后一段（前 3 段是网络 ID），并在"主机名"后输入或单击"浏览"按钮，选择该 IP 地址对应的主机名，最后单击"确定"按钮，一个反向记录就创建成功了。

图 9-30 新建的反向查找区域

图 9-31 新建资源记录

9.2.5 缓存文件与转发器

缓存文件内存储着根域内的 DNS 服务器的名称与 IP 地址的对应信息，每一台 DNS 服务器内的缓存文件都是一样的。企业内的 DNS 服务器要向外界 DNS 服务器查询时，需要用到这些信息，除非企业内部的 DNS 服务器指定了"转发器"。

本地 DNS 服务器就是通过名为 cache.dns 的缓存文件找到根域内的 DNS 服务器的，内容如图 9-32 所示。在安装 DNS 服务器时，缓存文件就会被自动复制到%systemroot%system32\dns 目录下。

除了直接查看缓存文件，还可以在"服务器管理器"窗口中查看。右击 DNS 服务器名，在弹出的菜单中选择"属性"命令，打开如图 9-33 所示的 DNS 服务器属性对话框，选择"根提示"选项卡，在"名称服务器"列表中就会列出 Internet 的 13 台根域服务器的 FQDN 和对应的 IP 地址。

这些自动生成的条目一般不需要修改，当然如果企业的网络不需要连接到 Internet，则可以根据需要将此文件内根域的 DNS 服务器信息更改为企业内部最上层的 DNS 服务器。最好不要直接修改 cache.dns 文件，而是通过 DNS 服务器所提供的根提示功能来修改。

如果企业内部的 DNS 客户端要访问公网，有两种解决方案：在本地 DNS 服务器上启用根提示功能或者为它设置转发器。转发器是网络上的一台 DNS 服务器，它将以外部 DNS 名称的查询转发给该网络外的 DNS 服务器。转发器可以管理对网络外的名称（如 Internet 上的名称）的解析，并改善网络中计算机的名称解析效率。

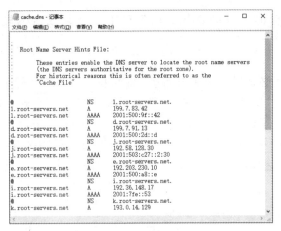

图 9-32 缓存文件

图 9-33 根提示

对于小型网络,如果没有本网络域名解析的需要,则可以只设置一个与外界联系的 DNS 转发器,对于公网主机名称的查询,将全部转发到指定的公用 DNS 的 IP 地址或"根提示"选项卡中提示的 13 个根服务器。

对于大中型企事业单位,可能需要建立多个本地 DNS 服务器。如果所有 DNS 服务器都使用根提示向网络外发送查询,则许多内部和非常重要的 DNS 信息都可能暴露在 Internet 上,除了安全和隐私问题,还可导致大量外部通信,而且通信费用昂贵,效率比较低。为了内部网络的安全,一般只将其中的一台 DNS 服务器设置为可以与外界 DNS 服务器直通的服务器,这台负责所有本地 DNS 服务器查询的计算机就是 DNS 服务的转发器。

如果在 DNS 服务器上存在一个"."域(如在安装活动目录的同时安装 DNS 服务,就会自动生成该域),根提示和转发器功能就会全部失效,解决的方法就是直接删除"."域。

设置转发器的具体操作步骤如下。

1)选择"开始"→"Windows 管理工具"→"DNS 服务器"命令,弹出相应对话框,在左侧的目录树中右击 DNS 服务器名称,并在快捷菜单中选择"属性"选项,弹出"Ycserver2016 属性"窗口,选择"转发器"选项卡,如图 9-34 所示。

2)单击"编辑"按钮,进入"编辑转发器"对话框,可添加或修改转发器的 IP 地址,如图 9-35 所示。

图 9-34 转发器

图 9-35 编辑转发器

3）在"转发服务器的 IP 地址"列表框中，输入 ISP 提供的 DNS 服务器的 IP 地址即可。重复上述操作，可添加多个 DNS 服务器的 IP 地址。需要注意的是，除了可以添加本地 ISP 的 DNS 服务器的 IP 地址外，也可以添加其他著名 ISP 的 DNS 服务器的 IP 地址，例如中国电信的 114.114.114.114，国外的 8.8.8.8。

4）在转发器的 IP 地址列表中，选择要调整顺序或删除的 IP 地址，单击"上移""下移"或"删除"按钮，即可执行相关操作，应当将反应最快的 DNS 服务器的 IP 地址调整到最高端，从而提高 DNS 查询速度。单击"确定"按钮，保存对 DNS 转发器的设置。

9.3 拓展任务——检测 DNS 服务器

【任务描述】

DNS 服务器安装与配置之后，还要监视 DNS 配置是否正常工作，同时清除 DNS 服务器过期的记录，以及配置 DNS 客户端，在 DNS 客户端使用 Windows 命令行命令测试 DNS 服务器是否正常工作等。

【任务目标】

通过任务监视 DNS 服务器配置是否正常、清除 DNS 服务器过期的记录，熟悉 Windows 命令行命令 ping、nslookup、ipconfig 等，正确使用这些命令以及相关参数，在 DNS 客户端测试 DNS 服务器是否正常工作。

9.3.1 监测 DNS 服务是否正常

选择"开始"→"Windows 管理工具"→"DNS 服务器"命令，在左侧的目录树中右击 DNS 服务器名称，并在快捷菜单中选择"属性"选项，弹出"Ycserver2016 属性"窗口，选择"监控"选项卡，如图 9-36 所示，可以自动或手动测试 DNS 服务器的查询功能是否正常，其中相关的选项功能如下。

- 对此 DNS 服务器的简单查询：执行 DNS 客户端对 DNS 服务器的简单查询测试，这是 DNS 客户端与 DNS 服务器两个角色都由这一台计算机来扮演的内部测试。
- 对此 DNS 服务器的递归查询：它会对 DNS 服务器提出递归查询请求，所查询的记录是位于根内的一条 NS 记录，因此会利用"根提示"选项卡下的 DNS 服务器，请先确认此计算机已经连接到 Internet 后再测试。
- 以下列间隔进行自动测试：每隔一段时间就自动执行简单或递归查询测试，在此可以设置间隔的时间。

勾选要测试的选项后单击"立即测试"按钮，测试结果会显示在最下方，如图 9-36 所示。

9.3.2 清除过期记录

DNS 动态更新功能让客户端计算机启动时，可以通过网络将其主机名与 IP 地址注册到 DNS 服务器内，然而如果客户端之后都不会再连接网络，例如客户端计算机已经淘汰，那么一段时间过后，这条在 DNS 服务器内的过时记录应该被清除，否则会一直占用 DNS 数据库的空间。

客户端所注册的每一条记录都有时间戳（Timestamp），用来记载该条记录的注册或更新日期/时间，DNS 服务器可根据时间戳来判断该条记录是否过时。可以以自动方式来执行清除过期记录操作，在 DNS 服务器控制台中，右击 DNS 服务器名称，在弹出的菜单中选择"属性"命令，然后选择"高级"选项卡，如图 9-37 所示，勾选"启用过时记录自动清理"选项，系统默认的清理周期为 7 天。

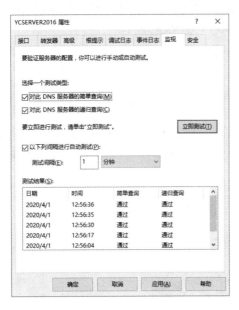 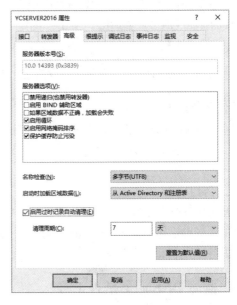

图 9-36　监视 DNS 服务　　　　　　　图 9-37　DNS 记录自动清理

注意：DNS 区域需要先启用"老化/清理"功能，并设置如何决定记录是否过期，才能清除过期记录。在 DNS 服务器控制台中，右击 DNS 服务器名称，在弹出的菜单中选择"为所有区域设置老化/清理"命令，弹出如图 9-38 所示对话框。

- 无刷新间隔：这段时间内（默认为 7 天）不接收客户端刷新的请求。所谓刷新，就是客户端并没有更改主机名或 IP 地址，仅是向 DNS 服务器提出重新注册的请求（会更改记录的时间戳）。为何不接受客户端刷新的请求？Windows 客户端默认会每隔 24 小时提出刷新请求，而以 Active Directory 集成区域来说，在客户端刷新后，即使其主机名与 IP 地址并未更改，也会修改 Active Directory 数据库中该条 DNS 记录的属性，这个修改过的属性会被复制到所有扮演 DNS 服务器角色的域控制器。由于刷新仅是修改时间戳，并没有更改主机名与 IP 地址，但是会启动没有必要的复制操作，增加域控制器与网络的负担，因此通过此处的无刷新间隔设置，可以减少无谓的复制操作。不过在这段时间内如果客户端的主机名或 IP 地址发生变化，DNS 服务器仍然会接受其所提出的更新请求。
- 刷新间隔：在无刷新间隔后的时间，就进入刷新间隔时段，此时 DNS 服务器会接受客户端的刷新请求。

如果在无刷新间隔与刷新间隔的时间都过后，客户端仍然没有刷新或更新记录，那么该条记录就会被视为过期，当系统在执行清理操作时，过期的记录就会被删除。

单击"确定"按钮，会弹出"服务器老化/清理确认"对话框，如图 9-39 所示，可以勾选"将这些设置应用到现有的、与 Active Directory 集成的区域"，然后单击"确定"按钮，可完成相关的操作。

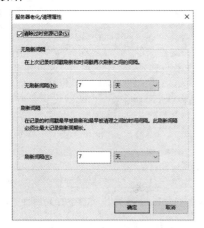

图 9-38　服务器老化/清理属性

图 9-39　服务器老化/清理确认

9.3.3　配置 DNS 客户端

在 C/S 模式中，DNS 客户端就是指那些使用 DNS 服务的计算机。从系统软件平台来看，有可能安装的是 Windows 的服务器版本，也可能安装的是 Linux 工作站系统。

DNS 客户端分为静态 DNS 客户和动态 DNS 客户。

- 静态 DNS 客户是指管理员手工配置 TCP/IP 的计算机，对于静态客户，无论是 Windows 98/NT/2000/XP/7/10 操作系统，还是 Windows Server 2003/2008/2012/2016 操作系统，设置的主要内容就是指定 DNS 服务器，一般只要设置 TCP/IP 的 DNS 选项卡的 IP 地址即可，早期微软公司的操作系统可能还需要设置域后缀。
- 动态 DNS 客户是指使用 DHCP 服务的计算机，对于动态 DNS 客户，重要的是在配置 DHCP 服务时，指定"域名称和 DNS 服务器"。

在 Windows Server 2016 或 Windows 10 操作系统中配置 DNS 客户端大同小异，下面仅以 Windows 10 操作系统中配置静态 DNS 客户为例进行介绍，具体的操作步骤如下。

1）在"控制面板"中双击"网络连接"图标，打开"网络连接"窗口，列出所有可用的网络连接，右击"本地连接"图标，并在快捷菜单中选择"属性"项，弹出如图 9-40 所示"Ethernet0 属性"窗口。

2）在"此连接使用下列项目"列表框中，选择"Internet 协议（TCP/IP）"，并单击"属性"按钮，弹出如图 9-41 所示的"Internet 协议（TCP/IP）属性"窗口。选择"使用下面的 DNS 服务器地址"选项，分别在"首选 DNS 服务器"和"备用 DNS 服务器"文本框中，输入首选 DNS 服务器和备用 DNS 服务器的 IP 地址，单击"确定"按钮，保存对设置的修改即可。

当 DNS 客户端在首选 DNS 服务器通信时，如果没有收到响应，就会与备用 DNS 服务器通信。如果要指定 2 台以上 DNS 服务器的话，可以单击图 9-41 中的"高级"按钮，通过 DNS 选项卡的"添加"按钮输入更多 DNS 服务器的 IP 地址，客户端会依照顺序来与这些 DNS 服务器通信，一直到有服务器响应为止。

图 9-40 "Ethernet0 属性"对话框

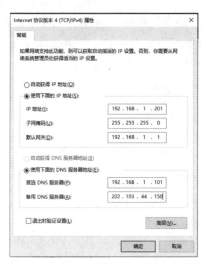

图 9-41 Internet 协议（TCP/IP）属性

9.3.4 ping

ping 命令是用来测试 DNS 能否正常工作最为简单和实用的工具，如果想测试 DNS 服务器能否解析域名 nos.com，直接在客户端命令行直接输入命令，根据输出结果，可以很容易判断出 DNS 解析是成功的。

```
C:\>ping nos.com
正在 Ping nos.com [192.168.1.101] 具有 32 字节
来自 192.168.1.101 的回复: 字节=32 时间=3ms T
来自 192.168.1.101 的回复: 字节=32 时间=5ms T
来自 192.168.1.101 的回复: 字节=32 时间=1ms T
来自 192.168.1.101 的回复: 字节=32 时间=2ms T
192.168.1.101 的 Ping 统计信息:
    数据包: 已发送 = 4，已接收 = 4，丢失 = 0
往返行程的估计时间(以毫秒为单位):
    最短 = 1ms，最长 = 5ms，平均 = 2ms
```

9.3.5 nslookup

nslookup 是一个监测网络中 DNS 服务器是否能正确实现域名解析的命令，它用来向 Internet 域名服务器发出查询信息。可以在 DNS 控制台中选中 DNS 服务器后右击"启动 nslookup"命令，也可以使用 Windows 命令行来启动该命令。

nslookup 有两种模式：交互式和非交互式。当没有指定参数（使用默认的域名服务器）或第一个参数是"__"，第二个参数为一个域名服务器的主机名或 IP 地址时，nslookup 为交互模式；当第一个参数是待查询的主机的域名或 IP 地址时，nslookup 为非交互模式。这时，任选的第二个参数指定了一个域名服务器的主机名或 IP 地址。

下面通过实例介绍如何使用交互模式对 DNS 服务进行测试，分两种情况来介绍此命令（①nos.com；②sina.com）。

1．查找主机

nslookup 命令用来查找默认 DNS 服务器主机 nos.com 的 IP 地址。

```
C:\>nslookup
默认服务器：  www.nos.com
```

```
Address:    192.168.1.101
    ①  > nos.com                              ②  > sina.com
    服务器:  www.nos.com                      服务器:  www.nos.com
    Address:    192.168.1.101                  Address:    192.168.1.101
    名称:      nos.com                        非权威应答:
    Address:    192.168.1.101                  名称:      sina.com
                                                Address:    12.130.152.116
```

2．查找域名信息
set type 表示设置查找的类型，ns 表示域名服务器。

```
> set type=ns
①  > nos.com
服务器:  www.nos.com
Address:    192.168.1.101
nos.com nameserver = Ycserver2016.nos.com
Ycserver2016.nos.com internet address = 192.168.1.101
②  > sina.com
服务器:  www.nos.com
Address:    192.168.1.101
非权威应答:
sina.com          nameserver = ns3.sina.com.cn
sina.com          nameserver = ns1.sina.com.cn
sina.com          nameserver = ns2.sina.com.cn
ns1.sina.com.cn internet address = 202.106.184.166
ns2.sina.com.cn internet address = 61.172.201.254
ns3.sina.com.cn internet address = 202.108.44.55
```

3．检查反向 DNS
假如已知道客户端 IP 地址，要查找其域名，输入：

```
> set type=ptr
①  > 192.168.1.101
服务器:  www.nos.com
Address:    192.168.1.101
27.1.168.192.in-addr.arpa       name = www.nos.com
②  > 202.103.24.68
服务器:  www.nos.com
Address:    192.168.1.101
非权威应答:
68.24.103.202.in-addr.arpa      name = ns.wuhan.net.cn
```

4．检查 MX 邮件记录
要查找域名的邮件记录地址，输入：

```
> set type=mx
①> nos.com
服务器:  www.nos.com
Address:    192.168.1.101
nos.com
        primary name server = Ycserver2016.nos.com
        responsible mail addr = hostmaster
        serial   = 49
        refresh = 900 (15 mins)
        retry    = 600 (10 mins)
        expire   = 86400 (1 day)
```

default TTL = 3600 (1 hour)

② > **sina.com**

服务器： www.nos.com
Address: 192.168.1.101
非权威应答：

sina.com	MX preference = 10, mail exchanger = freemx1.sinamail.sina.com.cn
sina.com	MX preference = 10, mail exchanger = freemx2.sinamail.sina.com.cn
sina.com	MX preference = 10, mail exchanger = freemx3.sinamail.sina.com.cn
sina.com	nameserver = ns3.sina.com.cn
sina.com	nameserver = ns1.sina.com.cn
sina.com	nameserver = ns2.sina.com.cn

freemx1.sinamail.sina.com.cn   internet address = 202.108.3.242
freemx3.sinamail.sina.com.cn   internet address = 60.28.2.248
ns1.sina.com.cn internet address = 202.106.184.166
ns2.sina.com.cn internet address = 61.172.201.254
ns3.sina.com.cn internet address = 202.108.44.55

5．检查 CNAME 别名记录

此操作时查询域名主机有无别名。

> **set type=cname**

① > **nos.com**

服务器： www.nos.com
Address: 192.168.1.101
nos.com
　　primary name server = Ycserver2016.nos.com
　　responsible mail addr = hostmaster
　　serial   = 49
　　refresh = 900 (15 mins)
　　retry   = 600 (10 mins)
　　expire   = 86400 (1 day)
　　default TTL = 3600 (1 hour)

② > **sina.com**

服务器： www.nos.com
Address: 192.168.1.101
sina.com
　　primary name server = ns1.sina.com.cn
　　responsible mail addr = zhihao.staff.sina.com.cn
　　serial   = 2005042601
　　refresh = 900 (15 mins)
　　retry   = 300 (5 mins)
　　expire   = 604800 (7 days)
　　default TTL = 300 (5 mins)

①加粗部分为操作者在交互方式下输入的部分。②任何合法有效的域名都必须有至少一个首选 DNS 服务器。当首选 DNS 服务器失效时，才会使用备用 DNS 服务器。这里的失效指服务器没有响应。③DNS 中的记录类型有很多，分别有不同的作用，常见的有 A 记录（主机记录，用来指示主机地址），MX 记录（邮件交换记录，用来指示邮件服务器的交换程序），CNAME 记录（别名记录）、SOA（授权记录）、PTR（指针）等。④一个有效的 DNS 服务器必须在注册机构注册，这样才可以进行区域复制。所谓区域复制，就是把自己的记录定期同步到其他服务器上。当 DNS 接收到非法 DNS 发送的区域复制信息，会将信息丢弃。⑤DNS 有两种，一种是普通 DNS，另一种是根 DNS，根 DNS 不能设置转发查询，也就是说根 DNS 不能主动向其他 DNS 发送查询请求。如果内部网络的 DNS 被设置为根 DNS，将不能接收网外的合法域名查询。

220

9.3.6 ipconfig /displaydns 与/flushdns

DNS 客户端会将 DNS 服务器发来的解析结果缓存下来，在一定时间内，若客户端再次需要解析相同的名字，则会直接使用缓存中的解析结果，而不必向 DNS 服务器发起查询。解析结果在 DNS 客户端缓存的时间取决于 DNS 服务器上响应资源记录设置的生存时间（TTL）。如果在生存时间规定的时间内，DNS 服务器对该资源记录进行了更新，则在客户端会出现短时间的解析错误。此时可尝试清空 DNS 客户端缓存来解决问题，具体的操作如下。

1. 查看 DNS 客户端缓存

在 DNS 客户端输入以下命令查看 DNS 客户端缓存：**ipconfig /displaydns**。

```
localhost
    记录名称. . . . . . . : localhost
    记录类型. . . . . . . : 1
    生存时间. . . . . . . : 86400
    数据长度. . . . . . . : 4
    部分. . . . . . . . . : 答案
    A (主机) 记录   . . . . : 127.0.0.1
nos.com
    记录名称. . . . . . . : nos.com
    记录类型. . . . . . . : 1
    生存时间. . . . . . . : 546
    数据长度. . . . . . . : 4
    部分. . . . . . . . . : 答案
    A (主机) 记录   . . . . : 192.168.1.101
（中间省略部分显示结果）
68.24.103.202.in-addr.arpa
    记录名称. . . . . . . : 68.24.103.202.in-addr.arpa
    记录类型. . . . . . . : 12
    生存时间. . . . . . . : 54669
    数据长度. . . . . . . : 8
    部分. . . . . . . . . : 答案
    PTR 记录   . . . . . . : ns.wuhan.net.cn
```

2. 清空 DNS 客户端缓存

在 DNS 客户端输入以下命令清空 DNS 客户端缓存：**ipconfig /flushdns**。再次使用命令"ipconfig /displaydns"来查看 DNS 客户端缓存，可以看到已将其部分内容清空。

9.4 项目实训——Windows Server 2016 创建与管理 DNS

1. 实训目标

1）熟悉在 Windows Server 2016 中安装 DNS 服务器。
2）掌握在 Windows Server 2016 中配置 DNS 服务器的正向区域、反向区域。
3）掌握 Windows Server 2016 中的主机、别名和邮件交换等记录的含义和管理方法。
4）掌握 Windows Server 2016 中 DNS 客户机的配置方法及测试命令。

2. 实训设备

1）网络环境：已建好的千兆以太网络，包含交换机、五类（或超五类）UTP 直通线若干、三台或以上数量的计算机（计算机配置要求 CPU 最低 1.6GHz 以上 64 位，内存不小于 4096MB，硬盘空间不低于 120GB，有光驱和网卡）。

2）软件：①Windows Server 2016 安装光盘，或硬盘中有全部的安装程序；②Windows 10

安装光盘，或硬盘中有全部的安装程序；③VMWare Workstation 15.5 安装程序。

3．实训内容

在项目 8 实训的基础上完成本实训，在域中的计算机上设置以下内容。

1）在域控制器 teacher.com 上重新检查操作系统的配置，检查计算机 IP 地址为 10.0.1.101，子网掩码为 255.255.255.0，网关设置为 10.0.1.254，将 DNS 地址修改为 127.0.0.1、202.103.44.150；其他网络设置暂不修改，为其重新安装 DNS 服务器，域名为 teacher.com。

2）配置该 DNS 服务器，创建 student.com 正向查找区域。

3）新建主机 www，IP 为 10.0.1.101，别名为 web，指向 www，MX 记录为 mail，邮件优先级为 10。

4）创建 teacher.com 反向查找区域。

5）把该虚拟机的宿主操作系统 Windows 10 系统配置为该 DNS 服务器的客户端，并用 ping、nslookup、ipconfig 等命令测试 DNS 服务器能否正常工作。

9.5 项目习题

一、填空题

（1）_____ 是一个用于存储单个 DNS 域名的数据库，是域名称空间树状结构的一部分，它将域名空间分区为较小的区段。

（2）_____ 是指 DNS 客户端发出查询请求后，如果 DNS 服务器内没有所需的数据，则 DNS 服务器会代替客户端向其他 DNS 服务器进行查询。

（3）_____ 将主机名映射到 DNS 区域中的一个 IP 地址。

（4）_____ 就是和正向搜索对应的一种 DNS 解析方式。

（5）通过计算机"系统属性"对话框或_____ 命令，可以查看和设置本地计算机名（Local Host Name）。

（6）如果要针对网络 ID 为 192.168.1 的 IP 地址来提供反向查找功能，则此反向区域的名称必须是_____。

二、选择题

（1）DNS 提供了一个（　　）命名方案。

  A．分级   B．分层   C．多级   D．多层

（2）DNS 顶级域名中表示商业组织的是（　　）。

  A．com   B．gov   C．mil   D．org

（3）（　　）表示别名的资源记录。

  A．MX   B．SOA   C．CNAME   D．PTR

（4）常用的 DNS 测试的命令包括（　　）。

  A．nslookup B．hosts   C．debug   D．trace

三、问答题

（1）客户机向 DNS 服务器查询 IP 地址有哪三种模式？

（2）配置 DNS 服务器时，如何添加别名记录？添加别名记录有何好处？

（3）在 DNS 系统中，什么是反向解析？如何设置反向解析？

（4）DNS 服务器转发器的功能是什么？如何设置？

项目 10　创建与管理 DHCP 服务

项目情境：

如何使 IP 地址的管理更有效、更方便？

瑞思达智是一家主营计算机系统集成、软件开发与测试、信息化设计与咨询等业务的网络科技公司，2008 年为宜昌市国际大酒店建设了酒店的内部局域网络，建设初期主要为酒店内部办公使用，计算机只有 50 台左右，使用静态 IP 地址分配方案。随着酒店办公业务的不断扩大以及商务网络的需求，酒店接入了互联网，酒店网络的计算机数量也越来越多，目前已达到 300 台，经常出现 IP 地址冲突导致无法上网的问题，客人经常投诉。酒店近期计划对办公和商务网络进行改造，作为瑞思公司的技术人员，你如何使酒店网络 IP 地址的管理更有效、更方便？

项目描述：在 TCP/IP 网络上，每台工作站在要使用网络上的资源之前，都必须进行基本的网络配置，如 IP 地址、子网掩码、默认网关、DNS 的配置等。通常采用 DHCP 服务器技术来实现网络的 TCP/IP 动态配置与管理，这是网络管理任务中应用最多、最普通的一项管理技术。

项目目标：
- 掌握 DHCP 协议的原理和工作过程。
- 掌握 DHCP 服务器的安装、配置与维护。
- 熟悉 DHCP 客户端的配置。
- 掌握复杂网络中 DHCP 服务器的部署。

10.1　知识导航——DHCP 简介

在 TCP/IP 网络中，计算机之间通过 IP 地址互相通信，因此管理、分配与设置客户端 IP 地址的工作非常重要。以手工方式设置 IP 地址，不仅非常费时、费力，而且也非常容易出错，尤其在大中型网络中，手工设置 IP 地址更是一项非常复杂的工作。如果让服务器自动为客户端计算机配置 IP 地址等相关信息，就可以大大提高工作效率，并减少 IP 地址故障的可能性。

10.1.1　DHCP 的意义

DHCP（Dynamic Host Configuration Protocol，动态主机分配协议）是一个简化主机 IP 地址

分配管理的 TCP/IP 标准协议。管理员可以利用 DHCP 服务器，从预先设置的 IP 地址池中，动态地给主机分配 IP 地址，不仅能够保证 IP 地址不重复分配，也能及时回收 IP 地址，以提高 IP 地址的利用率。

TCP/IP 目前已经成为互联网的公用通信协议，在局域网上也是必不可少的协议。用 TCP/IP 协议进行通信时，每一台计算机（主机）都必须有一个 IP 地址用于在网络上标识自己。对于一个设立了因特网服务的组织机构，由于其主机对外开放了诸如 WWW、FTP、E-mail 等访问服务，通常要对外公布一个固定的 IP 地址，以方便用户访问。如果 IP 地址由系统管理员在每一台计算机上手动进行设置，把它设定为一个固定的 IP 地址时，就称为静态 IP 地址方案。当然，数字 IP 不便记忆和识别，人们更习惯通过域名来访问主机，而域名实际上仍然需要被域名服务器（DNS）翻译为 IP 地址。

而对于大多数拨号上网的用户，由于其上网时间和空间的离散性，为每个用户分配一个固定的静态 IP 地址是不现实的，如果 ISP（Internet Service Provider，互联网服务供应商）有 10000 个用户，就需要 10000 个 IP 地址，这将造成 IP 地址资源的极大浪费。欧洲地区互联网注册网络协调中心宣布，截至 2019 年 11 月 25 日 15 时 35 分（欧洲时间），最后一批 IPv4 地址已被分配完毕，面临着 IP 地址与网络用户高速发展不匹配的问题。

在局域网中，对于网络规模较大的用户，系统管理员给每一台计算机分配 IP 地址的工作量就会很大，而且常常会因为用户不遵守规则而出现错误，例如导致 IP 地址的冲突等。同时，在把大批计算机从一个网络移动到另一个网络，或者改变部门计算机所属子网时，同样存在因改变 IP 地址而导致工作量大的问题。

DHCP 由此应运而生，采用 DHCP 的方法配置的计算机 IP 地址的方案称为动态 IP 地址方案。在动态 IP 地址方案中，每台计算机并不设置固定的 IP 地址，而是在计算机开机时才被分配一个 IP 地址，这样可以解决 IP 地址不够用的问题。

在 DHCP 网络中有三类对象，分别是 DHCP 客户端、DHCP 服务器和 DHCP 数据库。DHCP 是采用客户端/服务器（Client/Server）模式，有明确的客户端和服务器角色的划分，分配到 IP 地址的计算机称为 DHCP 客户端（DHCP Client），负责给 DHCP 客户端分配 IP 地址的计算机称为 DHCP 服务器，DHCP 数据库是 DHCP 服务器上的数据库，存储了 DHCP 服务配置的各种信息。

10.1.2 BOOTP 引导程序协议

DHCP 前身是 BOOTP（Boot strap Protocol，引导程序协议），所以先介绍 BOOTP。BOOTP 也称为自举协议，它使用 UDP 来使一个工作站自动获取配置信息。BOOTP 原本是用于无盘工作站连接到网络服务器的，网络的工作站使用 BOOTROM 而不是硬盘起动并连接网络服务。

为了获取配置信息，协议软件广播一个 BOOTP 请求报文，收到请求报文的 BOOTP 服务器查找出发出请求的计算机的各项配置信息（如 IP 地址、默认路由地址、子网掩码等），将配置信息放入一个 BOOTP 应答报文，并将应答报文返回给发出请求的计算机。

这样，一台网络中的工作站就获得了所需的配置信息。由于计算机发送 BOOTP 请求报文时还没有 IP 地址，因此它会使用全广播地址作为目的地址，使用"0.0.0.0"作为源地址。BOOTP 服务器可使用广播（Broadcast）将应答报文返回给计算机，或使用收到的广播帧上的网卡的物理地址进行单播（Unicast）。

但是BOOTP设计用于相对静态的环境，管理员创建一个BOOTP配置文件，该文件定义了每一台主机的一组BOOTP参数。配置文件只能提供主机标识符到主机参数的静态映射，如果主机参数没有要求变化，BOOTP的配置信息通常保持不变，配置文件不能快速更改。此外管理员必须为每一台主机分配一个IP地址，并对服务器进行相应的配置，使它能够理解从主机到IP地址的映射。

由于BOOTP是静态配置IP地址和IP参数的，不可能充分利用IP地址和大幅度减少配置的工作量，非常缺乏"动态性"，已不适应现在日益庞大和复杂的网络环境。

10.1.3 DHCP动态主机配置协议

DHCP是BOOTP的增强版本，此协议从两个方面对BOOTP进行有力的扩充：第一，DHCP可使计算机通过一个消息获取它所需要的配置信息，例如，一个DHCP报文除了能获得IP地址，还能获得子网掩码、网关等；第二，DHCP允许计算机快速动态获取IP地址，为了使用DHCP的动态地址分配机制，管理员必须配置DHCP服务器，使得它能够提供一组IP地址。任何时候一旦有新的计算机联网，新的计算机将与服务器联系并申请一个IP地址。服务器从管理员指定的IP地址中选择一个地址，并将它分配给该计算机。

DHCP允许有三种类型的地址分配方式。

- 自动分配方式：当DHCP客户端第一次成功地从DHCP服务器端租用到IP地址之后，就永远使用这个地址。
- 动态分配方式：当DHCP第一次从DHCP服务器端租用到IP地址之后，并非永久地使用该地址，只要租约到期，客户端就得释放这个IP地址，以给其他工作站使用。当然，客户端可以比其他主机更优先地更新租约，或是租用其他的IP地址。
- 手工分配方式：DHCP客户端的IP地址是由网络管理员指定的，DHCP服务器只是把指定的IP地址告诉客户端。

动态地址分配是DHCP最重要和新颖的功能，与BOOTP所采用的静态分配地址不同的是，动态IP地址的分配不是一对一的映射，服务器事先并不知道客户端的身份。

可以配置DHCP服务器，使得任意一台客户端都可以获得IP地址并开始通信。为了使自动配置成为可能，DHCP服务器保存着网络管理员定义的一组IP地址等TCP/IP参数，DHCP客户端通过与DHCP服务器交换信息协商IP地址的使用。在交换中，服务器为客户端提供IP地址，客户端确认它已经接收此地址。一旦客户端接收了一个地址，它就开始使用此地址进行通信。

将所有的TCP/IP参数保存在DHCP服务器，使网络管理员能够快速检查IP地址及其他配置参数，而不必前往每一台计算机进行操作。此外由于DHCP的数据库可以在一个中心位置（即DHCP服务器）完成更改，因此重新配置时也无须对每一台计算机进行配置。同时DHCP不会将同一个IP地址同时分配给两台计算机，从而避免了IP地址的冲突。

10.1.4 DHCP的工作过程

DHCP客户端为了分配地址，和DHCP服务器进行报文交换的过程如下。

1. IP租约的发现阶段

发现阶段是DHCP客户端寻找DHCP服务器的过程。客户端启动时，以广播方式发送DHCPDISCOVER发现报文消息，来寻找DHCP服务器，请求租用一个IP地址。由于客户端还没有自己的IP地址，所以使用0.0.0.0作为源地址，同时客户端也不知道服务器的IP地址，所以它以 255.255.255.255 作为目标地址。网络上每一台安装了 TCP/IP 的主机都会接收到这种广播信息，但只有 DHCP 服务器才会做出响应。

2．IP 租约的提供阶段

当客户端发送要求租约的请求后，所有的 DHCP 服务器都收到了该请求，然后所有的 DHCP 服务器都会广播一个愿意提供租约的 DHCPOFFER 提供报文消息（除非该 DHCP 服务器没有空余的 IP 可以提供了），在 DHCP 服务器广播的消息中包含以下内容：源地址，DHCP 服务器的 IP 地址；目标地址，因为这时客户端还没有自己的 IP 地址，都采用广播地址 255.255.255.255；客户端地址，DHCP 服务器可提供的一个客户端使用的 IP 地址；另外还有客户端的硬件地址、子网掩码、租约的时间长度和该 DHCP 服务器的标识符等。

当发送第一个 DHCPDISCOVER 发现报文消息后，DHCP 客户端将等待 1s。在此期间，如果没有 DHCP 服务器响应，DHCP 客户端将分别在第 9s、第 13s 和第 16s 时重复发送一次 DHCPDISCOVER 发现报文消息。如果仍然没有得到 DHCP 服务器的应答，将再每隔 5min 广播一次 DHCPDISCOVER 发现报文消息，直到得到一个应答为止，同时客户端会使用预留的 B 类网络（169.254.0.1～169.254.255.254）、子网掩码 255.255.0.0。这个自动配置 IP 地址和子网掩码，被称作自动专用 IP 编址（Automatic Private IP Addressing，APIPA）。因此，如果用 IPCONFIG 命令发现一个客户端的 IP 地址为 169.254.x.x 时，就说明可能是 DHCP 服务器没有设置好或是服务器有故障。即使在网络中 DHCP 服务器有故障，计算机之间仍然可以通过网上邻居发现彼此。

3．IP 租约的选择阶段

如果有多台 DHCP 服务器向 DHCP 客户端发来 DHCPOFFER 提供报文消息，则 DHCP 客户端只接受第一个收到的 DHCPOFFER 提供报文消息，然后就以广播方式回答一个 DHCPREQUEST 请求报文消息，该消息中包含向它所选定的 DHCP 服务器请求 IP 地址的内容。之所以要以广播方式回答，是为了通知所有的 DHCP 服务器，它将选择某台 DHCP 服务器所提供的 IP 地址，其他的 DHCP 服务器会撤销它们提供的租约。

4．IP 租约的确认阶段

当 DHCP 服务器收到 DHCP 客户端回答的 DHCPREQUEST 请求报文消息之后，它便向 DHCP 客户端发送一个包含它所提供的 IP 地址和其他设置的 DHCPACK 确认报文消息，告诉 DHCP 客户端可以使用它所提供的 IP 地址。然后 DHCP 客户端便将其 TCP/IP 与网卡绑定，可以在局域网中与其他设备之间通信了。

当 IP 地址使用时间达到租期的一半时，将向 DHCP 服务器发送一个新的 DHCP 请求，服务器接收到该信息后回送一个 DHCP 应答报文信息，以重新开始一个租用周期。该过程就像是续签租赁合同，只是续约时间必须在合同期的一半时进行。在进行 IP 地址的续租中有以下两种特殊情况。

1．DHCP 客户端重新启动时

不管 IP 地址的租期有没有到期，DHCP 客户端每次重新登录网络时，就不需要再发送 DHCPDISCOVER 发现报文消息了，而是直接发送包含前一次所分配的 IP 地址的 DHCPREQUEST 请求报文信息。当 DHCP 服务器收到这一消息后，它会尝试让 DHCP 客户端继续使用原来的 IP 地址，并回答一个 DHCPACK 确认报文消息。如果此 IP 地址已无法再分配给原来的 DHCP 客户端使用时（例如此 IP 地址已分配给其他 DHCP 客户端使用），则 DHCP 服务器给 DHCP 客户端回答一个 DHCPNACK 否认报文消息。当原来的 DHCP 客户端收到此 DHCPNACK 否认报文消息后，它就必须重新发送 DHCPDISCOVER 发现报文消息来请求新的 IP 地址。

2. IP 地址的租期超过一半时

DHCP 服务器向 DHCP 客户端出租的 IP 地址一般都有一个租借期限，期满后 DHCP 服务器便会收回出租的 IP 地址。如果 DHCP 客户端要延长其 IP 租约，则必须更新其 IP 租约。客户端在 50%租借时间过去以后，每隔一段时间就开始请求 DHCP 服务器更新当前租约，如果 DHCP 服务器应答则租用延期。如果 DHCP 服务器始终没有应答，在有效租借期的 87.5%时，客户端应该与其他 DHCP 服务器通信，并请求更新它的配置信息。如果客户端不能和所有的 DHCP 服务器取得联系，租借时间到期后，必须放弃当前的 IP 地址，并重新发送一个 DHCPDISCOVER 报文开始上述的 IP 地址获得过程。

10.1.5 DHCP 的优缺点

作为优秀的 IP 地址管理工具，DHCP 具有以下优点。

1）**提高效率**：DHCP 使计算机自动获得 IP 地址信息并完成配置，减少了由于手工设置而可能出现的错误，并极大地提高了工作效率，降低了劳动强度。利用 TCP/IP 进行通信，仅有 IP 地址是不够的，常常还需要网关、WINS、DNS 等设置，DHCP 服务器除了能动态提供 IP 地址外，还能同时提供 WINS、DNS 主机名、域名等附加信息，完善 IP 地址参数的设置。

2）**便于管理**：当网络使用的 IP 地址范围改变时，只需修改 DHCP 服务器的 IP 地址池即可，而不必逐一修改网络内的所有计算机的 IP 地址。

3）**节约 IP 地址资源**：在 DHCP 系统中，只有当 DHCP 客户端请求时才由 DHCP 服务器提供 IP 地址，而当计算机关机后，又会自动释放该 IP 地址。通常情况下，网络内的计算机并不都是同时开机，因此，较小数量的 IP 地址，也能够满足较多计算机的需求。

DHCP 服务优点不少，但同时也存在着缺点：DHCP 不能发现网络上非 DHCP 客户端已经使用的 IP 地址；当网络上存在多个 DHCP 服务器时，一个 DHCP 服务器不能查出已被其他服务器租出去的 IP 地址；DHCP 服务器不能跨越子网路由器与客户端进行通信，除非路由器允许 BOOTP 转发。

使用 DHCP 服务时还要注意的是，由于客户端每次获得的 IP 地址不是固定的（当然现在的 DHCP 已经可以针对某一计算机分配固定的 IP 地址），如果想利用某主机对外提供网络服务（如 Web 服务、DNS 服务）等，一般采用静态 IP 地址配置方法，使用动态的 IP 地址是比较麻烦的，还需要动态域名解析服务（DDNS）来支持。

DHCP 是用来动态分配地址的，所以很难在 DNS 服务器中保持精确的名称到地址的映射。节点地址发生改变后，DNS 数据库中的记录就变得无效了。Windows Server 2016 DHCP 让 DHCP 服务器和客户端在地址或主机名改变时请求 DNS 数据库更新，以这种方式甚至能使客户端的 DNS 数据库保持最新状态并动态分配 IP 地址。

DDNS 是动态域名服务的缩写，它的出现主要是为了解决域名和动态 IP 地址之间的绑定问题。相对于传统的静态 DNS 而言，它可以将一个固定的域名解析到一个动态的 IP 地址。用户每次连接网络的时候客户端程序就会通过信息传递把该主机的动态 IP 地址传送给位于服务商主机上的服务器程序，服务程序负责提供 DNS 服务并实现动态域名解析。也就是说，DDNS 捕获用户每次变化的 IP 地址，然后将其与域名相对应，这样其他上网用户就可以通过域名来进行交流了。目前国内比较著名的提供动态域名解析服务的有花生壳(www.oray.net)、金万维(www.gnway.com)、公云(www.pubyun.com)等。

10.2 新手任务——DHCP 服务器的安装与配置管理

【任务描述】

在大中型的网络以及 ISP 网络中，通常采用 DHCP 服务器实现网络的 TCP/IP 动态配置与管理。这是网络管理任务中应用最多、最普通的一项管理技术。DHCP 服务系统采用了 C/S 网络服务模式，因此其配置与管理应当包括服务器端和客户端。

【任务目标】

通过学习应当熟练掌握 DHCP 服务器与客户端的设置及管理技术，并且能够正确设置安装与配置过程中的各项参数。

10.2.1 安装 DHCP 服务与授权

与 DNS 服务一样，用"添加角色"向导可以安装 DHCP 服务，这个向导可以通过"服务器管理器"或"初始化配置任务"应用程序打开。安装 DHCP 服务的具体操作步骤如下。

1）在"服务器管理器"仪表板中单击"添加角色和功能"选项来安装角色，和前面介绍的其他角色安装操作一样，通过"开始之前"→"安装类型"→"服务器选择"等对话框，在"选择服务器角色"对话框中，如图 10-1 所示，勾选"DHCP 服务器"角色，系统会要求添加"DHCP 服务器"角色所需要的管理工具等。

2）单击"添加功能"按钮，然后单击"下一步"按钮，依次在"功能"→"DNS 服务器"→"确认"对话框中进行设置，如图 10-2 所示，对选择的 DHCP 服务角色进行确认，单击"安装"按钮，系统将开始安装，显示安装的进度等相关信息，安装完之后单击"关闭"按钮，即完成 DHCP 服务角色的安装。

图 10-1 选择角色　　　　　　　　图 10-2 确认安装 DHCP 服务角色

3）DHCP 服务器安装好以后，并不是立刻就可以对 DHCP 客户端提供服务，它还必须经过一个授权的程序，未经过授权的 DHCP 服务器无法将 IP 地址出租给 DHCP 客户端，所以安装完成后，应单击"服务器管理器"仪表板右上方的惊叹号图标，弹出如图 10-3 所示的"描述"对话框，描述 DHCP 服务器"授权"工作的基本任务。

4）单击"下一步"按钮，进入如图 10-4 所示的"授权"对话框，选择用来对这台服务器授权的用户账户，必须是属于域 Enterprise Adminis 组的成员才有权限执行授权的工作。

图 10-3 "描述"对话框

图 10-4 "授权"对话框

5）单击"提交"按钮，进入如图 10-5 所示的"摘要"对话框，此处对授权过程中各个步骤的操作内容和状态进行了摘要。

6）单击"关闭"按钮，返回"服务器管理器"仪表板，可以在"角色"中看到当前服务器中已经安装了 DHCP 服务器，可以执行"开始"→"Windows 管理工具"→"DHCP"命令，查看"DHCP"管理控制台，如图 10-6 所示。

图 10-5 "摘要"对话框

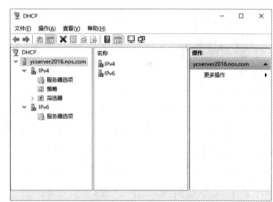

图 10-6 DHCP 管理控制台

10.2.2 IP 作用域的创建与配置

必须在 DHCP 服务器内至少建立一个 IP 作用域，当 DHCP 客户端向 DHCP 服务器租用 IP 地址时，就可以从 IP 作用域选取一个尚未出租的 IP 地址出租给客户端。IP 作用域创建的操作步骤如下。

1）在 DHCP 控制台中，选中"IPv4"后右击执行"新建作用域"命令，弹出"欢迎使用新建作用域向导"对话框，单击"下一步"按钮，进入"作用域名称"对话框，输入作用域的名称及描述文字，如图 10-7 所示。

2）单击"下一步"按钮，进入"IP 地址范围"对话框，在此设置作用域中要出租给客户端的起始、结束 IP 地址和子网掩码的长度，如图10-8 所示。

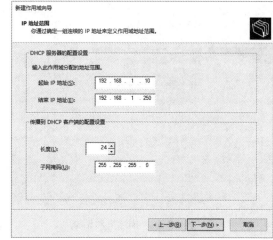

图 10-7 "作用域名称"对话框　　　　　　图 10-8 "IP 地址范围"对话框

3）单击"下一步"按钮，进入"添加排除和延迟"对话框，如果上述作用域中有些 IP 地址已经通过静态方式分配给非 DHCP 客户端，就要将这些 IP 地址排除，如图 10-9 所示。子网延迟使用系统的默认值。

在一些比较重要的网络中，需要在一个网段中配置多个 DHCP 服务器。这样做有两大好处。一是提供容错，如果网络中仅有一个 DHCP 服务器，一旦该服务器出现故障，所有 DHCP 客户端都将无法获得 IP 地址，也无法释放已有的 IP 地址，从而导致网络瘫痪。如果有两个服务器，此时另一个服务器就可以取代它，并继续提供租用新的地址或续租现有地址的服务。二是负载均衡，起到在网络中平衡 DHCP 服务器的作用。一般在一个网络中配置两台 DHCP 服务器，在这两台服务器上分别创建一个作用域，这两个作用域同属一个子网。在分配 IP 地址时，一个 DHCP 主服务器作用域上可以分配 80%的 IP 地址，另一个 DHCP 备用服务器作用域上可以分配 20%的 IP 地址。这样当 DHCP 主服务器由于故障不可使用时，另一台 DHCP 备用服务器可以取代它并提供新的 IP 地址，继续为现有客户端服务。通常情况下是由 DHCP 主服务器来出租 IP 地址给客户端，可是如果客户端向 DHCP 备用服务器租用 IP 地址，导致 20%的 IP 地址很快就用完，DHCP 备用服务器就失去了备用服务器的功能，可以通过"子网延迟"的功能来解决此问题，例如将 DHCP 备用服务器延迟时间设置为 "10ms"。

4）单击"下一步"按钮，进入"租用期限"对话框，在此设置 IP 地址租用的时间，如图 10-10 所示，DHCP 服务会产生大量的广播包，而且租约越短，广播也就越频繁，网络传输效率就越低，所以通常将租约设置得稍长一些，这样将有利于减少网络广播流量，从而提高网络的传输效率。

5）单击"下一步"按钮，进入"配置 DHCP 选项"对话框，如图 10-11 所示，此时建议选择"是，我想现在配置这些选项"，对 IP 作用域进行配置。

6）单击"下一步"按钮，进入"路由器（默认网关）"对话框，如图 10-12 所示，在此输入路由器的 IP 地址，并单击"添加"按钮将其添加到列表中。

图 10-9 "添加排除和延迟"对话框　　　　图 10-10 "租用期限"对话框

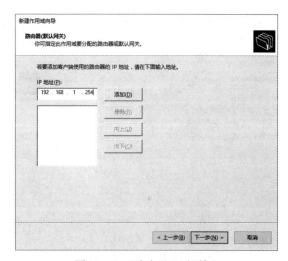

图 10-11 "配置 DHCP 选项"对话框　　　　图 10-12 "路由器"对话框

7）单击"下一步"按钮，进入"域名称和 DNS 服务器"对话框，如图 10-13 所示，如果服务器中安装了 DNS 服务，就需要设置 IP 作用域和 DNS 服务器参数，例如"nos.com"作为父域，"192.168.1.101"为 DNS 服务器地址。

8）单击"下一步"按钮，进入"WINS 服务器"对话框，如图 10-14 所示，如果当前网络中的应用程序需要 WINS 服务，输入服务器名称和地址，单击"添加"按钮即可。

WINS（Windows Internet Name Server）和 DNS 有些类似，可以动态地将内部计算机名称（NetBIOS 名）和 IP 地址进行映射。在网络中进行通信的计算机双方需要知道对方的 IP 地址才能通信，然而计算机的 IP 是一个 4 个字节的数字，难以记忆。除了使用主机名（DNS 计算机名）外，还可以使用内部计算机名称来代替 IP 地址，NetBIOS 名对早期一些 Windows 版本（如 Windows 95/98）来说是不可缺少的。

9）单击"下一步"按钮，进入"激活作用域"对话框，如图 10-15 所示，如果不激活作用域，此作用域默认为停用，所以应选择"是，我想现在激活此作用域"。

231

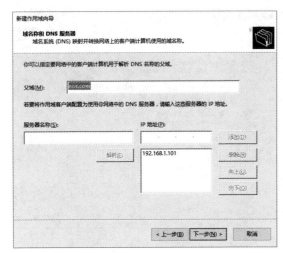
图 10-13 "域名称和 DNS 服务器"对话框

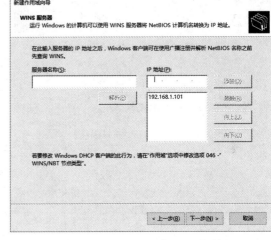
图 10-14 "WINS 服务器"对话框

10）单击"下一步"按钮，进入"正在完成新建作用域向导"对话框，如图 10-16 所示，单击"完成"按钮即可完成 IP 作用域的创建工作。

图 10-15 "激活作用域"对话框

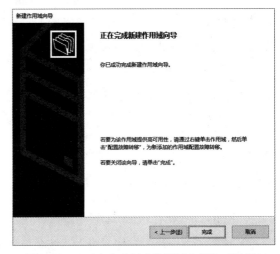
图 10-16 "正在完成新建作用域向导"对话框

10.2.3　DHCP 客户端的配置

DHCP 客户端的操作系统有很多种，如 Windows 98/2000/XP/2003/Vista/7/10/2012/2016 或 Linux 等，在此重点了解 Windows 10 客户端的设置。具体的操作步骤如下。

1）在客户端计算机"控制面板"中双击"网络连接"图标，打开"网络连接"窗口，列出了所有可用的网络连接，右击"本地连接"图标，并在快捷菜单中选择"属性"项，弹出"Ethernet0 属性"窗口。

2）在"Ethernet 0 属性"对话框中，选择"Internet 协议版本 4（TCP/IPv4）"，单击"属性"按钮，弹出如图 10-17 所示"Internet 协议版本 4（TCP/IPv4）属性"窗口，分别选择"自动获得 IP 地址"和"自动获得 DNS 服务器地址"单选按钮，然后单击"确定"按钮即可。

3）客户端如果因故无法向 DHCP 服务器租到 IP 地址，则每隔 5min 自动寻找 DHCP 服务器租用 IP 地址，在未租到地址之前，客户端可以暂时使用其他 IP 地址，此 IP 地址可以通过

"备用配置"选项卡进行设置,如图 10-18 所示。

图 10-17 选择"自动获得 IP 地址"选项

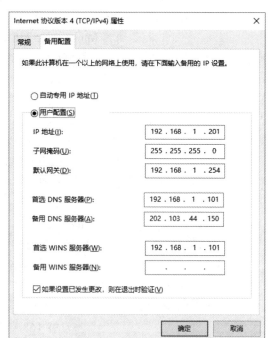

图 10-18 "备用配置"选项卡

在局域网中的任何一台 DHCP 客户端上,可以进入 Windows 命令行界面,利用 ipconfig 命令的相关操作查看 IP 地址的相关信息。

① 执行 c:\ipconfig/renew 可以更新 IP 地址。

② 执行 c:\ipconfig/all 可以看到 IP 地址、WINS、DNS、域名是否正确。

③ 要释放地址使用 C:\ipconfig/release 命令。

执行以上命令后相关信息如下。

① C:\>ipconfig/renew

以太网适配器 Ethernet0:

    连接特定的 DNS 后缀 . . . . : nos.com

    本地链接 IPv6 地址. . . . . : fe80::ac6d:e46:4e66:1f02%11

    IPv4 地址 . . . . : 192.168.1.10

    子网掩码 . . . . : 255.255.255.0

    默认网关. . . . . : fe80::1%11

② C:\>ipconfig/all

    主机名 . . . . : Ycclient2016

    主 DNS 后缀 . . . . : nos.com

    节点类型 . . . . : 混合

    IP 路由已启用 . . . . : 否

    WINS 代理已启用 . . . . : 否

    DNS 后缀搜索列表 . . . . : nos.com

以太网适配器 Ethernet0:

  连接特定的 DNS 后缀 . . . . : nos.com
  描述. . . . . : Intel(R) 82574L Gigabit Network Connection
  物理地址. . . . . : 00-0C-29-19-22-8E
  DHCP 已启用 . . . . : 是
  自动配置已启用. . . . . : 是
  本地链接 IPv6 地址. . . . . : fe80::ac6d:e46:4e66:1f02%11(首选)
  IPv4 地址 . . . . : 192.168.1.10(首选)
  子网掩码 . . . . : 255.255.255.0
  获得租约的时间 . . . . : 2020 年 4 月 4 日 8:49:52
  租约过期的时间 . . . . : 2020 年 4 月 12 日 8:49:52
  默认网关. . . . . : fe80::1%11
  DHCP 服务器 . . . . : 192.168.1.101
  DHCPv6 IAID . . . . : 100666409
  DHCPv6 客户端 DUID . . . . : 00-01-00-01-25-F2-3F-1E-00-0C-29-19-22-8E
  DNS 服务器 . . . . : fe80::1%11
           192.168.1.101
  主 WINS 服务器 . . . . : 192.168.1.101
  TCPIP 上的 NetBIOS . . . . : 已启用

③ C:\>ipconfig/release

以太网适配器 Ethernet0:

  连接特定的 DNS 后缀 . . . . :
  本地链接 IPv6 地址. . . . . : fe80::ac6d:e46:4e66:1f02%11
  默认网关. . . . . : fe80::1%11

10.3 拓展任务——复杂网络的 DHCP 服务器的部署

【任务描述】

网络环境是复杂的，在不同的网络环境中对 DHCP 的需求是不一样的。对于复杂网络环境的 DHCP 服务器的部署，主要涉及三种情况：DHCP 的选项设置、超级作用域的建立、多播作用域的建立。

【任务目标】

通过任务应当掌握在复杂网络环境中如何部署多台 DHCP 服务器，并且能够正确设置超级作用域与多播作用域，以及 DHCP 数据库的维护等。

10.3.1 DHCP 的选项设置

除了为客户端分配 IP 地址、子网掩码外，DHCP 服务器还可以为客户端分配其他选项，例如默认网关、WINS 服务器等，可以在 DHCP 选项设置中进行设置，如图 10-19 所示。

1. DHCP 选项设置的优先级别

在图 10-19 所示的 DHCP 控制台中，可以设置不同优先级别的 DHCP 选项。

- 服务器选项：它会自动被所有域继承，换句话说，它会被应用到此服务器内所有作用域，因此客户端无论是哪一个作用域租用到 IP 地址，都可以得到这些选项的设置。
- 作用域选项：它只适用于该作用域，只有当客户端从这个作用域租用到 IP 地址时，才会得到这些选项。作用域选项会自动被该作用域内的所有保留所继承。
- 保留：针对某个保留 IP 地址所设置的选项，只有当客户端租用到这个保留的 IP 地址时，才会得到这些选项。
- 策略：可以通过策略来针对特定计算机设置其选项。

当服务器选项、作用域选项、保留与策略内的设备有冲突时，其优先级为"服务器选项（最低）"→"作用域选项"→"保留"→"策略（最高）"。例如，服务器选项将 DNS 服务器的 IP 地址设置为 192.168.100.101，而在某作用域的作用域选项将 DNS 服务器的 IP 地址设置为 192.168.1.101，此时若客户端租用到该作用域的 IP 地址，则其 DNS 服务器的 IP 地址是作用域选项设置的 192.168.1.101。

2．保留特定的 IP 地址

可以保留特定的 IP 地址给特定客户端使用，当此客户端向 DHCP 服务器租用 IP 地址或更新租约时，服务器会将此特定 IP 地址出租给客户端。操作方法为：在 DHCP 控制台中，右击"保留"选项后，在弹出的快捷菜单中选择"新建保留"命令，弹出"新建保留"对话框，如图 10-20 所示，输入相应的信息即可。其中相关设置功能如下。

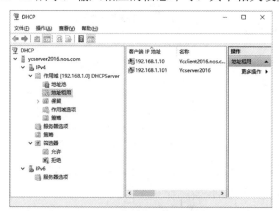

图 10-19　DHCP 控制台

图 10-20　"新建保留"对话框

- 保留名称：输入用来标识 DHCP 客户端的名称（任何名称都可以，例如可输入其计算机名称）。
- IP 地址：输入保留给客户端的 IP 地址。
- MAC 地址：输入客户端的物理地址，也就是 MAC 地址，它是一个 12 位的数字与英文字母（A～F）的组合。
- 支持的类型：用来设置客户端是否必须为 DHCP 客户端，还是较旧类型的 BOOTP 客户端，或者两者都支持。

3．通过策略分配 IP 地址与选项

DHCP 服务器可以通过客户端所发送过来的信息来识别客户端，可以通过策略为特定的客户端计算机分配不同的 IP 地址与选项，这个功能被称为基于策略的分配（Policy-Based

Assignment，PBA），它使管理员可以更方便地管理客户端计算机。

假设客户端使用华为笔记本向 DHCP 服务器租用 IP 地址时，指派位于 192.168.1.191～192.168.1.200 的 IP 地址给客户端，同时设置客户端默认 DNS 服务器为 192.168.1.101，默认网关设置为 192.168.1.254，DHCP 租约期限为 1 天，具体设置的操作步骤如下。

1）在如图 10-19 所示的 DHCP 控制台中，右击"作用域[192.168.1.0]DHCPServer"下的"策略"选项，在弹出的快捷菜单中选择"新建策略"命令，弹出"基于策略的 IP 地址与选项分配"对话框，输入策略名称"HWMC"及相关描述文字。

2）单击"下一步"按钮，进入"为策略配置条件"对话框，如图 10-21 所示。

3）单击"添加"按钮，在弹出的"添加/编辑条件"对话框中，选择通过 MAC 地址进行筛选，并将 MAC 地址设置为华为笔记本的 MAC 地址（MAC 地址可使用通配符，例如 7CA177*，前 6 位为厂商编号），如图 10-22 所示。完成后单击"确定"按钮，返回"为策略配置条件"对话框。

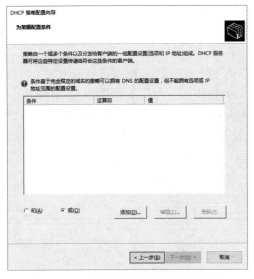 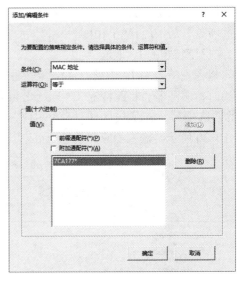

图 10-21 "为策略配置条件"对话框　　　　图 10-22 "添加/编辑条件"对话框

4）单击"下一步"按钮，进入"为策略配置设置"对话框，输入要分配给客户端的 IP 地址范围 192.168.1.191～192.168.1.200，如图 10-23 所示。

5）单击"下一步"按钮，进入下一个"为策略配置设置"对话框，选择可用选项"003 路由器"，设置路由器（默认网关）的 IP 地址为 192.168.1.254，如图 10-24 所示。完成后再选择可用选项"006 DNS 服务器"，设置 DNS 服务器的 IP 地址为 192.168.1.101，如图 10-25 所示。

6）单击"下一步"按钮，进入"摘要"对话框，显示上一步配置的筛选条件，如果确认就单击"完成"按钮，将新建一个针对单一作用域的"HWMC"策略。

7）在 DHCP 控制台中，选择刚刚针对单一作用域的新建的"HWMC"策略，右击并在弹出的快捷菜单中选择"属性"命令，将租约设置为 1 天，如图 10-26 所示。

8）单击"确定"按钮，到客户端华为笔记本上执行 ipconfig/renew 命令来更新租约，然后通过执行 ipconfig/all 命令查看相关 IP 地址及租约信息已被设置成功。

图 10-23 "为策略配置设置"对话框

图 10-24 "003 DNS 服务器"设置

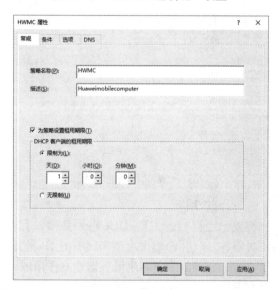

图 10-25 "006 DNS 服务器"设置

图 10-26 "常规"选项卡

DHCP 服务器的策略设置具备以下特性：①可以针对单一作用域或服务器建立策略，服务器的策略会被作用域继承；②DHCP 服务器先处理作用域的策略，再处理服务器的策略；③作用域策略内可以仅分配 IP 地址，或仅分配选项设置，或同时分配 IP 地址与选项设置给客户端，服务器策略内无法分配 IP 地址，只可以分配选项设置；④一个策略内可以设置多个条件，这些条件可以是"与"或者"或"的关系；⑤如果在作用域内建立多个策略，DHCP 服务器就会按照策略的先后顺序来判断客户端是否符合策略的条件，如果客户端符合多个策略的定义，DHCP 服务器就会将这些策略内的设置汇总后分配给客户计算机。如果策略内的选项设置有冲突，则排列在前面的优先（先处理的优先）。

4．筛选客户端计算机

可以通过筛选器来允许或拒绝将 IP 地址出租给特定客户端计算机，如图 10-27 所示，可以通过允许筛选器或拒绝筛选器来允许或拒绝将 IP 地址出租给特定的客户端计算机，不过默认这两个筛选器都是被禁用的，需要执行"启用"命令。

- 若仅启用允许筛选器，则只有列于此处的客户端计算机向这台 DHCP 服务器租用 IP 地址时才会被允许，其他的客户端计算机都会被拒绝。
- 若仅启用拒绝筛选器，则只有列于此处的客户端计算机向这台 DHCP 服务器租用 IP 地址时才会被拒绝，其他的客户端计算机都会被允许。
- 若同时启用允许与拒绝筛选器，则拒绝筛选器的设置优先，也就是服务器会出租 IP 地址给列于允许筛选器内的客户端计算机，只要此计算机没有被列于拒绝筛选器内。

如果要新建允许筛选器，在图 10-27 中选择"允许"选项后右击执行"新建筛选器"命令，弹出"新建筛选器"对话框，如图 10-28 所示，输入相应的 MCA 地址，可以使用通配符。只有拥有图中 MAC 地址的计算机才能向此 DHCP 服务器租到 IP 地址，其他的客户端计算机将被拒绝。

图 10-27 "筛选器"设置

图 10-28 "新建筛选器"对话框

5. 拆分作用域

假设已经有一台主要 DHCP 服务器，且作用域已建立完成，如果又要另外搭建一台备用 DHCP 服务器，并希望采用适当比率的 IP 地址分配（如 80/20 分配率），则可以利用 DHCP 拆分作用域命令来帮助在备用服务器建立作用域，并将这两台服务器的 IP 地址分配比率设置好。假设主服务器为 Ycserver2016、备用服务器为 Ycserver2016D（已安装好 DHCP 服务器角色），拆分作用域配置具体的操作步骤如下。

1）在如图 10-19 所示的 DHCP 控制台中，右击"作用域[192.168.1.0]DHCPServer"，然后执行"高级"→"拆分作用域"命令，弹出"DHCP 拆分作用域向导"对话框，如图 10-29 所示，其中对 DHCP 拆分作用域的作用和功能进行了介绍。

2）单击"下一步"按钮，进入"其他 DHCP 服务器"对话框，在此输入备用服务器的计算机名称或 IP 地址，如图 10-30 所示，建议单击"添加服务器"按钮，选择想要添加到控制台的服务器，注意添加的服务器是备用服务器，此服务器一定是安装好 DHCP 服务器角色并且经过 AD 授权通过的，否则无法添加。

3）单击"下一步"按钮，进入"拆分百分比"对话框，如图 10-31 所示，系统默认按 80/20 比率进行拆分，也可以单击图中的数值轴来调整 IP 地址分配比率，系统会自动在两台 DHCP 服务器内将分配的 IP 地址范围设置好。系统会考虑 DHCP 服务器现有的排除范围并进行适当的配置。

图 10-29 "DHCP 拆分作用域向导"对话框

图 10-30 "其他 DHCP 服务器"对话框

4)单击"下一步"按钮,进入"DHCP 提供中的延迟"对话框,可以分别设置两台服务器延迟响应客户端 DHCP 申请的时间,建议将备用服务器的延迟时间设置为 10ms,如图 10-32 所示。

图 10-31 "拆分百分比"对话框

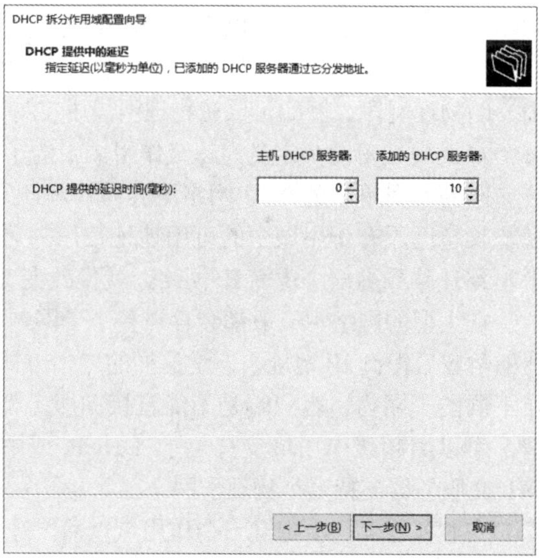

图 10-32 "DHCP 提供中的延迟"对话框

5)单击"下一步"按钮,进入"拆分作用域配置摘要"对话框,如图 10-33 所示,显示了对两个 DHCP 服务器的拆分作用域配置的摘要,应仔细核对摘要是否无误。

6)单击"完成"按钮开始拆分作用域的操作,系统会列举出在设置服务器时遇到的所有错误,如果没有错误就代表拆分作用域操作成功,如图 10-34 所示,可以分别到两台服务器以及客户端测试拆分作用域是否被设置成功。

10.3.2 超级作用域与多播作用域

超级作用域可以解决一个 IP 作用域内的 IP 地址不够用的问题,多播作用域则适用于一对多的数据包传送,例如视频会议、网络广播等。

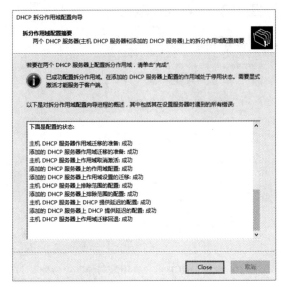

图 10-33 "拆分作用域配置摘要"对话框　　图 10-34 拆分作用域配置完成

1. 超级作用域

超级作用域是一个可以将多个作用域创建为一个实体进行管理的功能,可以将 IP 地址分配给多网上的客户端,多网是指一个包含多个逻辑 IP 网络(逻辑 IP 网络是 IP 地址相连的地址范围)的物理网段,例如可以在物理网段中支持三个不同的 C 类 IP 网络,这三个 C 类地址中的每个 C 类地址范围都定义为超级作用域中的子作用域。

因为使用单个逻辑 IP 网络更容易管理,所以很多情况下不会计划使用多网,但随着网络规模增长超过原有作用域中的可用地址数后,可能需要用多网进行过渡。也可能需要从一个逻辑 IP 网络迁移到另一个逻辑 IP 网络,就像改变 ISP 要改变地址分配一样。

在大型的网络中一般都会存在多个子网,DHCP 客户端通过网络广播消息获得 DHCP 服务器的响应后得到 IP 地址,但是这样的广播方式不能跨越子网进行。如果 DHCP 客户端和服务器在不同的子网内,客户端是不能直接向服务器申请 IP 的,所以要想实现跨越子网进行 IP 申请,可以用超级作用域支持位于 DHCP 或中断代理远端的 DHCP 客户端,这样可以用一台 DHCP 服务器支持多个物理子网。

在服务器上至少定义一个作用域以后,才能创建超级作用域(防止创建空的超级作用域)。假设网络内已建立了两个作用域:"作用域 [192.168.1.0]DHCPServer"(192.168.1.1～192.168.1.250)、"作用域[192.168.3.0]DHCPServer-B"(192.168.3.1～192.168.3.250),将这两个作用域定义为超级作用域的子作用域,具体的操作步骤如下。

1)在如图 10-19 所示的 DHCP 控制台中,右击"IPv4"选项,在弹出的快捷菜单中选择"新建超级作用域"命令,弹出"超级作用域名"对话框,输入超级作用域名"DHCPS",如图 10-35 所示。

2)单击"下一步"按钮,进入"选择作用域"对话框,在"可用作用域"列表中选择需要的作用域,按住〈Shift〉键可选择多个作用域,如图 10-36 所示。

3)单击"下一步"按钮,进入"正在完成新建超级作用域向导"对话框,如图 10-37 所示,显示将要建立超级作用域的相关信息。

图 10-35 "超级作用域名"对话框　　　　图 10-36 "选择作用域"对话框

4）单击"完成"按钮,完成超级作用域的创建,当超级作用域创建完成后,会显示在 DHCP 控制台中,如图 10-38 所示,原有的作用域就像是超级作用域的下一级目录,管理起来非常方便。

图 10-37 "正在完成新建超级作用域向导"对话框　　　　图 10-38 超级作用域 DHCPS

2. 多播作用域

多播作用域用于将 IP 流量广播到一组具有相同地址的节点,一般用于音频和视频会议。因为数据包一次被发送到多播地址,而不是分别发送到每个接收者的单播地址,所以用多播地址简化了管理,也减少了网络流量。就像给单个计算机分配单播地址一样,Windows Server 2016 DHCP 服务器可以将多播地址分配给一组计算机。

多播地址分配协议是多播地址客户端分配协议(Multicast Address Dynamic Client Allocation Protocol,MADCAP)。Windows Server 2016 可以同时作为 DHCP 服务器和 MADCAP 服务器独立工作。例如,一台服务器可能用 DHCP 服务通过 DHCP 协议分配单播地址,另一台服务器可能通过 MADCAP 协议分配多播地址。此外,客户端可以使用其中一个或两个。DHCP 客户端不一定会用 MADCAP,反之亦然,但是如果条件需要,客户端可以都使用。

只要作用域地址范围不重叠,就可以在 Windows Server 2016 DHCP 服务器上创建多个多播作用域，多播作用域在服务器分支下直接显示，不能被分配给超级作用域，超级作用域只能管理单播地址作用域。创建多播作用域和创建超级作用域过程比较相似，在此仅列举出不同配置界面以及最后创建完成的结果，如图 10-39 和图 10-40 所示，其中参数的功能如下。

- 地址范围：只可以指定 244.0.0.0 和 239.255.255.255 之间的地址。
- 生存时间：指定流量必须在本地网络上通过的路由器数目，默认值为 32。

图 10-39 "IP 地址范围"对话框　　　　图 10-40 多播作用域 MulticasTServer

10.3.3 DHCP 数据库的维护

DHCP 服务器中的设置数据全部存放在名为 dhcp.mdb 的数据库文件中，在 Windows Server 2016 系统中，该文件位于%systemroot%\system32\dhcp 文件夹内，如图 10-41 所示。该文件夹内，dhcp.mdb 是主要的数据库文件，其他的文件是数据库文件的辅助文件，这些文件对 DHCP 服务器的正常工作起着重要作用，建议用户不要随意修改或删除。

1．数据库的备份

DHCP 服务器有三种备份机制：①它每 60min 自动将备份保存到备份文件夹下，这在 Microsoft 术语中称为同步备份；②在 DHCP 控制台中手动备份，这在 Microsoft 术语中称为手

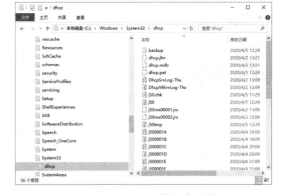

图 10-41 DHCP 数据库文件

动备份；③使用 Windows Server 2008 Backup 实用工具或第三方备份工具进行计划备份或按需备份。

DHCP 服务器数据库是一个动态数据库，在向客户端提供租约或客户端释放租约时它会自动更新。DHCP 服务器默认会每隔 60min 自动将 DHCP 数据库文件备份到默认备份目录%systemroot%\system32\dhcp\backup\new。出于安全考虑，建议用户将此文件夹内的所有内容进行备份，可以备份到其他磁盘、磁带机上，或是直接将%systemroot%\system32\dhcp 数据库文件复制出来，以备系统出现故障时还原。如果想要修改这个时间间隔，可以通过修改 Backup Interval 这个注册表参数实现，它位于注册表项 HKEY_LOCAL_MACHINE\SYSTEM\CurrentControlSet\Services\

DHCPserver\Parameters 中。

为了保证所备份数据的完整性，以及备份过程的安全性，在对%systemroot%\system32\dhcp\backup 文件夹内的数据进行备份时，必须先将 DHCP 服务器停止。

DHCP 服务器启动时，会自动检查 DHCP 数据库是否损坏，如果发现损坏，将自动用%systemroot%\system32\dhcp\backup\new 文件夹内的数据进行还原。但如果 backup\new 文件夹的数据也被损坏，系统将无法自动完成还原工作，无法提供相关的服务。

当备份文件夹 backup\new 的数据损坏后，先将原来备份的文件复制到%systemroot%\system32\dhcp\backup\new 文件夹内，然后重新启动 DHCP 服务器，让 DHCP 服务器自动用新复制的数据进行还原。在对%systemroot%\system32\dhcp\backup\new 文件夹内的数据进行还原时，必须先停止 DHCP 服务器。

2．数据库的重整

DHCP 数据库在使用过程中，相关的数据因为不断被更改（如重新设置 DHCP 服务器的选项，新增 DHCP 客户端或有 DHCP 客户端离开网络等），所以其分布变得非常凌乱，会影响系统的运行效率。为此，当 DHCP 服务器使用一段时间后，一般建议用户利用系统提供的jetpack.exe 程序对数据库中的数据进行重新调整，从而实现数据库的优化。

jetpack.exe 程序是一个字符型的命令程序，必须手工进行操作，下面是一个优化示例，供读者参考。

cd\windows\system32\dhcp　　　（进入 dhcp 目录）

net stop dhcpserver　　　（让 DHCP 服务器停止运行）

jetpack dhcp.mdb temp.mdb　　　（对 DHCP 数据库进行重新调整，其中 dhcp.mdb 是 DHCP 数据库文件，而 temp.mdb 是用于调整的临时文件）

netstart dhcpserver　　　（让 DHCP 服务器重新运行）

3．数据库的迁移

在网络的使用过程中，有可能需要用一台新的 DHCP 服务器更换原有的 DHCP 服务器，此时如果重新设置新的 DHCP 服务器就太麻烦了。一个简单且高效可行的解决方案就是将原来 DHCP 服务器中的数据库迁移到新的 DHCP 服务器上来。DHCP 服务器的三种备份机制备份的内容，不会包括备份身份验证凭据、注册表设置或其他全局 DHCP 配置信息，如日志设备和数据库位置等，所以还需要进行以下两项操作。

1．备份原来 DHCP 服务器上的数据

1）停止 DHCP 服务器的运行。实现方法有两种：一种是在 DHCP 控制台中选择要停止的 DHCP 服务器名称，右击并从快捷菜单中选择"所有任务"→"停止"命令；另一种方法是在 DHCP 服务器的 Windows 命令行下运行 "net stop dhcpserver" 命令。

2）将\windows\system32\dhcp 文件夹下的所有文件及子文件夹，全部备份到新 DHCP 服务器的临时文件夹中。

3）在 DHCP 服务器上运行注册表编辑器命令 regedit.exe，打开注册表编辑器窗口，展开注册表项 "HKEY_LOCAL_MACHINE\SYSTEM\CurrentControlSet\Services\DHCPServer"。

4）在注册表编辑器窗口中，选择"注册表"菜单下的"导出注册表文件"选项，弹出"导出注册表文件"窗口，选择好保存位置，并输入导出的注册表文件名称，在"导出范围"中选择"所选分支"选项，单击"保存"按钮，即可导出该分支的注册表内容。最后将该导出的注册表文件复制到新 DHCP 服务器的临时文件夹中。

5）删除原来 DHCP 服务器中\windows\system32\dhcp 文件夹下的所有文件及子文件夹。如果该 DHCP 服务器还要在网络中另作他用（如作为 DHCP 客户端或其他类型的服务器），则需要删除 dhcp 下的所有内容。最后在原来的 DHCP 服务器中卸载 DHCP 服务。

2．将数据还原到新添加的 DHCP 服务器上

1）停止 DHCP 服务器，方法同前面停止原来 DHCP 服务器的操作。

2）将存储在临时文件夹内的所有文件和子文件夹（这些文件和文件夹全部从原来 DHCP 服务器的%systemroot%\system32\dhcp 文件夹中备份而来）全部复制到新的 DHCP 服务器的%systemroot%\system32\dhcp 文件夹内。

3）在新的 DHCP 服务器上运行注册表编辑器命令 regedit.exe，在出现的窗口中，展开"HKEY_LOCAL_MACHINE\SYSTEM\CurrentControlSet\Services\DHCPServer"。

4）选择注册表编辑器窗口中"注册表"菜单下的"导入注册表文件"功能项，弹出"导入注册表文件"对话框，选择从原来 DHCP 服务器上导出的注册表文件，选择"打开"按钮，即可导入新 DHCP 服务器的注册表中。

5）重新启动计算机，打开 DHCP 窗口，右击服务器名称，从快捷菜单中选择"所有任务"→"开始"命令，或在命令提示符下运行"net start dhcpserver"命令，即可启动 DHCP 服务。当 DHCP 服务功能成功启动后，在 DHCP 控制台中，右击 DHCP 服务器名，选择快捷菜单中的"协调所有作用域"选项，即可完成 DHCP 数据库的迁移工作。

10.4 项目实训——Windows Server 2016 DHCP 配置与管理

1．实训目标

1）熟悉 Windows Server 2016 的 DHCP 服务器的安装与授权。
2）掌握 Windows Server 2016 的 DHCP 服务器配置。
3）熟悉 Windows Server 2016 的 DHCP 客户端的配置。

2．实训设备

1）网络环境：已建好的千兆以太网络，包含交换机、五类（或超五类）UTP 直通线若干、三台或以上数量的计算机（计算机配置要求 CPU 最低 1.6GHz 以上 64 位，内存不小于 4096MB，硬盘空间不低于 120GB，有光驱和网卡）。

2）软件：①Windows Server 2016 安装光盘，或硬盘中有全部的安装程序；②Windows 10 安装光盘，或硬盘中有全部的安装程序；③VMWare Workstation 15.5 安装程序。

3．实训内容

在项目 9 实训的基础上完成本实训，在域中的计算机上设置以下内容。

1）在域控制器 teacher.com 上安装 DHCP 服务器并进行授权，然后重新启动域控制器，确保安装授权成功。

2）设置 DHCP 服务器，新建作用域名为 TeacherDHCP，IP 地址的范围为 10.0.1.1～10.0.1.254，子网掩码为 255.255.255.0。

3）设置该作用域排除地址范围为 10.0.1.1～10.0.1.10、10.0.1.250～10.0.1.254（服务器使用及系统保留的部分地址）。

4）设置 DHCP 服务器的租约为 48 小时。

5）设置该 DHCP 服务器向客户端分配的相关信息为：DNS 的 IP 地址为 10.0.1.101，父域名称为 teacher.com，路由器（默认网关）的 IP 地址为 10.0.1.254，WINS 服务器的 IP 地址为 10.0.1.101。

6）将 IP 地址 10.0.1.251（MAC 地址：00-00-3c-12-23-25）保留，用于 FTP 服务器使用，将 IP 地址 10.0.1.252（MAC 地址：00-00-3c-12-D2-79）保留，用于 Web 服务器。

7）在 Windows 10 或 Windows Server 2016 上测试 DHCP 服务器的运行情况，用 ipconfig 命令查看分配的 IP 地址以及 DNS、默认网关、WINS 服务器等信息是否正确。

8）新建策略"TeacherMC"，客户端使用笔记本向 DHCP 服务器租用 IP 地址时，指派位于 10.0.1.151～10.0.1.200 的 IP 地址给客户端，同时设置客户端默认 DNS 服务器为 10.0.1.101，默认网关设置为 10.0.1.254，DHCP 租约期限为 1 天。

9）在域"student.com"控制器上安装 DHCP 服务器并进行授权，设置 DHCP 服务器新建作用域名为 Student DHCP，IP 地址的范围为 10.0.3.1～10.0.3.254，子网掩码为 255.255.255.0，DNS 的 IP 地址为 10.0,3.1，父域名称为 Studentcom，路由器（默认网关）的 IP 地址为 10.0.3.1，WINS 服务器的 IP 地址为 10.0.3.1。

10）将作用域 TeacherDHCP 与作用域 Student DHCP 这两个作用域定义为超级作用域 DHCPS 的子作用域，在 Windows 10 中测试 DHCP 超级作用域，用 ipconfig 命令查看分配的 IP 地址以及 DNS、默认网关、WINS 服务器等信息是否正确。

10.5 项目习题

一、填空题

（1）DHCP 是采用＿＿＿＿模式，有明确的客户端和服务器角色的划分。

（2）DHCP 的前身是 BOOTP，BOOTP 也称为自举协议，它使用＿＿＿＿来使一个工作站自动获取配置信息。

（3）DHCP 允许有三种类型的地址分配：＿＿＿＿、＿＿＿＿、＿＿＿＿。

（4）DHCP 客户端在＿＿＿＿租借时间过去以后，每隔一段时间就开始请求 DHCP 服务器更新当前租借，如果 DHCP 服务器应答则租用延期。

（5）多播作用域只可以指定＿＿＿＿和＿＿＿＿之间的 IP 地址范围。

二、选择题

（1）关于 DHCP，下列说法中错误的是（　　）

  A．Windows Server 2016 DHC 服务器（有线）默认租约期是 6 天

  B．DHCP 的作用是为客户机动态地分配 IP 地址

  C．客户端发送 DHCPDISCOVER 报文请求 IP 地址

  D．DHCP 提供 IP 地址到域名的解析

（2）在 Windows 操作系统中，可以通过（　　）命令查看 DHCP 服务器分配给本机的 IP 地址。

  A．ipconfig/all B．ipconfig/find C．ipconfig/get D．ipconfig/see

（3）在 Windows Server 2016 系统中，DHCP 服务器中的设置数据存放在名为 dhcp.mdb 的数据库文件中，该文件夹位于（　　）。

  A．\winnt\dhcp   B．\windows\system

  C．\windows\system32\dhcp   D．\programs files\dhcp

（4）DHCP 失败，将自动为客户端分配以下（　　）段地址。
　　　A．239.192.X.X　　B．192.168.X.X　　C．10.0.X.X　　D．169.254.X.X
（5）DHCP 选项设置的优先级别最高的为（　　）。
　　　A．作用域选项　　B．策略　　C．保留　　D．服务器选项

三、问答题

（1）什么是 DHCP？引入 DHCP 有什么好处？
（2）动态 IP 地址方案有什么优点和缺点？简述 DHCP 服务器的工作过程。
（3）在 Windows Server 2016 中如何进行 DHCP 数据库的备份和迁移？
（4）什么是 DHCP 中的 80/20 原则？为什么要这样设置？

项目 11　创建与管理 Web 服务

项目情境：

如何发布与管理公司网站的相关信息？

瑞思达智是一家主营计算机系统集成、软件开发与测试、信息化设计与咨询等业务的网络科技公司，2012 年为三峡游客中心建设了企业内部网络系统，并架设互联网专线接入了互联网。

该企业原来的网站是企业员工利用业余时间制作的静态网站，在互联网上租用外省某公司的服务器空间发布的。随着企业业务不断地发展，越来越多的客户访问该企业的网站，原来网站的管理方式已不适合企业的现状。目前该企业计划架设一台 Web 服务器发布动态网站，作为网络公司技术人员，你如何利用 Web 服务器发布与管理该企业网站的相关信息？

项目描述： 随着 Internet 的迅猛发展，通过 Internet 浏览信息、搜索、下载所需的资源对于计算机用户已经不是难事了。而对于企业来说，通过架设 Web 服务器可以更加轻松地实现信息共享和资源分享。

项目目标：
- 掌握 Windows Server 2016 的 IIS 基本概念以及安装。
- 熟悉 Windows Server 2016 的 Web 服务的配置与管理。
- 掌握 Windows Server 2016 的虚拟目录。
- 掌握 Windows Server 2016 的安全管理与远程管理。

11.1　知识导航——IIS 基本概述

11.1.1　Web 服务简介

Web 服务器就是用来搭建基于 HTTP 的 WWW 网页的计算机，通常这些计算机都采用 Windows Server 或者 UNIX/Linux 系统，以确保服务器具有良好的运行效率和稳定的运行状态。

如今互联网的 Web 平台种类繁多，各种软硬件组合的 Web 系统更是数不胜数，下面就来介绍 Windows 平台下常用的两种 Web 服务器。

1．IIS

微软公司的 Web 服务器产品是 IIS，它是目前最流行的 Web 服务器产品之一，很多网站都是建立在 IIS 的平台上。IIS 提供了一个图形界面的管理工具，称为 Internet 服务管理器，可用于监视配置和控制 Internet 服务。在 IIS 中包括了 Web 服务器、FTP 服务器、NNTP 服务器和 SMTP 服务器等，分别用于网页浏览、文件传输、新闻服务和邮件发送等方面，它使得在 Internet 或者局域网中发布信息成了一件很容易的事。

Windows Server 2003 下 IIS 默认版本为 6.0，Windows Server 2008 下 IIS 默认版本为 7.0，Windows Server 2012 下 IIS 默认版本为 8.0，而 Windows Server 2016 下 IIS 版本和 Windows 8 直接跳到与 Windows 10 版本一样，版本号为 10.0。

2．Apache

Apache 源于 NCSAhttpd 服务器，经过多次修改，成为世界上最流行的 Web 服务器软件之一。Apache 是自由软件，所有人都可以为它开发新的功能、新的特性、修改原来的缺陷。Apache 的特点是简单、速度快、性能稳定，并可作代理服务器来使用。本来它只用于小型或试验 Internet 网络，后来逐步扩充到各种 UNIX 系统中，尤其对 Linux 的支持相当完美。

Apache 是以进程为基础的结构，进程要比线程消耗更多的系统开支，不太适合多处理器环境，因此，在一个 Apache Web 站点扩容时，通常是增加服务器或扩充集群节点而不是增加处理器。到目前为止，Apache 仍然是世界上用得最多的 Web 服务器，很多著名的网站都是 Apache 的产物。它的成功之处主要在于它的源代码开放、有一支开放的开发队伍、支持跨平台的应用以及具有可移植性等。

除了以上两种大家比较熟悉的 Web 服务器外，还有 IBM WebSphere、BEA WebLogic、IPlanet Application Server、Oracle IAS、Tomcat 等 Web 服务器产品。

11.1.2 IIS 10.0 简介

微软 Windows Server 2016 家族的 IIS（Internet Information Server，Internet 信息服务）在 Internet、Intranet 或 Extranet 上提供了集成、可靠、可伸缩、安全和可管理的 Web 服务器功能，为动态网络应用程序创建了强大的通信平台的工具。IIS 10.0 提供了基本服务，包括发布信息、传输文件、支持用户通信和更新这些服务所依赖的数据存储，具体的内容如下。

1．WWW 服务

WWW 服务即万维网发布服务，通过将客户端 HTTP 请求连接到在 IIS 中运行的网站上，万维网发布服务向 IIS 最终用户提供 Web 发布。WWW 服务管理 IIS 核心组件，这些组件处理 HTTP 请求并配置和管理 Web 应用程序。

2．FTP 服务

FTP 服务即文件传输协议服务，通过此服务 IIS 提供对管理和处理文件的完全支持。该服务使用传输控制协议（TCP），这就确保了文件传输的完成和数据传输的准确。该版本的 FTP 支持在站点级别上隔离用户，以帮助管理员保护其 Internet 站点的安全，并使之商业化。

3．SMTP 服务

SMTP 服务即简单邮件传输协议服务，通过此服务，IIS 能够发送和接收电子邮件。例如，为确认用户提交表格成功，可以对服务器进行编程以自动发送邮件来响应事件，也可以使用 SMTP 服务以接收来自网站客户反馈的消息。SMTP 不支持完整的电子邮件服务，要提供完整的电子邮件服务，可使用 Microsoft Exchange Server。

4．NNTP 服务

NNTP 服务即网络新闻传输协议服务，可以使用此服务主控单台计算机上的 NNTP 本地讨论组。因为该功能完全符合 NNTP，所以用户可以使用任何新闻阅读客户端程序，加入新闻组进行讨论。通过 inetsrv 文件夹中的 Rfeed 脚本，IIS NNTP 服务现在支持新闻流。NNTP 服务不支持复制，要利用新闻流或在多个计算机间复制新闻组，可使用 Microsoft Exchange Server。

5．IIS 管理服务

IIS 管理服务管理 IIS 配置数据库，并为 WWW 服务、FTP 服务、SMTP 服务和 NNTP 服务更新 Microsoft Windows 操作系统注册表，配置数据库用来保存 IIS 的各种配置参数。IIS 管理服务对其他应用程序公开配置数据库，这些应用程序包括 IIS 核心组件、在 IIS 上建立的应用程序，以及独立于 IIS 的第三方应用程序（如管理或监视工具）。

11.2 新手任务——IIS 的安装与网站的基本设置

【任务描述】

Windows Server 2016 内置的 IIS 10.0 在默认情况下并没有安装，因此使用 Windows Server 2016 架设 Web 服务器进行网站的发布，首先必须安装 IIS 10.0 组件，然后再进行 Web 服务相关的基本设置。

【任务目标】

通过任务熟悉 IIS 10.0 组件的安装步骤，掌握测试 IIS 10.0 安装成功的方法以及 Web 服务器网站目录、默认页等基本设置。

11.2.1 IIS 10.0 的安装

与 DHCP 服务一样，用"添加角色"向导可以安装 Web 服务(IIS)，这个向导可以通过"服务器管理器"或"初始化配置任务"应用程序打开。安装 Web 服务的具体操作步骤如下。

1）在"服务器管理器"仪表板中单击"添加角色和功能"选项来安装角色，和前面介绍的其他角色安装操作一样，通过"开始之前"→"安装类型"→"服务器选择"等对话框，在"服务器角色"对话框中，勾选"Web 服务（IIS）"角色，由于在前面的学习中安装了 Internet 打印机等部分"Web 服务（IIS）"的角色，为了学习的方便，这里建议安装"Web 服务（IIS）"所有的工具，如图 11-1 所示。

2）单击"下一步"按钮，在"选择功能"对话框中勾选".NET Framework 3.5 功能"，如图 11-2 所示，这样就可以保证系统的兼容性，兼容旧程序。

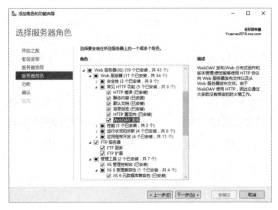

图 11-1 选择"Web 服务器"全部角色

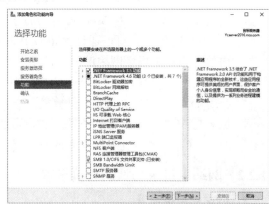

图 11-2 选择功能

 Microsoft .NET Framework 3.5 是用于 Windows 的新托管代码编程模型，现在很多程序都是运行在 Microsoft .NET Framework 这个平台上的。.NET Framework 3.5 可以兼容.NET Framework 2.0 和.NET Framework 3.0，可支持生成和运行下一代应用程序和 XML Web Services 的内部 Windows 组件，Microsoft .NET Framework 3.5 的强大功能与新技术结合起来，用于构建具有视觉上引人注目的用户体验的应用程序，实现跨技术边界的无缝通信，并且能支持各种业务流程。

3）单击"下一步"按钮，依次在"Web 服务器"→"确认"对话框中进行设置，对选择的 Web 服务角色进行确认，单击"安装"按钮，系统将开始安装，显示安装的进度等相关信息，安装完之后单击"关闭"按钮，即完成 Web 服务器角色的安装。

4）完成上述操作之后，依次选择"开始"→"Windows 管理工具"→"Internet Information Server（IIS）管理器"命令打开 IIS 管理器控制台，如图 11-3 所示，在起始页中显示的是 IIS 服务的连接任务。

安装 IIS 10.0 后还要测试是否安装正常，有下面四种常用的测试方法，若链接成功，则会出现如图 11-4 所示的网页。

图 11-3　IIS 管理器控制台　　　　　　　　图 11-4　IIS 测试页面

- 利用本地回送地址：在本地浏览器中输入"http://127.0.0.1"或"http://localhost"来测试链接网站。
- 利用本地计算机名称：假设该服务器的计算机名称为"Ycserver2016"，在本地浏览器中输入"http:// Ycserver2016"来测试链接网站。
- 利用 IP 地址：作为 Web 服务器的 IP 地址最好是静态的，假设该服务器的 IP 地址为 192.168.1.101，则可以通过"http://192.168.1.101"来测试链接网站。如果该 IP 是局域网内的，则位于局域网内的所有计算机都可以通过这种方法来访问这台 Web 服务器；如果是公网上的 IP，则 Internet 上的所有用户都可以访问。
- 利用 DNS 域名：如果这台计算机上安装了 DNS 服务，网址为 www.nos.com，并将 DNS 域名与 IP 地址注册到 DNS 服务内，可通过 DNS 网址"http:// www.nos.com"来测试链接网站。（需将计算机中"首选 DNS 服务器"的 IP 地址，指向这台 DNS 服务器的 IP。）

11.2.2　网站主目录与默认首页设置

1. 网站主目录设置

任何一个网站都需要有主目录作为默认目录，当客户端请求链接时，就会将主目录中的网页等内容显示给用户。主目录是指保存 Web 网站的文件夹，当用户访问该网站时，Web 服务器会自动将该文件夹中的默认网页显示给客户端用户。例如当用户利用 http://www.nos.com 连接"Default Web Site"时，此网站会自动将首页发送给用户的浏览器，而此首页是存储在网站的主目录内的。

默认的网站主目录是%SystemDrive\Inetpub\wwwroot，可以使用 IIS 管理器控制台或通过编辑系统的 MetaBase.xml 文件，来更改网站的主目录设置。

如果要查看网站主目录，可以在图 11-3 所示的 IIS 管理器控制台中，单击网站"Default Web Site"，然后单击其右侧"操作"窗格下的"基本设置"选项，弹出"编辑网站"对话框，如图 11-5 所示，由图中可知其默认是被设置到文件夹%SystemDrive\Inetpub\wwwroot，其中%SystemDrive 就是安装 Windows Server 2016 的磁盘，一般是 C：盘。

在"操作"窗格下，单击"浏览"链接，将打开系统默认的网站主目录 C:\Inetpub\wwwroot，如图 11-6 所示。当用户访问此默认网站时，浏览器将会显示"主目录"中的默认网页，即 wwwroot 子文件夹中的 iisstart.htm 文件。

图 11-5 "编辑网站"对话框

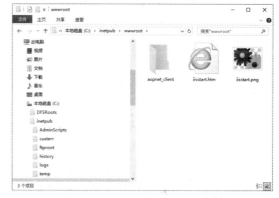

图 11-6 默认主目录

在实际应用中通常不采用该默认文件夹，因为将数据文件和操作系统放在同一磁盘分区中，会遇到失去安全保障和系统安装、恢复不太方便等问题，并且当保存大量音视频文件时，可能造成磁盘或分区的空间不足，所以最好将作为数据文件的 Web 主目录保存在其他硬盘或非系统分区中。

2．默认首页设置

通常情况下，Web 网站都需要一个默认文档，当在 IE 浏览器中使用 IP 地址或域名访问时，Web 服务器会将默认文档回应给浏览器，并显示内容。当用户浏览网页时，若没有指定文档名，例如输入的是 http://www.nos.com，而不是 http://www.nos.com/default.htm，IIS 服务器会把事先设定的默认文档返回给用户，这个文档就称为默认页面。在默认情况下，IIS 10.0 的 Web 站点启用了默认文档，并预设了默认文档的名称。

在 IIS 管理器控制台中，在功能视图中选择"默认文档"图标，双击查看网站的默认文档，如图 11-7 所示。利用 IIS 10.0 搭建 Web 网站时，默认文档的文件名有六个，分别为：default.htm、default.asp、index.htm、index.html、iisstart.htm 和 default.aspx，这也是一般网站中最常用的主页名。当然也可以由用户自定义默认网页文件。在访问时，系统会自动按顺序由上到下依次查找与之相对应的文件名。当客户浏览 http://www.nos.com 时，IIS 服务器会先读取主

251

目录下的 default.htm（排列在列表中最上面的文件），若在主目录内没有该文件，则依次读取后面的文件（default.asp 等）。可以通过单击"上移"和"下移"按钮来调整 IIS 读取这些文件的顺序，也可以通过单击"添加"按钮，来添加默认网页。

由于这里系统默认的主目录%SystemDrive\Inetpub\wwwroot 文件夹内只有一个文件名为 iisstart.htm 的网页，因此用户浏览 http://www.nos.com 时，IIS 服务器会将此网页传递给用户的浏览器。若在主目录中找不到列表中的任何一个默认文件，则用户的浏览器画面会出现如图 11-8 所示的页面。

图 11-7　默认文档

图 11-8　找不到默认页面浏览器显示的内容

11.2.3　物理目录与虚拟目录

Web 中的目录分为两种类型：物理目录和虚拟目录。物理目录是位于计算机物理文件系统中的目录，它可以包含文件及其他目录。虚拟目录是在网站主目录下建立的一个友好的名称，它是 IIS 中指定并映射到本地或远程服务器上的物理目录的目录名称。虚拟目录可以在不改变别名的情况下，任意改变其对应的物理文件夹。虚拟目录只是一个文件夹，并不真正位于 IIS 宿主文件夹（%SystemDrive%:\Inetpub\wwwroot）内，但在访问 Web 站点的用户看来，则如同位于 IIS 服务的宿主文件夹一样。

1．创建物理目录

假设要在网站主目录之下（C:\Inetpub\wwwroot）建立一个名称为 tea 的子文件夹，并在此文件夹下复制一个已制作好的茶文化网站文件，首页文件为 index.html。

可以在 IIS 管理器控制台左侧看到"Default Web Site"网站内多了一个物理目录"tea"（可能需要按〈F5〉键刷新界面），单击下方的"内容视图"后，如图 11-9 所示，就可以看到此目录内刚刚复制过来的文件。接下来到客户端 Windows 10 上打开网页浏览器 Internet Explorer 或是 Microsoft Edge，然后输入 http://www.nos.com/tea/，就会看到如图 11-10 所示的界面，它是从网站主目录（C:\Inetpub\wwwroot）之下的 tea\index.html 读取的。

2．创建虚拟目录

假设要在服务器硬盘 D:\建立一个名称为 tour 的文件夹，并在此文件夹下复制一个已制作好的旅游网站文件，首页文件为 index.html。在 IIS 管理器控制台中，右击"Default Web Site"网站，在弹出的快捷菜单中选择"添加虚拟目录"命令，弹出"添加虚拟目录"对话框，输入别名"tour"以及物理路径为"D:\ tour"，如图 11-11 所示。

单击"确定"按钮，然后到客户端 Windows 10 上打开网页浏览器 Internet Explorer 或是

Microsoft Edge,然后输入 http://www.nos.com/tour/,就会看到如图 11-12 所示的界面,它是从虚拟目录 D:\tour\index.html 读取的。

图 11-9　新建物理目录

图 11-10　物理目录下的网站

图 11-11　添加虚拟目录

图 11-12　虚拟目录下的网站

虚拟目录具有以下特点。

- 便于扩展:随着时间的增长,网站内容也会越来越多,而磁盘的有效空间却只减不增,最终硬盘空间被消耗殆尽,这时就需要安装新的硬盘以扩展磁盘空间,并把原来的文件都移到新增磁盘中,然后重新指定网站文件夹。而事实上,如果不移动原来的文件,而以新增磁盘作为该网站的一部分,就可以在不停机的情况下,实现磁盘的扩展。此时就需要借助虚拟目录来实现了。虚拟目录可以与原有网站文件不在同一个文件夹,不在同一磁盘,甚至可以不在同一计算机,但在用户访问网站时,还觉得像在同一个文件夹中一样。
- 增删灵活:虚拟目录可以根据需要随时添加到虚拟 Web 网站,或者从网站中移除。因此它具有非常大的灵活性。同时,在添加或移除虚拟目录时,不会对 Web 网站的运行造成任何影响。
- 易于配置:虚拟目录使用与宿主网站相同的 IP 地址、端口号和主机头名,因此不会与其标识产生冲突。同时,在创建虚拟目录时,将自动继承宿主网站的配置,并且对宿主网站配置时,也将直接传递至虚拟目录,因此,Web 网站(包括虚拟目录)配置更加简单。

11.2.4　虚拟主机技术

使用 IIS 10.0 可以很方便地架设 Web 网站。虽然在安装 IIS 时系统已经建立了一个默认

Web 网站，直接将网站内容放到其主目录或虚拟目录中即可直接使用，但最好还是重新设置，以保证网站的安全。如果需要，还可以在一台服务器上建立多个虚拟主机，来实现多个 Web 网站，这样可以节约硬件资源、节省空间，降低能源成本。

　　虚拟主机的概念对于 ISP 来讲非常有用，因为虽然一个组织可以将自己的网页挂在具备其他域名服务器上的下级网址，但使用独立的域名和根网址更为正式，易为众人接受。传统上，必须自己设立一台服务器才能达到单独域名的目的，然而这需要维护一个单独的服务器，很多小单位缺乏足够的维护能力，所以更为合适的方式是租用别人维护的服务器。ISP 也没有必要为每一个机构提供一个单独的服务器，完全可以使用虚拟主机，使服务器为多个域名提供 Web 服务，而且不同的服务互不干扰，对外就表现为多个不同的服务器。

　　使用 IIS 10.0 的虚拟主机技术，通过分配主机头名、IP 地址和 TCP 端口，可以在一台服务器上建立多个虚拟 Web 网站，每个网站都具有唯一的由主机头名、IP 地址和端口号三部分组成的网站标识，用来接收来自客户端的请求，不同的 Web 网站可以提供不同的 Web 服务，而且每一个虚拟主机和一台独立的主机完全一样。虚拟技术将一个物理主机分割成多个逻辑上的虚拟主机使用，显然能够节省经费，对于访问量较小的网站来说比较经济实用。但由于这些虚拟主机共享这台服务器的硬件资源和带宽，在访问量较大时就容易出现资源不够用的情况。使用不同的虚拟主机技术，要根据现有的条件及要求，一般来说有以下三种方式。

1. 使用不同的主机头名架设多个 Web 网站

　　使用主机名创建的域名也称二级域名。现在利用主机名来架设这台服务器内两个不同的 Web 网站，其中一个为默认内置的网站"Default Web Site"，另一个网站"Car"需要另外建立，具体的操作步骤如下。

　　1）在 DNS 管理控制台中，选择要创建主机记录的区域（如 nos.com），右击并选择执行"新建主机"命令，在"名称"文本框中输入主机名称"car"，在"IP 地址"框中输入"192.168.1.101"，成功创建一条主机记录，如图 11-13 所示。

　　2）默认内置网站"Default Web Site"目前没有主机名，因此需要添加主机名：在 IIS 管理器控制台中，选择"Default Web Site"，单击功能视图右侧的"绑定"按钮，在弹出的列表框中选择类型为 http 的项目，然后单击"编辑"按钮，在弹出的"编辑网站绑定"对话框中，输入主机名"www.nos.com"，如图 11-14 所示，最后单击"确定"按钮。

图 11-13　添加一条主机记录

图 11-14　虚拟目录下的网站

　　3）在 D:\ 之下建立一个名称为 car 的文件夹，它将作为"Car"网站的主目录，在文件夹中将相关的网页文件复制过来，首页文件为 index.html。

4）在 IIS 管理器控制台中，选择"网站"项目，然后单击中下部"功能视图"按钮，切换到功能视图，如图 11-15 所示。

5）单击右侧"添加网站"按钮，弹出"添加网站"对话框，如图 11-16 所示，分别输入网站名称"car"，物理路径为"D:\car"，主机名为"car.nos.com"，其中相关部分选项的功能如下。

图 11-15　添加一条主机记录

图 11-16　"添加网站"对话框

- 网站名称：自行设置易于识别的名称，例如图 11-16 中的 car。
- 应用程序池：每一个应用程序池都拥有一个独立环境，而系统会自动为每一个新网站建立一个应用程序池（其名称与网站名称相同），然后让此新网站在这个拥有独立环境的新应用程序池内运行，让此网站运行稳定、不受其他应用程序内网站的影响。可以单击"选择"按钮来切换不同的应用环境。
- 物理路径：设置主目录的文件夹，例如将其指定到 D:\car。
- 连接为：需提供有权限访问此共享文件夹的用户名称与密码。
- 测试设置：测试是否可以正常连接此共享文件夹。
- 绑定：此处保留默认值即可，输入主机名"car.nos.com"，客户端需要利用主机名 car.nos.com 的方式连接网站，此时因为未分配 IP 地址，不能直接使用 IP 地址连接，例如利用 http://192.168.1.101 将无法连接到网站，除非再添加一个名称为"192.168.1.101"的主机名。

6）单击"确定"按钮，完成网站"car"的创建，在 IIS 管理器控制台中，可以看到新创建的网站"car"，单击中下部"内容视图"按钮，可以看到网站的相关文件及文件夹等，如图 11-17 所示。

7）在客户端 Windows 10 上打开网页浏览器 Internet Explorer 或是 Microsoft Edge，然后输入 http://car.nos.com，就会看到如图 11-18 所示的界面，它是从网站主目录（D:\car）之下的 index.html 读取的，而此时在浏览器地址栏输入"http://192.168.1.101"，发现是无法打开任何网站的。

2．使用不同的 IP 地址架设多个 Web 网站

如果要在一台 Web 服务器上创建多个网站，为了使每个网站域名都能对应于独立的 IP 地址，一般都使用多 IP 地址来实现，这种方案称为 IP 虚拟主机技术。当然，为了用户在浏览器中可使用不同的域名来访问不同的 Web 网站，必须将主机名及其对应的 IP 地址添加到 DNS 主机记录中。

Windows Server 2016 系统支持在一台服务器上安装多块网卡，并且一块网卡还可以绑定多

个 IP 地址。将这些 IP 分配给不同的虚拟网站，就可以达到一台服务器多个 IP 地址来架设多个 Web 网站的目的。使用不同的 IP 地址来架设默认网站"Default Web Site"以及网站"Car"，具体的操作步骤如下。

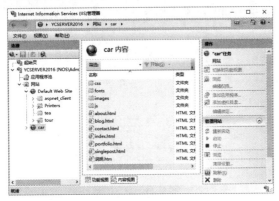

图 11-17　新建网站"car"　　　　　　　　图 11-18　浏览新建网站"car"

1）在客户端计算机"控制面板"中双击"网络连接"图标，打开"网络连接"窗口，右击"本地连接"图标，并在快捷菜单中选择"属性"项，在属性窗口中选择"Internet 协议版本 4（TCP/IPv4）"，单击"属性"按钮，在"常规"选项卡右下方单击"高级"按钮，弹出"高级 TCP/IP"对话框，单击"添加"按钮，添加 IP 地址"192.168.1.111"和子网掩码为"255.255.255.0"，返回对话框后，单击"确定"按钮即可，如图 11-19 所示。

2）在 DNS 管理控制台中，选择"car"这条主机记录，双击进入其属性对话框，将主机记录的 IP 地址修改为"192.168.1.111"，然后单击"确定"按钮返回，如图 11-20 所示。

图 11-19　添加新的 IP 地址　　　　　　　图 11-20　修改 DNS 主机记录

3）在 IIS 管理器控制台中，选择"网站"下的"Default Web Site"项目，单击功能视图右侧的"绑定"按钮，弹出"编辑网站绑定"对话框，在 IP 地址下拉列表框中选择"192.168.1.101"，如图 11-21 所示，然后单击"确定"按钮返回。

4）在 IIS 管理器控制台中，选择"网站"下的"Car"项目，单击功能视图右侧的"绑定"按钮，弹出"编辑网站绑定"对话框，在 IP 地址下拉列表框中选择"192.168.1.111"，如图 11-22 所示，然后单击"确定"按钮返回。

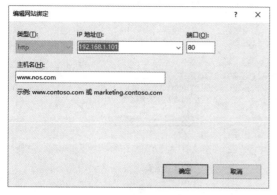
图 11-21 编辑网站绑定 1

图 11-22 编辑网站绑定 2

5）在客户端 Windows 10 上打开网页浏览器 Internet Explorer 或是 Microsoft Edge，然后分别输入"http://www.nos.com""http://car.nos.com"，就会访问到相应的网站，此时在浏览器地址栏输入"http://192.168.1.101""http://192.168.1.111"，也可以访问到相应的网站。

3. 使用不同端口号架设多个 Web 网站

IP 地址资源越来越紧张，有时需要在 Web 服务器上架设多个网站，但计算机却只有一个 IP 地址，那么使用不同的端口号也可以达到架设多个网站的目的。其实，用户访问所有的网站都需要使用相应的 TCP 端口，Web 服务器默认的 TCP 端口为 80，在用户访问时不需要输入。但如果网站的 TCP 端口不为 80，在输入网址时就必须添加端口号，而且用户在上网时也会经常遇到必须使用端口号才能访问的网站。

利用 Web 服务的这个特点，可以架设多个网站，每个网站均使用不同的端口号，这种方式创建的网站，其域名或 IP 地址部分完全相同，仅端口号不同。使用不同的端口号来架设网站"Network"，假设 D:\已建立一个名称为 Network 的文件夹，并在此文件夹下复制一个已制作好的公司网站文件，具体的操作步骤如下。

1）在 DNS 管理控制台中，选择要创建主机记录的区域（如 nos.com），右击并选择执行"新建主机"命令，在"名称"文本框中输入主机名称"network"，在"IP 地址"框中输入"192.168.1.111"，成功创建一条主机记录。

2）在 IIS 管理器控制台中，选择"网站"项目，然后单击中下部"功能视图"按钮，切换到功能视图，单击右侧"添加网站"按钮，弹出"添加网站"对话框，分别输入网站名称"Network"，物理路径为"D:\Network"，在 IP 地址下拉列表框中选择"192.168.1.111"，然后在端口号处输入"8080"，主机名处输入"network.nos.com"，如图 11-23 所示，最后单击"确定"按钮返回。

3）在客户端 Windows 10 上打开网页浏览器 Internet Explorer 或是 Microsoft Edge，然后分别输入"http://network.nos.com:8080"或"http://192.168.1.111:8080"，就会访问到相应的网站，如图 11-24 所示。

①如果使用非标准 TCP 端口号来标识网站，则用户必须知道指派给网站的非标准 TCP 端口号，在访问网站时，在 URL 中指定该端口号才能访问，此方法适用专有网站的开发；②与使用主机名的方法相比，利用 IP 地址来架设网站的方法会降低网站的运行效率，它主要用于服务器上提供基于 SSL（Secure Sockets Layer）的 Web 服务。

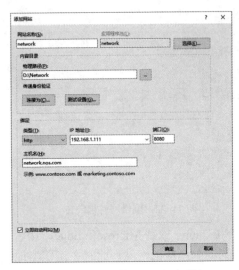
图 11-23 "添加网站"对话框

图 11-24 利用端口号访问网站

11.3 拓展任务——网站的安全性与远程管理

【任务描述】

网站的安全是每个网络管理员必须关心的事,必须通过各种方式和手段来减少入侵者攻击的机会。如果 Web 服务器采用了正确的安全措施,就可以降低或消除来自怀有恶意的个人以及意外获准访问限制信息或无意中更改重要文件的用户的各种安全威胁。同时为了方便网络管理员管理,IIS 服务器还应支持远程管理。

【任务目标】

通过任务熟练掌握网站的各种安全措施,例如启用与停用动态属性、使用各种验证用户身份的方法、IP 地址和域名访问限制的方法,以及如何进行 IIS 的远程管理。

11.3.1 验证用户的身份

在许多网站中,大部分 WWW 访问都是匿名的,客户端请求时不需要使用用户名和密码,只有这样才可以使所有用户都能访问该网站。但对访问有特殊要求或者安全性要求较高的网站,则需要对用户进行身份验证。利用身份验证机制,可以确定哪些用户可以访问 Web 应用程序,从而为这些用户提供对 Web 网站的访问权限。一般的身份验证请求需要输入用户名和密码来完成验证,此外也可以使用诸如访问令牌等进行身份验证。

可以根据网站对安全的具体要求,来选择适当的身份验证方法。设置身份验证的具体操作步骤为:在 DNS 管理控制台中,选择某个网站,例如"car",在功能视图中选择"身份验证"图标,可以双击并查看其设置,如图 11-25 所示。

网站"car"默认只启用了"匿名身份验证"方式,可以单击右侧的"禁用"按钮,然后选择"基本身份验证"选项,再单击右侧的"启用"按钮,此时在客户端浏览器访问网站 http://car.nos.com 时,会要求输入用户名和密码,如图 11-26 所示。

IIS 10.0 提供匿名身份验证、基本身份验证、摘要式身份验证、Windows 身份验证四种身份验证方式。如果网站要支持 ASP.NET,还有 ASP.NET 模拟身份验证、Forms 身份验证两种方式对客户端进行身份验证。

1. 匿名身份验证

通常情况下,绝大多数 Web 网站都允许匿名访问,即 Web 客户无须输入用户名和密码,即可访问 Web 网站。匿名访问其实也是需要身份验证的,称为匿名验证。系统内置一个名称为 IIS_IUSR 的特殊组账号,当用户利用匿名连接网站时,网站是利用 IUSR 来代表这个用户的,因此用户的权限与 IUSR 的权限相同。

图 11-25　身份验证

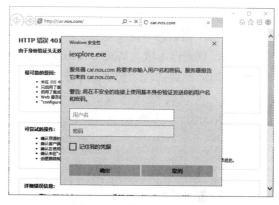

图 11-26　启用基本身份验证

在安装 IIS 时,系统会自动建立一个代表匿名账户的用户账户,当用户试图连接到网站时,Web 服务器将连接分配给 Windows 用户账户 IUSR。默认情况下,IUSR 账户包含在 Windows 用户组 Guests 中。该组具有安全限制,由 NTFS 权限强制使用,指出了访问级别和可用于公共用户的内容类型。当允许匿名访问时,就向用户返回网页页面;如果禁止匿名访问,IIS 将尝试使用其他验证方法。对于一般的、非敏感的企业信息发布,建议采用匿名访问方法。如果启用了匿名验证,则 IIS 始终尝试先使用匿名验证对用户进行验证,即使启用了其他验证方法也是如此。

可以更改代表匿名用户的账户,在 DNS 管理控制台中,选择"匿名身份验证"项目,单击其右侧的"编辑"按钮,弹出"匿名身份验证凭据"对话框,如图 11-27 所示。单击"设置"按钮,输入要用来代表匿名用户的账户名称与密码即可,如图 11-28 所示。

图 11-27　"匿名身份验证凭据"对话框

图 11-28　更改匿名用户账户

2. 基本身份验证

基本身份验证方法要求提供用户名和密码,提供很低级别的安全性,最适于给需要很少保密性的信息授予访问权限。由于密码在网络上是以弱加密的形式发送的,这些密码很容易被截取,因此可以认为安全性很低。一般只有确认客户端和服务器之间的连接安全时,才使用此种身份验证方法。基本身份验证还可以跨防火墙和代理服务器工作,所以在仅允许访问服务器上的部分内容而非全部内容时,这种身份验证方法是个不错的选择。

在 DNS 管理控制台中,选择"基本身份验证"项目,单击其右侧的"编辑"按钮,弹出

"编辑基本身份验证"对话框,可以对此验证方式进行设置,如图 11-29 所示,其中相关部分选项的功能如下。

- **默认域**:用户连接网站时,可以使用域用户账户(nos.com\DeepBlue),或本地用户账户(Ycserver2016\DeepBlue),但如果其所输入的账户名称并没有指明是本地或域用户账户,例如直接输入 DeepBlue,则网站要如何来验证此账户与密码呢?如果指定了默认域,则网站会将用户账户视为此域的账户,并将账户与密码发送到此域的域控制器检查。如果没有指定默认域,则有以下两种情况:①如果 IIS 计算机是成员服务器或独立服务器,则通过本地安全数据库来检查账户与密码是否正确;②如果 IIS 计算机是域控制器,则通过本域的 Active Directory 数据库来检查账户与密码是否正确。
- **领域**:此处的文字会被显示在登录界面上。当用户利用浏览器连接启用基本身份验证的网站时,需输入有效的账户名称与密码,如图 11-30 所示,设置在领域中的文字"DeepBlue"显示在登录界面上。

图 11-29 "编辑基本身份验证"对话框

图 11-30 基本身份验证

3. 摘要式身份验证

摘要式身份验证使用 Windows 域控制器来对请求访问服务器上的内容的用户进行身份验证,提供与基本身份验证相同的功能,但是在通过网络发送用户凭据方面提高了安全性。因为摘要式身份验证会将账户与密码经过 MD5 算法来处理,然后将处理后所产生的消息摘要在网络上传送,拦截此消息摘要的人无法从中解密原始的用户名和密码。注意需要具备以下条件,才可以使用摘要式身份验证。

- 浏览器必须支持 HTTP 1.1 协议。
- IIS 计算机需要是 Active Directory 域的成员服务器或域控制器。
- 用户需要利用 Active Directory 域用户账户来连接,而且此账户需要与 IIS 计算机位于同一个域或是信任的域内。

必须是域成员计算机才可以启用摘要式身份验证,它可以像基本身份验证一样通过"编辑"选项来设置"领域"文字。

4. Windows 身份验证

和摘要式身份验证一样,Windows 身份验证也会要求输入账户与密码,而且账户与密码在通过网络传送之前也会经过哈希处理,所不同的是,它使用 KerberosV5 或 NTLM 协议对客户端进行身份验证。

- **KerberosV5**:如果 IIS 计算机与客户端都是 Active Directory 域成员,则 IIS 网站会采用 KerberosV5 验证方法。使用 KerberosV5,客户端需要访问 Active Directory,然而为了安全考虑,并不希望客户端从外部访问内部 Active Directory,因此一般会通过防火墙进行阻挡。

- NTLM：如果 IIS 计算机与客户端不是 Active Directory 域成员，则 IIS 网站采用 NTLM 验证方法。由于浏览器与 IIS 网站之间的连接会在执行"挑战/响应"沟通时被大部分代理服务器中断，因此 NTML 不适合用于浏览器与 IIS 网站之间有代理服务器的环境。

Windows 身份验证适用于 Intranet 环境。内部客户端浏览器利用 Windows 身份验证来连接内部网站时，会自动利用当前的账户与密码（登录系统时所输入的账户与密码）来连接网站，如果此用户没有权限连接网站，就会让用户输入账户与密码。

例如，在 Microsoft Edge 的客户端，可以设置是否要自动利用登录系统的账户来连接网站，假设 car.nos.com 位于本地内部网络。如果客户端还没有将 car.nos.com 视为本地内部网站，可以在客户端计算机浏览器中设置：打开"Internet 选项"→"安全"选项卡，单击"站点"按钮，在弹出的"本地 Intranet"对话框中，单击"添加"按钮，输入"http:// car.nos.com"，如图 11-31 所示。

然后在"安全"选项卡的"本地 Intranet"中，单击"自定义级别"按钮，选择"仅在 Intranet 区域中自动登录"选项，如图 11-32 所示。

图 11-31 "将该网站添加到区域"对话框

图 11-32 "安全设置"对话框

客户端浏览器是先利用匿名来连接网站的，如果匿名身份验证启用，浏览器将自动连接成功，因此要使用其他身份验证方式，需要暂时将匿名身份验证禁用。如果网站四种身份验证方式都启用，则浏览器会依照以下顺序来选择身份验证方式：匿名身份验证→Windows 身份验证→摘要式身份验证→基本身份验证。浏览器先利用匿名来连接网站，如果失败，网站会将其所支持的身份验证列表，按以上顺序排列通知客户端浏览器采用上述验证方法来与网站通信。

各种身份验证方式的区别如表 11-1 所示。

表 11-1 各种身份验证方式的区别

身份验证方式	安全级别	如何传送密码	是否通过防火墙或代理服务器
匿名身份验证	无	—	是
基本身份验证	低	明文（未处理）	是
摘要式身份验证	中	哈希处理	是
Windows 身份验证	高	Kerberos: Kerberos ticket NTLM:哈希处理	Kerberos: 可通过代理服务器，但一般会被防火墙阻挡 NTLM:无法通过代理服务器，但可以允许其通过防火墙

11.3.2 IP 地址和域名访问限制

使用用户验证的方式，每次访问该 Web 站点都需要输入用户名和密码，对于授权用户而言比较烦琐。IIS 会检查每个来访者的 IP 地址，可以通过 IP 地址的访问，来防止或允许某些特定的计算机、计算机组、域甚至整个网络访问 Web 站点。例如，如果 Intranet 服务器已连接到 Internet，可以防止 Internet 用户访问 Web 服务器，方法是仅授予 Intranet 成员访问权限而明确拒绝外部用户的访问。

1. 拒绝 IP 地址

在 IIS 管理控制台中，选择某个网站，例如"car"，在功能视图中选择"身份验证"图标，可以双击并查看其设置，如图 11-33 所示。在右侧"操作"窗格中选择"添加允许条目"按钮或"添加拒绝条目"按钮，在弹出的"添加允许限制规则"或"添加拒绝限制规则"对话框中输入相应的地址即可，如图 11-34 所示。

图 11-33　IP 地址和域限制

图 11-34　添加拒绝限制规则

2. 更改功能设置

客户端浏览器根据 IIS 网站所送来的不同拒绝响应会有不同的显示界面，如果要更改 IIS 网站对浏览器的响应，可以单击"编辑功能设置"按钮，通过更改"拒绝操作类型"来设置，如图 11-35 所示，其中相关部分选项的功能如下。

- 未指定的客户端的访问权：没有被明确指定是否可以连接的客户端，默认是被允许连接的，如果要更改此默认值，可以选择"拒绝"选项。
- 启用域名限制：启用后，在"添加拒绝限制"对话框中会增加可以通过域名限制连接的设置，例如，可以限制 IIS 主机名为 Ycclient.nos.com 的计算机不能连接，如果要限制主机名后缀为 nos.com 的所有计算机的话，可以输入＊.nos.com。注意：若启用此项，请一定在 IIS 服务器上建立反向查找区域、建立该客户端的 PTR 记录（它可以让网站通过此区域来查询客户端的主机名 Ycclient.nos.com）。另外，因为 IIS 网站需要针对每一个连接来检查其主机名，这会影响到网站的运行效率，所以非必要时，不要启用域名限制功能。
- 启用代理模式：如果被限制的客户端是通过代理服务器来连接 IIS 网站，则网站所看到的 IP 地址将是代理服务器的 IP 地址，而不是客户端的 IP 地址，因而造成限制无效。此时可以通过启用代理模式来解决问题，因为 IIS 网站还会检查数据包内的 X-Forwarded-For 表头，其中记载着原始客户端的 IP 地址。
- 拒绝操作类型：针对不同的类型，浏览器所显示的信息也不相同，在"拒绝操作类型"

下拉列表框有以下四个选项。①未经授权：IIS 给浏览器发送 HTTP 401 的响应。②已禁止：IIS 给浏览器发送 HTTP 403 的响应（默认值）。③未找到：IIS 给浏览器发送 HTTP 404 的响应。④中止：IIS 会中断此 HTTP 连接。

3．动态 IP 限制

当通过 IP 地址限制某客户端计算机不允许连接 IIS 网站后，所有来自此客户端计算机的 HTTP 连接都会被拒绝。而使用动态 IP 限制，则可以根据连接行为来决定是否要拒绝客户端的连接。在 IIS 管理器控制台中，单击"编辑动态 IP 限制设置"按钮，弹出如图 11-36 所示对话框，其中相关部分选项的功能如下。

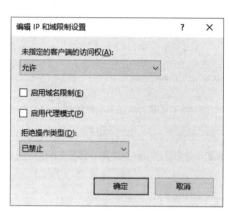
图 11-35　编辑 IP 地址和域限制

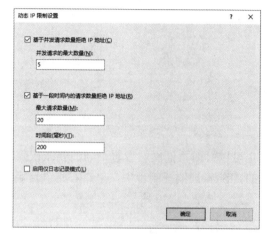
图 11-36　动态 IP 限制设置

- 基于并发请求数量拒绝 IP 地址：如果同一个客户端的同时连接数量超过此处的设置值，就拒绝其连接。
- 基于一段时间内的请求数量拒绝 IP 地址：如果同一个客户端在指定时间内的连接数量超过此处的设置值，就拒绝其连接。

11.3.3　远程管理网站与功能委派

当一个 Web 服务器搭建完成后，对它的管理是非常重要的，如添加删除虚拟目录、站点，为网站中添加或修改发布文件，检查网站的连接情况等，但是在网络管理中不可能每天都坐在服务器前进行操作。因此，可以将 IIS 网站的管理工作委派给其他不具备系统管理员权限的用户来执行，而且可以针对不同功能来赋予这些用户不同的委派权限。

1．建立 IIS 管理器用户账户

可以在 IIS 服务器上设置可以远程管理 IIS 网站的用户，他们被称为 IIS 管理员，该账户可以是本地用户或域用户账户（被称为 Windows 用户），也可以是在 IIS 内另外建立的 IIS 管理器用户（被称为非 Windows 用户）。

如果要建立 IIS 管理器用户，在 IIS 管理器控制台中，单击 IIS 服务器"YCSERVER2016"，如图 11-37 所示，在功能视图中双击"IIS 管理器用户"图标，可以在 IIS 管理器中单击"添加用户"按钮来设置用户名称与密码，如图 11-38 所示。

2．功能委派设置

IIS 管理员是通过功能委派来设置网站拥有的管理权限的：在图 11-37 所示的 IIS 管理器控

制台中，双击"功能委派"图标，打开"功能委派"窗口，如图 11-39 所示。例如 IIS 管理员默认对所有网站"HTTP 重定向"功能拥有读取/写入的权限，表示他们可以更改 HTTP 重定向的设置，但是"IP 地址和域限制"功能拥有只读的权限，表示他们不能更改 IPv4 地址和域限制的设置。

图 11-37　IIS 管理器用户

图 11-38　添加 IIS 管理器用户

也可以针对不同网站设置不同的委派权限，例如针对网络"car"进行设置：在如图 11-39 所示的 IIS 管理器控制台中，单击右侧"自定义站点委派"按钮，可以针对网站"car"进行具体的设置，如图 11-40 所示。

图 11-39　功能委派

图 11-40　自定义站点委派

3．启用远程连接

只有在启用远程连接之后，IIS 管理员才能远程管理 IIS 计算机内的网站：在图 11-37 所示的 IIS 管理器控制台中，双击"管理服务"图标，打开"管理服务"窗口，如图 11-41 所示，其中相关部分选项的功能如下。

- 启用远程连接："仅限于 Windows 凭据"默认只允许 Windows 用户（本地用户或用户账户）来远程管理网站，如果要开放 IIS 管理器用户（非 Windows 用户）连接，应选择"Windows 凭据或 IIS 管理器凭据"选项。
- IP 地址：设置连接服务器的 IP 地址，默认的端口为 8172。
- SSL 证书：系统中有一个默认的名为 WMSVC-YCSERVER2016 的证书，这是系统专门为远程管理服务的证书。
- IPv4 地址限制：禁止或允许某些 IP 地址或域名的访问。

> 要远程管理网站必须启用远程连接并启动 WMSVC 服务，因为该服务在默认情况下处于停止状态。WMSVC 服务的默认启动设置为手动。如果希望该服务在重启后自动启动，则需要将设置更改为自动。可通过在命令行中输入以下命令来完成此操作：sc config WMSVC start = auto。

4．允许 IIS 管理员连接

接下来需要选择远程管理网站的用户，以网站"car"来说：在 IIS 管理器控制台中，双击网站"car"功能视图界面中的"IIS 管理权限"图标，单击"允许用户"按钮，输入或选择相应的用户，如图 11-42 所示，这样在客户端计算机上就可以使用此用户账户和密码远程管理 IIS 网站。

图 11-41　管理服务

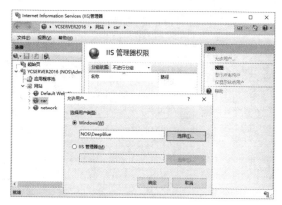

图 11-42　IIS 管理权限

11.3.4　网站的其他设置

1．启用连接日志

可以通过双击 IIS 管理控制台功能视图下的"日志"图标，将连接信息记录到指定的文件中，这些信息包含有谁连接了此网站、访问了哪些网页等，如图 11-43 所示。可以选择适当的日志文件格式，并设置日志文件的位置，默认是在%SystemDrive%\inetpub\logs\LogFiles 文件夹内。

2．性能设置

在 IIS 管理器控制台中，可以单击右侧窗格中的"限制"按钮，弹出"编辑网站限制"对话框，如图 11-44 所示。通过"限制带宽使用"来调整此网站可占用的网络带宽（每秒最多可以收发多少字节）。另外系统默认自动将闲置超过 120s 的连接中断。也可以通过"限制连接数"来设置最多同时可以有多少个连接，以便维持网站运行效率。

3．自定义错误消息页面

错误消息页面用来显示在客户端的浏览器页面上，帮助用户了解连接网站发生错误的原因。可以通过双击 IIS 管理器控制台功能视图下的"错误页"图标来查看 IIS 默认的消息设置，如图 11-45 所示。可以更改错误消息内容，例如双击"403"错误消息，就可以直接编辑该消息文件。

4．SMTP 电子邮件设置

如果 IIS 服务器内的应用程序要通过系统来发送电子邮件，就需要事先定义 SMTP 相关设置值。双击 IIS 管理器控制台功能视图下的"SMTP 电子邮件"图标，如图 11-46 所示。其中相关部分选项的功能如下。

图 11-43　日志设置

图 11-44　性能设置

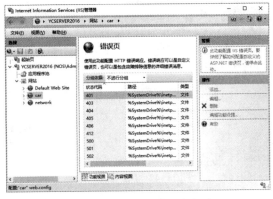

图 11-45　自定义错误消息页

图 11-46　SMTP 电子邮件设置

- 电子邮件地址：在此处输入代表发件人的电子邮件信箱。
- 将电子邮件传送至 SMTP 服务器：①SMTP 服务器　将邮件发送至此处所指定的 SMTP 服务器。如果 IIS 服务器本身就是 SMTP 服务器，可勾选"使用 localhost"。SMTP 服务器的标准端口号为 25，如果所使用的 SMTP 服务器端口号不是 25，可以通过"端口"来输入端口号。②身份验证设置　如果 SMTP 服务器不需要验证用户名称与密码，选择"不需要"。如果 SMTP 服务器要求必须提供用户名与密码，选择"Windows 或指定凭据"。如果选择"Windows"，表示要利用执行 ASP.NET 应用程序的身份来连接 SMTP 服务器。如果选择"指定凭据"，可以单击"设置"按钮来另外指定用户名与密码。
- 在选取目录中存储电子邮件　设置让系统将邮件暂时存储到指定的文件夹内，以便之后通过应用程序来读取与发送，或由系统管理员来读取与发送。

5. HTTP 重定向

如果网站内容正在维护中，可以将此网站暂时重定向到另外一个网站，此时用户连接网站时，所看到的是另外一个网站内的网页。双击 IIS 管理器控制台功能视图下的"HTTP 重定向"图标，如图 11-47 所示。勾选"将请求重定向到此目标"选项，在其下方输入框输入"http://www.nos.com/tea"，如果选择"将所有请求重定向到确切的目标（而不是相对于目标）"选项，则将所有连接网站"car"的访问请求"http://car.nos.com/index.html"重定向到目标网站的首页"http://www.nos.com/tea/index.html"。如果选择"仅将请求重定向到此目标（非子目录）中的内容"选项，就会由目标网站来决定要显示的首页文件。

6. 共享配置

网站配置完后，可以将网站的配置导出到本地计算机或网络计算机中，以方便后期维护和管理时使用。例如重新搭建网站，只要将之前所导出的配置重新导入，就可以恢复设置，这些设置也可以共享给其他的计算机使用。双击 IIS 管理器控制台功能视图下的"Shared Configuration"图标，如图 11-48 所示，输入存储配置文件的物理路径，输入有权访问配置文件的用户名和密码，单击右上方"应用"按钮即可。

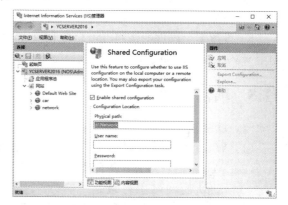

图 11-47　HTTP 重定向　　　　　　　　图 11-48　共享配置

11.4　项目实训——Windows Server 2016 Web 配置与管理

1．实训目标

1）熟悉 Windows Server 2016 的 IIS 的安装与网站的基本设置。

2）掌握 Windows Server 2016 的网站的安全性与远程管理。

3）熟悉 Windows Server 2016 的网站的基本设置。

2．实训设备

1）网络环境：已建好的千兆以太网络，包含交换机、五类（或超五类）UTP 直通线若干、三台或以上数量的计算机（计算机配置要求 CPU 最低 1.6GHz 以上 64 位，内存不小于 4096MB，硬盘空间不低于 120GB，有光驱和网卡）。

2）软件：①Windows Server 2016 安装光盘，或硬盘中有全部的安装程序；②Windows 10 安装光盘，或硬盘中有全部的安装程序；③VMWare Workstation 15.5 安装程序。

3．实训内容

在项目 10 实训的基础上完成本实训，在域中的计算机上设置以下内容。

1）在域控制器 teacher.com 中安装 IIS10.0 与 DNS 服务，启用应用程序服务器，并配置 DNS 解析域名 teacher.com，然后分别新建主机 www、host1、host2、host3，对应 IP 地址均为域控制器的 IP 地址。

2）在 IIS 管理器控制台中，设置将默认网站名称修改为"Teacher"，主机名为 www.teacher.com，修改主目录为 D:\wwwroot，默认主页文件为 index.html。

3）在 IIS 管理器控制台中，创建一个虚拟目录，映射到 D:\host1，网站别名为"host1"，默认主页为 default.htm。

4）在 IIS 管理器控制台中使用不同的主机头名 host2.teacher.com 架设网站"host2"，映射到

D:\host2，默认主页为 default.htm。

5）在 IIS 管理器控制台中使用不同的端口号架设网站"host3"，访问的地址格式为 http://host3.teacher.com:8888，映射到 D:\host3，默认主页为 default.asp。

6）设置安全属性，访问 www.teacher.com 时采用"基本身份验证"身份验证方法，禁止 IP 地址为 192.168.5.1 的主机和 172.16.0.0/24 网络访问 www.teacher.com，并实现远程管理该网站。

7）设置安全属性，访问 host2.teacher.com 时采用"摘要式身份验证"身份验证方法，禁止域名为 student.com 的网络访问 host2.teacher.com，配置 SMTP 电子邮件服务器端口号为 99。

8）设置安全属性，访问 host3.teacher.com 时采用"基本身份验证"方法，配置 HTTP 重定向至 www.teacher.com。

11.5 项目习题

一、填空题

（1）Windows 平台下的常用的两种 Web 服务器分别为 IIS 和_____。

（2）Web 中的目录分为两种类型：物理目录和_____。

（3）默认的网站主目录是_____，可以使用 IIS 管理器控制台或通过编辑系统的 MetaBase.xml 文件，来更改网站的主目录设置。

（4）IIS 10.0 提供匿名身份验证、基本身份验证、_____、Windows 身份验证四种身份验证方式。

（5）Windows 身份验证会要求输入账户与密码，而且账户与密码在通过网络传送之前会经过哈希处理，并使用_____或 NTLM 协议对客户端进行身份验证。

二、选择题

（1）虚拟主机技术，不能通过（　　）来架设网站。
　　A．计算机名　　　B．TCP 端口　　　C．IP 地址　　　D．主机名

（2）远程管理 Windows Server 2016 中 IIS 服务器时的端口号为（　　）。
　　A．80　　　B．8172　　　C．8080　　　D．8000

（3）虚拟目录不具备的特点是（　　）。
　　A．便于扩展　　　B．增删灵活　　　C．易于配置　　　D．动态分配空间

（4）客户端浏览器根据 IIS 网站所送来的不同拒绝响应会有不同的显示界面，其中（　　）不属于"拒绝操作类型"。
　　A．未经授权：IIS 给浏览器发送 HTTP 401 的响应
　　B．已禁止：IIS 给浏览器发送 HTTP 403 的响应（默认值）
　　C．未找到：IIS 给浏览器发送 HTTP 404 的响应
　　D．系统警告：IIS 会中断此 HTTP 连接

（5）其中（　　）是安全级别最高的身份验证方式。
　　A．匿名身份验证　　　　　　　　B．基本身份验证
　　C．摘要式身份验证　　　　　　　D．Windows 身份验证

三、问答题

（1）IIS 10.0 的服务包括哪些？什么是虚拟主机？什么是虚拟目录？

（2）目前最常用的虚拟主机技术是哪三种？适用于什么环境？

（3）IIS 10.0 支持哪几种身份验证方式？各适用于什么环境？

项目 12　创建与管理 FTP 服务

项目情境：

如何发布与管理公司网站的相关信息？

瑞思达智是一家主营计算机系统集成、软件开发与测试、信息化设计与咨询等业务的网络科技公司，2012 年为上市公司湖北升思科技建设了企业内部网络系统，租用互联网专线接入了 Internet，并架设了公司的外部与内部网站。湖北升思科技主要从事建筑质量检测软件以及建设行业监管系统的研发，在全国各地拥有上百个客户。为了方便客户和出差员工对公司相关数据资源的使用以及软件升级与更新，公司计划架设一个 FTP 服务器。作为网络公司技术人员，在管理好公司外部与内部网站的同时，如何规划和利用 FTP 服务器来管理文件的上传与下载？

项目描述：FTP 与 WWW 服务和 E-mail 服务一起被列为因特网早期的三大应用，用于实现客户端与服务器之间的文件传输。尽管 Web 也可以提供文件下载服务，但是 FTP 服务的效率更高，对权限控制更为严格，并可以在不同的操作系统中切换，因此仍然广泛应用于 Internet/Intranet 客户提供文件下载服务，同时也是最为安全的 Web 网站内容更新手段。

项目目标：
- 掌握 Windows Server 2016 的 FTP 安装与基本设置。
- 熟悉 Windows Server 2016 的 FTP 物理与虚拟目录。
- 掌握 Windows Server 2016 的 FTP 站点的用户隔离设置。

12.1　知识导航——FTP 基本概述

12.1.1　FTP

FTP 有两个意思。其中一个指文件传输服务，FTP 提供交互式的访问，用来在远程主机与本地主机之间或两台远程主机之间传输文件。另一个意思是指文件传输协议，是 Internet 上使用最广泛的文件传输协议，它使用客户端/服务器模式，用户通过一个支持 FTP 的客户端程序，连接到在远程主机上的 FTP 服务器程序，用户通过客户机程序向服务器程序发出命令，服务器程序执行用户所发出的命令，并将执行的结果返回给客户端。

一般来说，用户联网的主要目的就是实现信息共享，文件传输是信息共享非常重要的内容。Internet 是一个非常复杂的计算机环境，有 PC，有工作站，有大型机，而这些计算机运行不同的操作系统，有运行 UNIX 的服务器，也有运行 DOS、Windows 的 PC 和运行 Mac OS 的苹果机等，要实现传输文件，并不是一件容易的事。基于不同的操作系统有不同的 FTP 应用程序，而所有这些应用程序都遵守 FTP 协议，这样任何两台 Internet 主机之间可通过 FTP 复制文件。

在 Internet 上有两类 FTP 服务器：一类是普通的 FTP 服务器，要连接到这种 FTP 服务器上，用户必须具有合法的用户名和口令。另一类是匿名 FTP 服务器，所谓匿名 FTP，是系统管理员建立了一个特殊的用户 ID，名为 anonymous，Internet 上的任何人在任何地方都可使用该用户 ID，在访问远程计算机时，不需要账户或口令就能访问许多文件、信息资源，并且进行下载和上载文件的操作，通常这种访问限制在公共目录下。

当远程主机提供匿名 FTP 服务时，会指定某些目录向公众开放，允许匿名存取。系统中的其余目录则处于隐匿状态。作为一种安全措施，大多数匿名 FTP 主机都允许用户从其下载文件，而不允许用户向其上载文件，也就是说，用户可将匿名 FTP 主机上的所有文件全部复制到自己的计算机上，但不能将自己计算机上的任何一个文件复制至匿名 FTP 主机上。即使有些匿名 FTP 主机确实允许用户上载文件，用户也只能将文件上载至某一指定目录中。

12.1.2 FTP 命令

FTP 命令是 Internet 用户使用最频繁的命令之一，不论是在 DOS、UNIX 还是 Linux 下使用 FTP，都会遇到大量的 FTP 内部命令。熟悉并灵活应用 FTP 内部命令，可以大大方便使用者，并收到事半功倍之效。FTP 命令连接成功，系统将提示用户输入用户名及口令。

- User：（输入合法的用户名或者 anonymous）。
- Password：（输入合法的口令，若以 anonymous 方式登录，一般不用口令）。

进入连接的 FTP 站点后，用户就可以进行相应的文件传输操作了，一些重要的命令如下。

（1）help、?、rhelp

- help 显示 LOCAL 端（本地端）的命令说明，若不接受则显示所有可用命令。
- ?相当于 help，例如?cd。
- rhelp 同 help，只是它用来显示 REMOTE 端（远程端）的命令说明。

（2）ascii、binary、image、type

- ascii 切换传输模式为文字模式。
- binary 切换传输模式为二进制模式。
- image 相当于 binary。
- type 用于更改或显示目前传输模式。

（3）bye、quit

- bye 退出 FTP 服务器。
- quit 相当于 bye。

（4）cd、cdup、lcd、pwd、!

- cd 改变当前工作目录。
- cdup 回到上一层目录，相当于"cd .."。
- lcd 更改或显示 Local 端的工作目录。

- pwd 显示当前工作目录（Remote 端）。
- !用于执行外壳命令，例如"!ls"。

（5）delete、mdelete、rename
- delete 删除 REMOTE 端的文件。
- mdelete 批量删除文件。
- rename 更改 REMOTE 端的文件名。

（6）get、mget、put、mput、recv、send
- get 下载文件。
- mget 批量下载文件。
- put 上传文件。
- input 批量上传文件。
- recv 相当于 get。
- send 相当于 put。

（7）hash、verbose、status、bell
- hash 当有数据传送时，显示#号，每一个#号表示传送了 1024B 或 8192b。
- verbose 切换所有文件传输过程的显示。
- status 显示目前的一些参数。
- bell 当指令完成时会发出铃声。

（8）1s、dir、mls、mdir、mkdir、rmdir
- 1s 类似 UNIX 下的 1s 命令。
- dir 显示目录与文件。
- mls 只是将远端某目录下的文件存于 Local。
- mdir 相当于 mls。
- mkdir 像 DOS 下的 md（创建子目录）一样。
- rmdir 像 DOS 下的 rd（删除子目录）一样。

（9）open、close、disconnect、user
- open 连接某个远端 FTP 服务器。
- close 关闭目前的连接。
- disconnect 相当于 close。
- user 再输入一次用户名和口令（有些像 Linux 下的 su）。

当执行不同的命令时，会发现 FTP 服务器返回一组数字，每组数字代表不同的信息，具体如表 12-1 所示，这些信息与 HTTP 协议返回的数字类似，大致分为以下几种情况。

①1 开头的三位数字——连接状态；②2 开头的三位数字——成功；③3 开头的三位数字——权限问题；④4 开头的三位数字——文件问题；⑤5 开头的三位数字——服务器问题。

表 12-1 访问 FTP 服务器命令的返回值及含义

返回值	含义	返回值	含义
110	重新启动标志回应	125	数据连接已经打开，开始传送数据
120	服务在 NNN 时间内可用	150	文件状态正确，正在打开数据连接

(续)

返回值	含义	返回值	含义
200	命令执行正常结束	421	服务不可用，控制连接关闭
202	命令未执行，此站点不支持此命令	425	打开数据连接失败
211	系统状态或系统帮助信息回应	426	连接关闭，传送中止
212	目录状态信息	450	对被请求文件的操作未被执行
213	文件状态信息	451	请求的操作中止。
214	帮助信息	452	请求的操作没有被执行
215	NAME 系统类型	500	语法错误，不可识别的命令
220	新连接的用户的服务已就绪	501	参数错误导致的语法错误
221	控制连接关闭	502	命令未被执行
225	数据连接已打开，当前没传输进程	503	命令的次序错误。
226	正在关闭数据连接	504	由于参数错误，命令未被执行
227	进入被动模式	530	没有登录
230	用户已登录	532	存储文件需要账户信息
250	被请求文件操作成功完成	550	请求操作未被执行，文件不可用
257	路径已建立	551	请求操作中止，页面类型未知
331	用户名存在，需要输入密码	552	对请求文件的操作中止
332	需要登录的账户	553	请求操作未被执行
350	对被请求文件的操作需要进一步更多的信息		

12.2 新手任务——FTP 的安装与基本设置

【任务描述】

在企业网络日常管理中，在需要远程传输和交换文件的情况下，如果上传或下载的文件较大，无法通过邮箱传递，或者无法直接共享，通过架设 FTP 服务器，就可以方便、稳定地使用各种资源。

【任务目标】

通过任务掌握创建与管理 FTP 站点、FTP 站点的基本设置与管理工作，以及如何利用客户端软件访问 FTP 站点。

12.2.1 FTP 的安装与站点的建立

Windows Server 2016 内建的 FTP 服务器支持以下高级功能。

- 它与 Windows Server 2016 的 IIS 充分集成，因此可以通过 IIS 的管理界面来管理 FTP 服务器。也可以将 FTP 服务器集成到现有网站中，这样一个网络中可以同时包含 Web 服务器与 FTP 服务器。
- 支持最新的因特网标准，例如支持 FTP over SSL（FTPS）、IPv6 与 UTF8。
- 支持虚拟主机名，更强的用户隔离与记录功能。功能更强的日志功能，更容易掌控 FTP 服务器的运行。

因为 FTP 服务器角色与 IIS 集成在一起，所以安装了 Web 服务就可以直接使用，但是在安装 Web 服务的时候，一定要勾选 FTP 服务器相关的角色，如图 12-1 所示，和其他角色安装操作步骤基本一样。完成上述操作之后，依次选择"开始"→"Windows 管理工具"→"Internet

Information Server（IIS）管理器"命令打开 IIS 管理器控制台，如图 12-2 所示，在功能视图下显示了相关网站，单击右侧窗格"添加 FTP 站点"按钮，可以创建 FTP 站点。

图 12-1　选择 FTP 服务器角色

图 12-2　IIS 管理器控制台

安装 FTP 服务时，系统会自动创建一个"Default FTP Site"站点，可以直接利用它来作为 FTP 站点，也可以自行创建新的站点。

1. 建立新的 FTP 站点

假设我们要建立第 1 个 FTP 站点，而这个站点需要一个用于存储文件的文件夹，也就是需要一个主目录，此处使用 IIS 内置的 C:\intepub\ftproot 文件夹作为此站点的主目录，建议复制一些文件和文件夹到此文件夹内，以供测试使用。

建立新的 FTP 站点的具体操作步骤如下。

1）在 IIS 管理器控制台中，选择"网站"项目，然后单击功能视图右侧窗格中的"添加 FTP 站点"按钮，在弹出的"站点信息"对话框中，输入 FTP 站点名称"FTP Site NOS"以及内容目录的物理路径"C:\intepub\ftproot"，如图 12-3 所示。

2）单击"下一步"按钮，进入"绑定和 SSL 设置"对话框，设置新建 FTP 站点给定的 IP 地址为"192.168.1.101"，默认端口号为"21"，默认勾选"自动启用 FTP 站点"选项，并将 SSL 选项修改为"无 SSL"（因为此时 FTP 站点还不具有 SSL 证书，所以还不能使用），如图 12-4 所示。

图 12-3　"站点信息"对话框

图 12-4　"绑定和 SSL 设置"对话框

3）单击"下一步"按钮，进入"身份验证和授权信息"对话框，同时选择"匿名"和"基

273

本"身份验证方式、开放"所有用户"拥有"读取"和"写入"权限，如图 12-5 所示。

4）单击"完成"按钮，如图 12-6 所示，新建了一个"FTP Site NOS"站点。可以通过单击下方的内容视图或右侧的"浏览"按钮来查看目录内的文件，还可以通过右侧的"重新启动""启动""停止"来更改 FTP 站点的启动状态。

图 12-5　"身份验证和授权信息"对话框

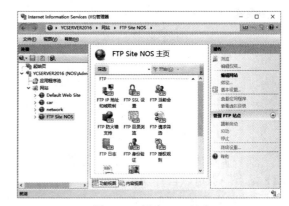
图 12-6　新建 FTP 站点

5）注意最后在 DNS 管理器控制台中，选择要创建主机记录的区域（如 nos.com），创建一条 FTP 站点的主机记录，主机记录 IP 地址为"192.168.1.101"，域名为"ftp.nos.com"，否则在客户端无法使用域名来访问 FTP 站点。

2．建立集成到网站的 FTP 站点

也可以建立一个集成到网站的 FTP 站点，这个 FTP 站点的主目录就是网站的主目录，此时只需要通过同一个站点来同时管理网站与 FTP 站点即可。例如，前面建立的"car"网站同时具备 FTP 发布的功能，具体的操作步骤如下。

1）在 IIS 管理器控制台中，选择网站"car"项目，如图 12-7 所示，然后在"功能视图"模式下，单击右侧窗格中的"添加 FTP 发布"按钮。

2）接下来的步骤和之前建立"FTP Site NOS"站点的步骤大致相同，不过并不需要指定 FTP 站点的主目录，因为它与网站"car"的主目录相同，均为"D:\Network"。

3）建立 FTP 站点之后，可以在 IIS 管理器控制台单击"绑定"按钮，弹出"网站绑定"对话框，如图 12-8 所示，网站"car"同时绑定到端口 80（网站）与 21（FTP 服务器）。

图 12-7　IIS 管理器控制台

图 12-8　"网站绑定"对话框

4）此时在 IIS 管理器控制台中，单击中下部"内容视图"按钮，分别查看"FTP Site NOS"与"car"的内容，如图 12-9 与图 12-10 所示。

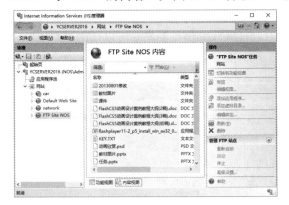

图 12-9　"FTP Site NOS"站点内容　　　　图 12-10　"car"站点内容

12.2.2　客户端访问 FTP 站点

FTP 服务器安装成功后，可以测试默认 FTP 站点是否可以正常运行。以"FTP Site NOS"站点为例，在客户端计算机上采用以下四种方式来连接 FTP 站点。

1．FTP 命令

打开 Windows 命令行窗口，输入命令：ftp ftp.nos.com，然后根据屏幕上的信息提示，在 User (ftp.nos.com:(none))处输入匿名账户"anonymous"，在 Password 处输入电子邮件账户或直接按〈Enter〉键即可。也可以输入"?"查看可供使用的命令。如果要中断与 FTP 的连接，可以使用"bye"或"quit"命令，如图 12-11 所示。

2．利用 FTP 客户端软件访问 FTP 站点

FTP 客户端软件以图形窗口的形式访问 FTP 服务器，操作非常方便，不像字符窗口的 FTP 的命令复杂、繁多。目前有很多很好的 FTP 客户端软件，比较著名的软件主要有 CuteFTP、LeapFTP、FlashFXP 等。图 12-12 所示为客户端软件 CuteFTP 的操作窗口，与 Windows 的资源管理器比较相似。

 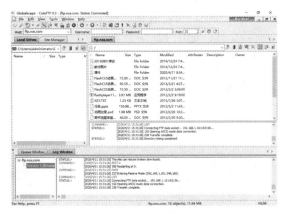

图 12-11　FTP 命令行方式访问　　　　图 12-12　CuteFTP 软件访问

3．利用文件资源管理器

可以通过"文件资源管理器"来连接 FTP 站点，连接时可以利用网址、IP 地址或计算机名

称，例如在地址栏输入"ftp://ftp.nos.com"，它会自动利用匿名来连接 FTP 站点，如图 12-13 所示，可以看到位于 FTP 站点主目录内的文件。

4．利用浏览器访问 FTP 站点

Microsoft 的 Internet Explorer 和 Edge 都将 FTP 功能集成到浏览器中，可以在浏览器地址栏输入一个 FTP 站点地址（如 ftp:// ftp.nos.com）进行 FTP 匿名登录，如图 12-14 所示。

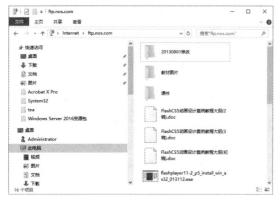

图 12-13　利用文件资源管理器访问 FTP 站点　　　图 12-14　利用浏览器访问 FTP 站点

12.2.3　物理目录与虚拟目录

通常需要在 FTP 站点的主目录之下建立多个子文件夹，然后将文件存储到主目录与这些子文件夹内，这些子文件夹被称为物理目录。也可以将文件存储到其他位置，例如，本地计算机其他磁盘驱动器内的文件夹，或是其他计算机的共享文件夹，然后通过虚拟目录映射到这个文件夹。每一个虚拟目录都有一个别名，用户通过别名来访问这个文件夹内的文件。虚拟目录的好处是：不论将文件的实际存储位置更改到何处，只要别名不变，用户都可以通过相同的别名来访问文件。

1．创建物理目录

假设要在网站主目录之下（C:\Inetpub\ftproot）建立一个名称为 Picture 的子文件夹，复制一些文件到此文件夹内以便测试。在 IIS 管理器控制台中，选择"FTP Site NOS"站点，单击"内容视图"按钮，可以看到这些文件，如图 12-15 所示。也可以在浏览器中连接到 FTP 站点，看到这些文件，如图 12-16 所示。

图 12-15　物理目录内容视图　　　　　　　　　图 12-16　客户端访问物理目录

2．创建虚拟目录

假设要在服务器硬盘 D:\建立一个名称为 Software 的文件夹，并在此文件夹下复制一些文件，将此文件夹设置为 FTP 的虚拟目录：在 IIS 管理器控制台中，右击"FTP Site NOS"站点，在弹出的快捷菜单中选择"添加虚拟目录"命令，弹出"添加虚拟目录"对话框，输入别名"Soft"以及物理路径为"D:\ Software"，如图 12-17 所示。

在 IIS 管理器控制台中可以看到"FTP Site NOS"站点下多了一个虚拟目录 Soft，同时单击下方的"内容视图"按钮，可以看到其中的文件，如图 12-18 所示。

图 12-17 添加虚拟目录

图 12-18 虚拟目录下的 FTP 站点

如果要让客户端看到此 FTP 站点虚拟目录，在 IIS 管理器控制台中，单击"功能视图"按钮，双击"FTP 目录浏览"图标之后，在右侧窗格中勾选"虚拟目录"，单击"应用"按钮，如图 12-19 所示。

完成以上设置后，在客户端浏览器中连接到 FTP 站点，可以看到虚拟目录中的文件，如图 12-20 所示。

图 12-19 FTP 目录浏览

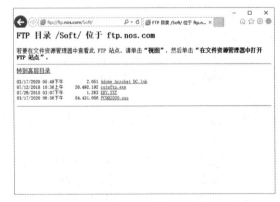

图 12-20 客户端访问虚拟目录

12.2.4 FTP 站点的基本设置

本节直接利用"FTP Site NOS"站点来说明 FTP 站点的目录浏览、消息设置、用户身份验证设置、防火墙等属性的设置。

1．FTP 目录浏览

在 IIS 管理器控制台中，单击"功能视图"按钮，双击"FTP 目录浏览"图标之后，界面如图 12-19 所示，用来设置 FTP 目录浏览的方式，也就是如何将目录内的文件显示在用户的屏幕上，目录列表样式有两种。

- MS-DOS：这是默认选项，显示的格式如图 12-21 所示，以两位数字显示年份。
- UNIX：显示的格式如图 12-22 所示，以四位数格式显示年份，如果文件日期与 FTP 服务器相同，则不会返回年份。

图 12-21　目录列表是 MS-DOS 样式　　　　图 12-22　目录列表是 UNIX 样式

2．FTP 站点消息设置

设置 FTP 站点时，可以向用户 FTP 客户端发送站点的信息消息。该消息可以是用户登录时的欢迎用户到 FTP 站点的问候消息、用户注销时的退出消息、通知用户已达到最大连接数的消息或标题消息。对于企业网站而言，这既是一种自我宣传的机会，也显得更有人情味，对客户提供了更多的人文关怀。在 IIS 管理器控制台中，单击"功能视图"按钮，双击"FTP 消息"图标之后，界面如图 12-23 所示。

- 横幅：当用户连接 FTP 站点时，首先会看到设置在"横幅"列表框中的文字。标题消息在用户登录到站点前出现，当站点中含有敏感信息时，该消息非常有用。可以用标题显示一些较为敏感的消息。默认情况下，这些消息是空的。
- 欢迎：当用户登录到 FTP 站点时，会看到此消息。通常包含向用户致意、使用该 FTP 站点时应当注意的问题、站点所有者或管理者信息及联络方式、站点中各文件夹的简要描述或索引页的文件名、镜像站点名字和位置、上传或下载文件的规则说明等信息。
- 退出：当用户注销时，会看到此消息。通常为表达欢迎用户再次光临，向用户表示感谢之类的内容。
- 最大连接数：如果 FTP 站点有连接数目的限制，而且目前连接的数目已经达到此数目，当再有用户连接到此 FTP 站点时，会看到此消息。
- 取消显示默认横幅：设置不显示横幅内容。
- 支持消息中的用户变量：支持在消息中使用①%BytesReceived　此次连接中，从服务器发送给客户端的字节数；②%ByresSent%　此次连接中，从客户端发送给服务器的字节数；③SessionID　此次连接的标识符；④%SiteName　FTP 站点的名称；⑤%UserName 用户名称。
- 显示本地请求的详细消息：设置从本机（FTP 站点计算机）来连接 FTP 站点有误时是否要显示详细的错误消息。如果从其他计算机连接 FTP 站点，就不会看到这些消息。

完成以上设置后，在客户端利用 FTP 程序来连接时，将看到类似图 12-24 所示的界面。

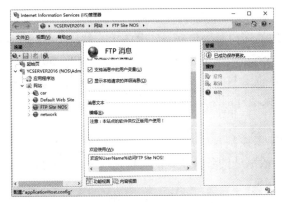

图 12-23　FTP 消息设置

图 12-24　支持消息中使用用户变量

3. 用户身份验证设置

在 IIS 管理器控制台中，单击"功能视图"按钮，双击"FTP 消息"图标之后，界面如图 12-25 所示。根据自己的安全要求，可以选择一种 IIS 验证方法，对请求访问自己的 FTP 站点的用户进行验证。FTP 身份验证方法有两种。

- 匿名 FTP 身份验证：可以配置 FTP 服务器，以允许对 FTP 资源进行匿名访问。如果为资源选择了匿名 FTP 身份验证，则接受对该资源的所有请求，并且不提示用户输入用户名或密码，这和基于 Web 的匿名身份验证非常相似。如果启用了匿名 FTP 身份验证，则 IIS 始终先使用该验证方法，即使已经启用了基本 FTP 身份验证也是如此。
- 基本 FTP 身份验证：要使用基本 FTP 身份验证与 FTP 服务器建立 FTP 连接，用户必须使用与有效 Windows 用户账户对应的用户名和密码进行登录。如果 FTP 服务器不能证实用户的身份，就会返回一条错误消息。基本 FTP 身份验证只提供很低的安全性能，因为用户以不加密的形式在网络上传输用户名和密码。

之前建立 FTP 站点时已经设置匿名用户对 FTP 站点的访问为"读取"和"写入"，如果要更改此权限，在 IIS 管理器控制台中，单击"功能视图"按钮，双击"FTP 授权控制"图标之后，界面如图 12-26 所示，单击右侧的"编辑功能设置"按钮，进行相应的设置。

图 12-25　FTP 身份验证设置

图 12-26　FTP 授权规则设置

4. FTP 防火墙支持

FTP 服务器安装完成后，系统会自动在 Windows 防火墙内开放 FPT 的流量，如果无法连接此 FTP 服务器，请暂时将 Windows 防火墙关闭。在 IIS 管理器控制台中，单击"功能视图"按钮，双击"FTP 防火墙支持"图标之后，界面如图 12-27 所示。
- 数据通道端口范围：将 FTP 服务器所使用的端口号固定在一定范围内，默认 0-0，表示采用默认的动态端口范围，也就是 49152-65535，也可以自定义设置为：50000-50100。
- 防火墙的外部 IP 地址：一般是 FTP 服务器位于 NAT 之后，这使得客户端无法与 FTP 服务器建立数据通道连接，可以在此输入防火墙外部网站的 IP 地址。

5．FTP 请求筛选

FTP 请求筛选是一种安全功能，在 IIS 管理器控制台中，单击"功能视图"按钮，双击"FTP 请求筛选"图标之后，如图 12-28 所示。一般默认的各种格式的文件都能上传，这里设置 com 和 exe 格式的不能上传，扩展名后面显示为 false。

图 12-27　FTP 防火墙支持　　　　　　图 12-28　FTP 请求筛选

12.3　拓展任务——FTP 站点的用户隔离设置

【任务描述】

为了管理不同类型的用户，建议使用 FTP 用户隔离功能让不同的用户拥有其专属的主目录，用户登录 FTP 服务器会被定向到其专属的主目录，而且会被限制在其主目录中，无法切换到其他用户的目录，也无法查看可修改其他用户的主目录与其中的文件。

【任务目标】

通过任务掌握创建不隔离用户的 FTP 站点、隔离用户的 FTP 站点以及用 Active Directory 隔离用户的 FTP 站点。

12.3.1　FTP 用户不隔离模式

当用户连接 FTP 站点时，不论他们是利用匿名账户登录，还是利用普通账户登录，默认都将被定向到 FTP 站点的主目录。不过可以利用"FTP 用户隔离"功能，让用户拥有其专用的主目录，此时用户登录 FTP 站点后，会被定向到其专用的主目录，而且可以被限制在其专用主目录内，也就是无法切换到其他用户的主目录，因此无法查看或修改其他用户主目录内的文件。

在 IIS 管理器控制台中，单击"功能视图"按钮，双击"FTP 用户隔离"图标之后，界面如图 12-29 所示，其中相关选项功能如下。

- "不隔离用户。在以下目录中启动用户会话"：它不会隔离用户，有两个单选项。①FTP 根目录　所有用户都会被定向到 FTP 站点的主目录（系统默认值）；②用户名目录　用户拥有自己的主目录，不过并不隔离用户，也就是只要拥有适当的权限，用户便可以切换到其他用户的主目录，可以查看、修改其中的文件。它所采用的方法是在 FTP 站点的主目录内建立目录名称与用户账户名称相同的物理或虚拟目录，用户连接到 FTP 站点后，便会被定向到目录名称（物理目录的文件夹名称或虚拟目录的别名）与用户账户名称相同的目录。

- "隔离用户。将用户局限于以下目录"：它会隔离用户，用户拥有其专用主目录，而且会限制在其专用主目录内，因此无法查看或修改其他用户主目录内的文件，分为三种情况。①用户名目录（禁用全局虚拟目录） 它所采用的方法是在 FTP 站点内建立目录名称与用户账户名称相同的物理或虚拟目录，用户连接到 FTP 站点后，便会被定向到目录名称（或别名）与用户账户名称相同的目录，用户无法访问 FTP 站点内的全局虚拟目录；②用户名物理目录（启用全局虚拟目录） 它所采用的方法是在 FTP 站点内建立目录名称与用户名称相同的物理目录，用户连接到 FTP 站点后，便会被定向到目录名称与用户账户名称相同的目录，用户可以访问 FTP 站点内的全局虚拟目录；③在 Active Directory 中配置的 FTP 主目录 用户必须利用域用户账户来连接 FTP 站点，需要在域用户账户内指定其专用主目录。

系统默认的是不隔离用户，使用 FTP 根目录，但有时需要用户拥有自己的主目录，但并不隔离用户，因此只要有用户拥有适当的权限，便可以切换到其他用户的主目录，查看或修改其中的文件。要让 FTP 站点启用此模式，具体的操作步骤如下。

1）在 IIS 管理器控制台中，单击"功能视图"按钮，在如图 12-29 所示的图中间，选择"用户名目录"，在右侧窗格中单击"应用"按钮。

2）需要建立目录名（或别名）与用户账户名称相同的物理或虚拟目录，此处使用物理目录。假设要让用户 Tom 与 Mary 登录时被定向到自己的主目录（请先建立这两个本地用户账户），因此需要在 FTP Site NOS 的主目录 C:\intepub\ftproot 之下建立名称为 Tom 与 Mary 的两个子文件夹，并建议在这两个文件夹放置一些文件，以便测试。

3）完成上述设置之后，为了便于验证结果，到客户端利用 ftp 命令行命令进行测试，例如以用户 Tom 的身份登录，然后利用 dir 命令可以看到主目录 C:\intepub\ftproot\Tom 内的文件。可是因为并不隔离用户，所以可以利用 cd \Mary 命令切换到 Mary 的主目录，如图 12-30 所示。

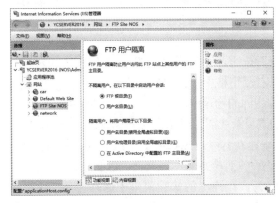
图 12-29　FTP 用户隔离设置

图 12-30　不隔离用户，但用户有自己的主目录

12.3.2　FTP 用户隔离模式

使用 FTP 用户隔离模式，需要在 FTP 站点主目录之下建立以下文件夹结构。

- LocalUser\用户名：LocalUser 文件夹是本地用户专用的文件夹，用户名是本地用户账户名。需要在 LocalUser 文件夹之下为每一位需要登录 FTP 站点的本地用户各建立一个专用子文件夹，文件夹名称需要与用户账户名相同。用户登录 FTP 站点时，会被定向到其账户名同名的文件夹。注意不要在域控制器上进行此操作，域控制器无法新建本地用户。
- LocalUser\Public：用户利用匿名账户 anonymous 登录 FTP 站点时，会被定向到 Public 文件夹。
- 域名\用户名：如果用户是利用 Active Directory 域用户账户登录 FTP 站点，需要为该域建立一个专用文件夹，此文件夹名称需要与 NetBIOS 域名相同；然后在此文件夹之下为每一个需要登录 FTP 站点的域用户各建立一个专用的子文件夹，此文件夹名称需要与用户账户名相同。域用户登录 FTP 站点时，会被定向到与其账户名称同名的文件夹。

例如：如果 FTP 站点的主目录位于 C:\intepub\ftproot，而要让匿名账户 anonymous、本地账户 Tom 与 Mary、域 NOS 用户 DeepBlue 与 Rostiute 等登录 FTP 站点，且要让他们都有专用主目录，则在 FTP 站点主目录之下的文件夹结构如表 12-2 所示。

表 12-2 在 FTP 站点主目录之下的文件夹结构

用户	文件夹
匿名用户	C:\intepub\ftproot\LocalUser\Public
本地用户 Tom	C:\intepub\ftproot\LocalUser\Tom
本地用户 Mary	C:\intepub\ftproot\LocalUser\Mary
虚拟目录 DateBase	C:\intepub\ftproot\LocalUser\Mary\DateBase
虚拟目录 Soft	D:\Soft
域 NOS 用户 DeepBlue	C:\intepub\ftproot\NOS\DeepBlue
域 NOS 用户 Rostiute	C:\intepub\ftproot\NOS\Rostiute

1. 隔离用户、有专用主目录，但无法访问全局虚拟目录

用户拥有自己的专用主目录，而且会隔离用户，也就是用户登录后会被定向到其专用主目录内，而且被限制在此主目录内、无法切换到其他用户的主目录，因此无法查看或修改其他用户主目录内的文件，用户也无法访问 FTP 站点内的全局虚拟目录（例如 Soft），用户可以访问专用主目录的虚拟目录（如 DateBase）。

让 FTP 站点启用此模式的具体操作步骤如下。

1）在 IIS 管理器控制台中，单击"功能视图"按钮，在如图 12-29 所示的图中间，选择"用户名目录（禁用全局虚拟目录）"选项之后，在右侧窗格中单击"应用"按钮。

2）需要建立目录名（或别名）与用户账户名称相同的物理或虚拟目录，此处使用物理目录。假设要让用户 Tom 与 Mary 登录时被定向到自己的主目录（请先建立这两个本地用户账户），因此需要在 FTP Site NOS 的主目录 C:\intepub\ftproot 之下建立名称为 LocalUser 的文件夹，然后在其下分别建立 Tom、Mary 与 Public 子文件夹，建议在前两个文件夹放置一些文件，以便测试。

3）在 IIS 管理器控制台中右击"Mary"文件夹，在弹出的快捷菜单中选择"添加虚拟目录"命令，在弹出的"添加虚拟目录"对话框中，设置别名为"DateBase"，虚拟目录的物理路径为 C:\intepub\ftproot\LocalUser\Mary\DateBase，单击"确定"按钮，如图 12-31 所示。

4）完成上述设置之后，为了便于验证结果，到客户端利用 ftp 命令行命令进行测试，例如，以用户 Mary 的身份登录，然后利用 dir 命令，可以看到用户 Mary 的主目录 C:\intepub\ftproot\

LocalUser\Mary\DateBase 内的文件。因为是隔离用户，所以利用 cd ..\Tom 命令无法切换到用户 Tom 的主目录，如图 12-32 所示。

图 12-31　FTP 用户隔离设置

图 12-32　隔离用户，用户有自己的主目录

5）用户 Mary 可以访问自己主目录之下的虚拟目录 DataBase，但是无法看到 "FTP Site NOS" 站点之下的全局虚拟目录 Soft，如图 12-33 所示。

2．隔离用户、有专用主目录，可以访问全局虚拟目录

要让 FTP 站点启用 "隔离用户、有专用主目录，可以访问全局虚拟目录" 模式，具体操作步骤如下。

1）在 IIS 管理器控制台中，单击 "功能视图" 按钮，在如图 12-29 所示的图中间，选择 "用户名物理目录（启用全局虚拟目录）" 选项之后，在右侧窗格中单击 "应用" 按钮。

2）其余操作步骤和前面的一样，为了便于验证结果，到客户端利用 ftp 命令行命令进行测试，例如以用户 Mary 的身份登录，然后利用 dir 命令，除了可以看到用户 Mary 主目录 C:\intepub\ftproot\LocalUser\Mary\DateBase 内的文件外，还可以看到全局虚拟目录 Soft，所以还可以利用 cd ..\Soft 命令切换到全局虚拟目录，如图 12-34 所示。

图 12-33　隔离用户，用户访问自己的虚拟主目录

图 12-34　隔离用户，用户访问全局虚拟目录

12.3.3　通过 Active Directory 隔离用户

通过 Active Directory 隔离用户的模式只适合 Active Directory 域用户，用户拥有专用主目录，而且会隔离用户，也就是用户登录后会被定向到其专用主目录内，且被限制在此主目录，

无法切换到其他用户的主目录，因此无法查看或修改其他用户主目录内的文件。用户主目录的实际文件夹是通过域用户账户来设置的，域用户连接 FTP 站点时，FTP 站点会到 Active Directory 数据库来读取用户的主目录存储位置（文件夹），以便将用户定向到此文件夹。

要让 FTP 站点启用"在 Active Directory 中配置的 FTP 主目录"模式，具体的操作步骤如下。

1）假设域 NOS 用户 DeepBlue 与 Rostiute 登录时被定向到自己的主目录，因此需要在 "FTP Site NOS" FTP 站点的主目录 C:\intepub\ftproot 之下，新建立一个名称为"NOS"的文件夹，然后在其下分别建立 DeepBlue 与 Rostiute 子文件夹，建议在这两个文件夹放置一些文件，以便测试。

2）将 C:\intepub\ftproot\NOS 文件夹设置为共享文件夹，共享名为"\\YCSERVER\NOS"，并设置用户 DeepBlue 与 Rostiute 的共享权限为"读取\写入"，如图 12-35 所示。

3）在 Active Directory 数据库的用户账户内有两个属性用来通过 Active Directory 隔离用户的 FTP 站点，它们分别是 msIIS-FTPRoot 与 msIIS-FTPDir，其中 msIIS-FTPRoot 用来设置主目录的 UNC 网络路径，msIIS-FTPDir 用来指定 UNC 之下的子文件夹，可以利用"ADSI 编辑器"来设置这两个属性。选择"开始"→"Windows 管理工具"→"ADSI 编辑器"命令打开 ADSI 编辑器，右击"连接到"按钮，弹出"连接设置"对话框，如图 12-36 所示，使用默认设置，单击"确定"按钮。

图 12-35　共享文件夹

图 12-36　ADSI 编辑器

4）在"ADSI 编辑器"窗口中，依次展开用户账户所在的"User"组织单位，例如选中用户"DeepBlue"，如图 12-37 所示。

5）选中用户"DeepBlue"后右击"属性"按钮，将 msIIS-FTPRoot、msIIS-FTPDir 属性分别修改为"\\YCSERVER2016\NOS"和"DeepBlue"，如图 12-38 所示，然后选择用户"Rostiute"，右击"属性"按钮，将 msIIS-FTPRoot、msIIS-FTPDir 属性分别修改为"\\YCSERVER2016\NOS"和"Rostiute"，最后单击"确定"按钮。

6）域用户登录到 FTP 站点时，FTP 站点需要从 Active Directory 数据库中读取该登录用户的 msIIS-FTPRoot 与 msIIS-FTPDir 属性，以便得知其主目录的位置。不过 FTP 站点需要提供有效的用户账户与密码，才可以读取这两个属性，因此将另外建立一个域用户账户，并开放让此账户有权限读取登录用户的这两个属性，然后设置让 FTP 站点通过此账户来读取登录用户的这两个属性：选择"开始"→"Windows 管理工具"→"Active Directory 用户和计算机"命令，新建一个用户账户"FTPUser"，建立账户时建议取消勾选"用户下次登录时须更改密码"，并勾选"密码永不过期"选项。

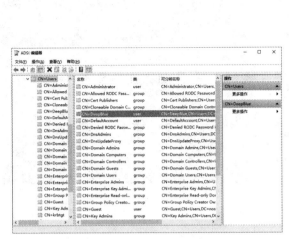

图 12-37 编辑用户"DeepBlue"

图 12-38 属性编辑器

7）要登录的用户 DeepBlue 与 Rostiute 位于"User"组织单位内，因此需要让 FTPUser 可以读取"User"组织单位内的用户的 msIIS-FTPRoot 与 msIIS-FTPDir 属性：右击组织单位"User"，在弹出的菜单中选择"委派控制"命令，出现"欢迎使用控制委派向导"对话框时，单击"下一步"按钮，然后单击"添加"按钮，选择用户账户"FTPUser"，如图 12-39 所示。

8）单击"下一步"按钮，勾选"读取所有用户信息"选项，如图 12-40 所示，然后单击"下一步"按钮，出现"完成控制委派向导"对话框时，单击"完成"按钮。

图 12-39 添加"FTPUser"

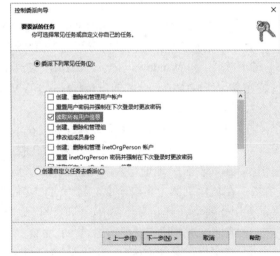

图 12-40 委派常见任务

9）在 IIS 管理器控制台中，单击"功能视图"按钮，在如图 12-29 所示的图中间，选择"在 Active Directory 中配置的 FTP 主目录"，在右侧窗格中单击"应用"按钮。

10）完成上述设置之后，为了便于验证结果，在客户端利用 ftp 命令行命令进行测试，例如以用户 DeepBlue 的身份登录，然后利用 dir 命令，可以看到用户 DeepBlue 主目录 C:\intepub\ftproot\NOS\DeepBlue 内的文件。因为是隔离用户，所以利用 cd ..\Rostiute 命令无法切换到用户 Rostiute 的主目录，如图 12-41 所示。同样以用户 Rostiute 的身份登录，得到的结果也一样，如图 12-42 所示。

图 12-41　域隔离用户 DeepBlue 登录　　　　图 12-42　域隔离用户 Rostiute 登录

12.4　项目实训——Windows Server 2016 FTP 配置与管理

1．实训目标

1）熟悉 Windows Server 2016 的 FTP 服务器配置与管理。

2）掌握 Windows Server 2016 创建用户隔离的 FTP 站点。

3）掌握使用不同方法、不同的客户端访问 Windows Server 2016 的 FTP 站点。

2．实训设备

1）网络环境：已建好的千兆以太网络，包含交换机、五类（或超五类）UTP 直通线若干、三台或以上数量的计算机（计算机配置要求 CPU 最低 1.6GHz 以上 64 位，内存不小于 4096MB，硬盘空间不低于 120GB，有光驱和网卡）。

2）软件：①Windows Server 2016 安装光盘，或硬盘中有全部的安装程序；②Windows 10 安装光盘，或硬盘中有全部的安装程序；③VMWare Workstation 15.5 安装程序。

3．实训内容

在项目 11 实训的基础上完成本实训，在域中的计算机上设置以下内容。

1）在域控制器 teacher.com 中安装 FTP 服务，配置 DNS 解析域名 teacher.com，然后分别新建主机 ftp，对应 IP 地址均为域控制器的 IP 地址。

2）在域控制器上新建一个名为"FTP 文件服务器"的 FTP 站点，主目录为 D:\ftproot 文件夹，复制一些文件到此文件夹内，同时设置此 FTP 站点，使匿名用户能够使用该服务器上任何一个 IP 地址或域名访问此服务器。

3）限制同时只能有 50 个用户连接到此 FTP 服务器。

4）为 FTP 服务器设置欢迎登录的消息"欢迎访问班级的 FTP 服务器"。

5）禁止 IP 地址为 10.10.1.0 的主机网络访问 FTP 站点。

6）利用四种不同的方法（包括客户）来访问 ftp.teacher.com。

7）配置服务器 ftp.student.com，先后设置成创建不隔离用户的 FTP 站点、隔离用户的 FTP 站点以及用 Active Directory 隔离用户的 FTP 站点，然后用四种不同的方法和客户端来访问 ftp.teacher.com。

12.5 项目习题

一、填空题

（1）_____最初与 WWW 服务和邮件服务一起被列为因特网的三大应用。

（2）打开 DOS 命令提示符窗口，输入命令：ftp ftp.cuteftp.com，然后根据屏幕上的信息提示，在 User (ftp.cuteftp.com:(none))处输入匿名账户_____，Password 处输入合法电子邮件地址或直接按〈Enter〉键即可登录 FTP 站点。

（3）目前有很多很好的 FTP 客户端软件，比较著名的有_____、_____、_____等。

（4）FTP 身份验证方法有两种：_____和_____。

（5）在 Active Directory 数据库的用户账户内有两个属性来通过 Active Directory 隔离用户的 FTP 站点，它们分别是_____和_____。

二、选择题

（1）FTP 服务使用的端口是（　　）。
　　A．21　　　　B．23　　　　C．25　　　　D．53

（2）（　　）不是可以设置 FTP 站点目录的访问权限。
　　A．读取　　　B．完全控制　　C．写入　　　D．记录访问

（3）在 FTP 操作过程中"530"表示（　　）
　　A．登录成功　B．登录不成功　C．服务就绪　D．写文件错

（4）以下（　　）不是 FTP 站点消息设置所支持的用户变量。
　　A．%SiteName　B．%UserName　C．%HostName　D．%BytesReceived

（5）以下（　　）是 FTP 服务器用户身份验证设置。
　　A．基本 FTP 身份验证　　　　B．摘要式身份验证
　　C．Windows 身份验证　　　　D．Forms 身份验证

三、问答题

（1）FTP 服务器安装成功后，可以采用哪几种方式来连接 FTP 站点？

（2）FTP 站点消息有哪几类？如何进行设置？

（3）FTP 用户隔离模式有哪三种？它们之间有什么区别？

参 考 文 献

[1] 戴有炜. Windows Server 2016 系统配置指南[M]. 北京：清华大学出版社，2018.

[2] 戴有炜. Windows Server 2016 Active Directory 配置指南[M]. 北京：清华大学出版社，2018.

[3] 戴有炜. Windows Server 2016 网络管理与架站[M]. 北京：清华大学出版，2018.

[4] 布莱恩·斯维德哥尔，弗拉迪米尔·梅洛斯基，拜伦·赖特，等. 精通 Windows Server 2016[M]. 石磊，卫琳，译. 北京：清华大学出版社，2019.

[5] 赵江. Windows Server 2008 配置与应用指南[M]. 北京：人民邮电出版社，2008.

[6] 刘本军. 网络操作系统教程[M]. 北京：机械工业出版社，2009.